Smarte Aufgaben zur Mechanik und Wärme

Sebastian Gröber · Pascal Klein ·
Jochen Kuhn · Anett Fleischhauer

Smarte Aufgaben zur Mechanik und Wärme

Lernen mit Videoexperimenten und Co.

Sebastian Gröber
Fachbereich Physik/Didaktik der Physik
Technische Universität Kaiserslautern
Kaiserslautern, Deutschland

Pascal Klein
Fachbereich Physik/Didaktik der Physik
Technische Universität Kaiserslautern
Kaiserslautern, Deutschland

Jochen Kuhn
FB Physik
Universität Kaiserslautern
Kaiserslautern, Deutschland

Anett Fleischhauer
Technische Universität Kaiserslautern
Kaiserslautern, Deutschland

Abbildungen von Aufgaben und Musterlösungen: Josef Sniatecki

Ergänzendes Material zu diesem Buch finden Sie auf
http://extra.springer.com.

ISBN 978-3-662-54478-5 ISBN 978-3-662-54479-2 (eBook)
DOI 10.1007/978-3-662-54479-2

Die Deutsche Nationalbibliothek verzeichnet diese Publikation in der Deutschen Nationalbibliografie; detaillierte bibliografische Daten sind im Internet über http://dnb.d-nb.de abrufbar.

Springer Spektrum
© Springer-Verlag GmbH Deutschland 2017

Einbandabbildung: AG Didaktik der Physik
Planung: Dr. Lisa Edelhäuser

Gedruckt auf säurefreiem und chlorfrei gebleichtem Papier.

Springer Spektrum ist Teil von Springer Nature
Die eingetragene Gesellschaft ist Springer-Verlag GmbH Deutschland
Die Anschrift der Gesellschaft ist: Heidelberger Platz 3, 14197 Berlin, Germany

Inhaltsverzeichnis

Übersicht der Aufgaben

Übersicht der Lösungen

Über die Autoren

Sebastian Gröber ist seit 2008 wissenschaftlicher Mitarbeiter in der Arbeitsgruppe Didaktik der Physik an der Technischen Universität Kaiserslautern, wo er 2012 promoviert hat. Sein Arbeits- und Forschungsschwerpunkt ist die Konzeption und Untersuchung videobasierter Lehr- und Lernmedien zum fachmethodisch gesteuerten Lernen in der universitären Präsenz- und Fernlehre.

Pascal Klein ist seit 2012 wissenschaftlicher Mitarbeiter in der Arbeitsgruppe Didaktik der Physik an der Technischen Universität Kaiserslautern, wo er 2016 promoviert hat. Seine Forschungsschwerpunkte umfassen das aufgabenbasierte Lernen mit mobilen Medien im tertiären Bildungsbereich (Physik).

Jochen Kuhn hat 2002 an der Universität Koblenz-Landau promoviert und dort 2009 habilitiert. Er ist seit 2012 Universitätsprofessor an der Technischen Universität Kaiserslautern und Leiter der Arbeitsgruppe Didaktik der Physik. Sein Arbeits- und Forschungsschwerpunkt ist die Konzeption und Untersuchung moderner, experimenteller Lehr- und Lernmedien im Rahmen einer „neuen Aufgabenkultur" zur Verbindung von Fachdidaktik und Fachwissenschaft in Schule und Hochschule.

Anett Fleischauer ist seit 2006 wissenschaftliche Mitarbeiterin am Fachbereich Physik der TU Kaiserslautern und organisiert und betreut dort den Übungs- und Klausurbetrieb für die Experimentalphysik 1 und 2. Sie ist darüber hinaus verantwortlich für den Kontakt zwischen dem Fachbereich Physik und Schulen. Ihr früheres Arbeitsgebiet war die experimentelle Laser- und Atomphysik.

Physik ist ohne Experimente kaum vorstellbar. Die vielfältigen Funktionen, die das Experiment im physikalischen Erkenntnisprozess hat, zeigen zugleich sein großes Lern- und Motivationspotenzial. Experimente geben der Theorie Gestalt, konkretisieren unsere Vorstellungen und lassen uns Fehlvorstellungen und Irrtümer erkennen, denen wir aufliegen. De facto kann ein Physikstudium nur an bestimmten Stellen während des Studienverlaufs Gelegenheit zum eigenständigen Experimentieren bieten, denn die erforderlichen materiellen, personellen und zeitlichen Ressourcen sind beschränkt.

Dieses Buch stellt neben den traditionellen Aufgaben (T-Aufgaben) als Standardformat zwei videobasierte Aufgabenformate bereit, die theoretische und experimentelle Tätigkeiten vereinen. Das sind zum einen Videoanalyse-Aufgaben (VA-Aufgaben) mit vorgegebenen Videos von Experimenten (Videoexperimente), zum anderen mobile Videoanalyse-Aufgaben (mVA-Aufgaben) mit selbst aufzunehmenden Videoexperimenten. Diese videobasierten Aufgabenformate leiten ein Wechselspiel von Theorie und Experiment anhand konkreter und vielfältiger physikalischer Arbeitsweisen an, wie z. B. dem Vergleichen von theoretischen und experimentellen Ergebnissen, dem Erklären von Beobachtungen und Messergebnissen, dem Bilden und Prüfen von Hypothesen, dem qualitativen Argumentieren und dem Interpretieren von Diagrammen.

Damit soll bereits während der Aneignung von physikalischen Inhalten ein vertieftes konzeptionelles Verständnis physikalischer Zusammenhänge erworben werden, welches mit theoretisch-formalen Aufgaben allein nicht erzielt werden kann. Diese sind natürlich trotzdem wichtig und unerlässlich, weil z. B. auch das physikalisch-mathematische Deduzieren von Ergebnissen eine wichtige physikalische Fähigkeit ist. Eine ausschließliche Verwendung solcher Aufgaben kann aber leicht zu einer bloßen formal-mathematischen Behandlung von Problemstellungen verleiten, ohne die physikalischen Zusammenhänge ausreichend verstanden zu haben. Deshalb wird in diesem Buch eine reichhaltige Mischung aus T-, VA- und mVA-Aufgaben bereitgestellt.

Alle Aufgaben sind primär zum Einsatz im Übungsbetrieb konzipiert. Selbstverständlich bieten sie aber auch viele Möglichkeiten zum Einsatz in der Vorlesung oder Tutorium.

© Springer-Verlag GmbH Deutschland 2017
S. Gröber et al., *Smarte Aufgaben zur Mechanik und Wärme*,
https://doi.org/10.1007/978-3-662-54479-2_1

Der Einsatz kann vom bloßen Veranschaulichen eines Phänomens mithilfe des Videoexperiments über die Analyse physikalischer Vorgänge im Videoexperiment bis hin zum kognitiv aktivierenden Einsatz als Predict-Observe-Explain-Aufgaben reichen. Bei jeder Einsatzart ist es wichtig, dass sich die Dozenten und Lehrenden mit dem Inhalt, mit den Aufgabenformaten, mit dem Verfahren der Videoanalyse und mit der softwarebasierten Auswertung von Videoexperimenten vertraut machen.

1.1 Vergleich der Aufgabenformate

Mit traditionellen Aufgaben (T-Aufgaben), Videoaufgaben (VA-Aufgaben) und mobilen Videoanalyse-Aufgaben (mVA-Aufgaben) bietet das Buch drei Aufgabenformate, die sich medientechnologisch, experimentiertechnisch, inhaltlich und fachdidaktisch unterscheiden. Tab. 1.1 vergleicht und charakterisiert zunächst VA- und mVA-Aufgaben hinsichtlich der verwendeten Medientechnologie und dem Videoexperiment.

Tab. 1.1 Vergleich der Aufgabenformate

	VA-Aufgaben	mVA-Aufgaben
Medientechnologie		
Hardware	PC/Notebook	Tablet-PC/Smartphone
Software	Videoanalyse-/Tabellenkalkulationsprogramm[a]	Videoanalyse-/Datenanalyse-App[a]
Videoexperiment		
Bereitstellung	Vom Dozenten vorgegeben	Vom Studierenden aufgenommen
Experimenttypen	Indoor-Experimente mit Labormaterialien (z. B. A6)	– Indoor-Experimente mit wenigen und einfachen Alltagsmaterialien (z. B. A2) – In- und Outdoor-Experimente von Alltagsbewegungen (z. B. A3)
Experimentiermaterial	Keines	– Vorgegeben und bereitgestellt vom Dozenten – Beschafft vom Studierenden
Experimentelle Tätigkeiten	Messdatenerfassung und -auswertung	– Aufbau und Durchführung des Experiments – Messdatenerfassung und Messdatenauswertung
Direkte Messgrößen	– Ortsvektor bezüglich ruhenden Koordinatensystems (z. B. A9) – Ortsvektor bezüglich bewegten Koordinatensystems[a] (z. B. A22) – Kraft (z. B. A56) – Druck (z. B. A72) – Temperatur (z. B. A67)	Ortsvektor bezüglich ruhenden Koordinatensystems (z. B. A24)

[a] abhängig von dem verwendeten Videoanalyseprogramm bzw. der Videoanalyse-App

Tab. 1.2 vergleicht und charakterisiert die drei Aufgabenformate inhaltlich und fachdidaktisch.

Tab. 1.2 Inhaltliche und fachdidaktische Charakterisierung der Aufgabenformate

	T-Aufgaben	VA-Aufgaben	mVA-Aufgaben
Aufgabeninhalte	Alle	Fast alle, außer nicht durch Experimente abdeckbare Inhalte (z. B. Kraftfelder, Planetenbewegungen oder spezielle Relativitätstheorie)	Nur Inhalte zu Experimenten mit Ortsvektormessung und einfachem Experimentiermaterial
Informationen im Aufgabenstamm	Instruktionstext (und Skizze) mit Daten, Annahmen und Beschreibungen	Informationsbild mit Daten und experimenteller Anordnung des Videoexperiments	Instruktionstext (und Skizze oder Bild) zum Videoexperiment
Teilaufgaben	Theoretisch	Theoretisch und experimentell	Theoretisch und experimentell
Selbstkontrolle von Ergebnissen	Nein	– Vergleich berechneter Funktionen mit Messreihen (z. B. A78) – Vergleich berechneter und gemessener Werte (z. B. A40)	– Vergleich berechneter Funktionen mit Messreihen (z. B. A14) – Vergleich berechneter und gemessener Werte (A35)
Wechselspiel von Theorie und Experiment	Nein, aber: – Erklären vorgegebener Aussagen (z. B. A36a) – Erklären theoretischer Ergebnisse (z. B. A63b,c)	– Formulierung begründeter und experimentell/theoretisch zu prüfender Hypothesen (z. B. A16a,b) – Erklären experimenteller Beobachtungen (z. B. A22a) und von Messergebnissen (z. B. A40d)	– Formulierung begründeter und experimentell zu prüfender Hypothesen (z. B. A41) – Variation experimenteller Parameter zur Bestimmung physikalischer Koeffizienten (z. B. A80)
Offenheitsgrad theoretischer/ experimenteller Teilaufgaben	Gering/–	Gering/Gering	Gering/Mittel

1.2 Videoanalyse als Messverfahren und Auswertungswerkzeug

Die Videoanalyse wird in VA- und mVA-Aufgaben als berührungsloses Messverfahren zur Analyse von Bewegungen mit einer Videoanalysesoftware verwendet.

Wie funktioniert die Videoanalyse als Messverfahren?

In Abb. 1.1 sind die Schritte (1) bis (4) zur Messung der Koordinaten $x(t)$ und $y(t)$ des Ortsvektors bzw. der Bahnkurve $y(x)$ eines bewegten Objekts illustriert und annotiert:

1. Jedes Video besteht aus einer Bildfolge mit konstanter Bildrate f bzw. mit zeitlichem Bildabstand $\Delta t = 1/f$ (z. B. $f = 120\,\text{Bilder/s}$; $\Delta t = 1/120\,\text{s} = 0{,}083\,\text{s}$). Die Eingabe der Bildrate f in die Videoanalysesoftware und Zuordnung des Zeitnullpunkts zu einem Bild (Zeitskalierung) erlaubt die Zeitmessung im Video.
2. Jedes Bild eines Videos hat die gleiche Bildauflösung (z. B. 640 Pixel · 480 Pixel). Aus der Markierung von Endpunkten einer im Video bekannten Strecke (z. B. eines Maßstabs) rechnet die Videoanalysesoftware Pixelabstände im Video in reale Strecken um (Längenskalierung) und ermöglicht Streckenmessungen im Video.
3. Das Positionieren und Orientieren eines zweidimensionalen kartesischen Koordinatensystems im Video zeichnet ein Pixel als Koordinatenursprung sowie die Richtung der Koordinatenachsen aus. Die Videoanalysesoftware rechnet Pixelkoordinaten im Video (z. B. $x' = 320\,\text{Pixel}$; $y' = 450\,\text{Pixel}$) in Ortskoordinaten (z. B. $x = -0{,}8\,\text{m}$; $y = 1{,}2\,\text{m}$) um und erlaubt damit Ortskoordinatenmessungen.
4. Das fortlaufende Markieren der Position des bewegten Objekts in aufeinanderfolgenden Bildern (manuelles Tracking) eines ausgewählten Videoabschnitts erzeugt eine $x(t)$- und $y(t)$-Messreihe.

Außer diesen Basisfunktionen bieten einige Videoanalyseprogramme das Tracken von zwei und mehr Objekten in einem Video, automatisches Tracking und das Tracken von Objekten bezüglich eines translatorisch oder rotatorisch bewegten Koordinatensystems.

Abb. 1.1 Schritte (1) bis (4) der Videoanalyse zur Ortskoordinatenbestimmung eines Körpers

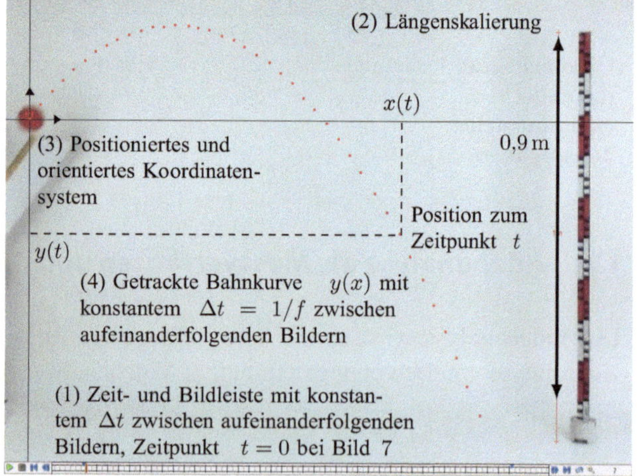

Welche Funktionen bietet die Videoanalyse als Auswertungswerkzeug?

Die Auswertungsfunktionen der Videoanalyse basieren auf den gemessenen Ortsfunktionen $x(t)$ und $y(t)$. Für computerbasierte Videoanalysesoftware sind diese:

- Erzeugen abgeleiteter Messgrößen (z. B. der Bahngeschwindigkeit v, des Impulses p)
- Manuelle und automatische Regression von Messreihen (z. B. von $x(t)$ zur Geschwindigkeitsbestimmung)
- Eingabe theoretischer Funktionen über einen Formeleditor (z. B. der Bahnkurve $y(x)$ des schiefen Wurfs)
- Gemeinsame Darstellung von Messreihen und Funktionen in Diagrammen mit wählbaren Achsenbelegungen (z. B. $y(x)$-Messreihe und $y(x)$-Funktion)
- Darstellung des zeitlichen Verlaufs kinematischer Größen im Videoexperiment (z. B. die Vektorspur von $\vec{v}(t)$-Vektoren eines Körpers)

Videoanalyse-Apps für Smartphones und Tablet-PCs bieten derzeit noch nicht den gleichen Funktionsumfang wie Videoanalysesoftware für den Computer. Für mVA-Aufgaben sind diese jedoch ausreichend.

1.3 Bearbeitungshinweise zu VA- und mVA-Aufgaben

Für den Einsatz der Videoanalyse in VA- und mVA-Aufgaben gilt:

- Ziel ist es, anhand von Messdaten und deren Auswertung die im Video repräsentierten Zusammenhänge zwischen physikalischen Größen besser zu verstehen.
- Zur Bestimmung einer konstanten Geschwindigkeit ist die lineare Regression der $x(t)$-Messreihe genauer als die der abgeleiteten $v(t)$-Messreihe. Analog ist zur Bestimmung einer konstanten Beschleunigung die lineare Regression der $v(t)$-Messreihe genauer als die der abgeleiteten $a(t)$-Messreihe.

Worauf ist bei der Bearbeitung von VA-Aufgaben zu achten?

- Alle Videoexperimente sind mit 120 Bilder/s aufgenommen. Die Videos werden unter
  http://extras.springer.com
  bereitgestellt.
- Schauen Sie sich zuerst das Videoexperiment und das Informationsbild zusammen an. Lesen Sie dann aufmerksam die gesamte VA-Aufgabe, um sich einen Überblick zur Problemstellung zu verschaffen.
- Beachten Sie für einen einfachen Vergleich mit den Musterlösungen das im Informationsbild vorgegebene Koordinatensystem und den angegebenen Zeitnullpunkt.

- Zur Auswertung von Messreihen genügen in der Regel zehn bis 15 Wertepaare. Die Anzahl der zu messenden Wertepaare kann über die Bildschrittweite in der Videoanalysesoftware festgelegt werden.
- Als kostenlose Videoanalysesoftware bietet sich Tracker[1] an. Um in VA-Aufgaben mit nichtkinematischen Messgrößen ohne Tabellenkalkulationsprogramm auszukommen, eignet sich das kostenpflichtige Coach 6 Studio MV[2].

Worauf ist bei der Bearbeitung von mVA-Aufgaben zu achten?

- Lesen Sie zunächst die gesamte mVA-Aufgabe und halten Sie die Experimentiermaterialien bereit.
- Führen Sie vor der Aufnahme des Experiments dieses mehrfach unter variierenden Versuchsbedingungen durch und überprüfen Sie qualitativ die Reproduzierbarkeit des Experiments.
- Experimente können je nach Aufnahmesituation (z. B. In- oder Outdoor-Experimente) mit einer Digitalkamera oder einem Tablet-PC videografiert werden.
- Vergessen Sie nicht einen Maßstab im Experiment zu positionieren. Dieser muss zur Vermeidung von Messfehlern in der Bewegungsebene des Objekts stehen.
- Werten Sie das Experiment, wann immer es geht, im aufgebauten Zustand aus, um ggf. Veränderungen am Experiment zur Optimierung von Messdaten vornehmen zu können.
- Zur Videoanalyse mit iOS-basierten Tablet-PCs eignet sich z. B. die App Viana[3].

---

[1] http://physlets.org/tracker/.

[2] http://cma-science.nl/downloads-2/software-coach-programs/coach-6-studio-mv-update-german.

[3] https://itunes.apple.com/WebObjects/MZStore.woa/wa/viewSoftware?id=1031084428&mt=8.

2.1 Eindimensionale Bewegungen

Aufgabe 1: Überholvorgang (VA)

Schauen Sie sich das Videoexperiment und Abb. 2.1 an.

a. Bestimmen Sie durch lineare Regression die Bewegungsparameter der Experimentierwagen 1 und 2 und geben Sie mittels dieser die $x(t)$-, $v(t)$- und $a(t)$-Funktionen beider Bewegungen an.
b. Berechnen Sie den Zeitpunkt und Ort des Überholens. Überprüfen Sie das Ergebnis experimentell.
c. Berechnen Sie durch Integration den Vorsprung des Experimentierwagens 1 gegenüber dem Experimentierwagen 2 zum Zeitpunkt $t = 2{,}0\,\mathrm{s}$. Überprüfen Sie das Ergebnis experimentell.

Abb. 2.1 Experimentierwagen 1 überholt Experimentierwagen 2

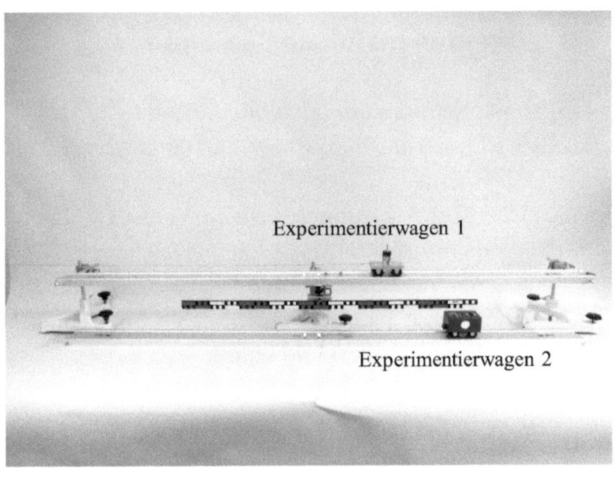

© Springer-Verlag GmbH Deutschland 2017
S. Gröber et al., *Smarte Aufgaben zur Mechanik und Wärme*,
https://doi.org/10.1007/978-3-662-54479-2_2

http://tiny.cc/0gfzly

Aufgabe 2: Hüpfender Gummiball   (mVA)
Videografieren Sie die Bewegung eines senkrecht hüpfenden Gummiballs.

a. Erstellen Sie das $v(t)$-Diagramm der Bewegung und erklären Sie den Verlauf des $v(t)$-Graphen.
b. Bestimmen Sie aus den Messdaten den Wert der Erdbeschleunigung g möglichst genau.
c. Bestimmen Sie den Restitutionskoeffizienten (Stoßzahl) k, definiert als

$$k = \sqrt{\frac{h_{i+1}}{h_i}}\,,$$

wobei h_i die Höhe des i-ten Sprungs bezeichnet. Welche inhaltliche Bedeutung hat die Stoßzahl?

Aufgabe 3: Strecksprung   (mVA)
Videografieren Sie einen Strecksprung.

a. Teilen Sie das $v(t)$-Diagramm der Bewegung begründet in Phasen ein und erklären Sie den Verlauf des $v(t)$-Graphen.
b. Bestimmen Sie aus den Messreihen möglichst genau die Erdbeschleunigung g.

2.2   Zweidimensionale Bewegungen

Aufgabe 4: Schuss vom fahrenden Wagen   (VA)
Schauen Sie sich das Videoexperiment und Abb. 2.2 an.

a. Welche Voraussetzungen sind im Videoexperiment erfüllt, dass die Kugel wieder in den Wagen zurückfällt?
b. Skizzieren Sie die Bahnkurve $y(x)$ aus Sicht eines Beobachters B am Bahndamm und die Bahnkurve $y'(x')$ aus Sicht eines Beobachters B' auf dem Wagen. Kontrollieren Sie die Ergebnisse experimentell.
c. Bestimmen Sie aus Sicht des Beobachters B die Geschwindigkeitskomponente $v_x(t = 0)$ aus dem $x(t)$-Diagramm und die Geschwindigkeitskomponente $v_y(t = 0)$ aus der Wurfhöhe.

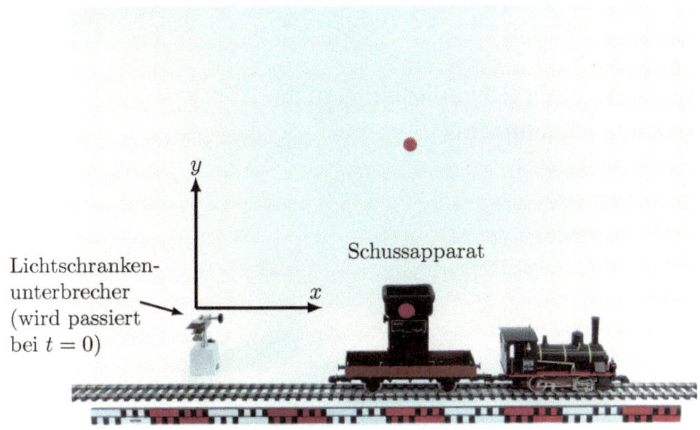

Abb. 2.2 Ein Wagen fährt mit konstanter Geschwindigkeit in x-Richtung und schießt zum Zeitpunkt $t = 0$ mit einem Schussapparat eine Kugel senkrecht in y-Richtung ab

d. Leiten Sie Formeln für die Flugzeit t_F und die Schussweite x_W der Kugel aus Sicht von Beobachter B her und berechnen Sie diese. Kontrollieren Sie die Ergebnisse experimentell.

http://tiny.cc/rgfzly

Aufgabe 5: Blob Jump   (VA)

Schauen Sie sich das Videoexperiment und Abb. 2.3 an.

Abb. 2.3 Ein „Blobber"
springt auf ein Luftkissen und
katapultiert damit den „Jum-
per" in die Luft

a. Zeigen Sie experimentell, dass die Bahnkurve $y(x)$ des Jumper-Schwerpunkts eine Parabel ist.
b. Ermitteln Sie mit bestmöglicher Genauigkeit die Abschussgeschwindigkeit v_0 und den Abschusswinkel α des Jumpers.

http://tiny.cc/6ffzly

Aufgabe 6: Zusammenhang kinematischer Größen   (VA)
Schauen Sie sich das Videoexperiment und Abb. 2.4 an.

a. Skizzieren Sie den $x(t)$-, $v(t)$- und $a(t)$-Graphen des Experimentierwagens in einem gemeinsamen Diagramm. Kontrollieren Sie die Vorhersage experimentell.
b. Welche allgemeine mathematische Zusammenhänge verknüpfen die drei kinematischen Größen? Erklären Sie diese anhand der Graphen aus Teilaufgabe a.
c. Erklären Sie den Zusammenhang zwischen den Begriffen Wendepunkt/Extrema und den kinematischen Größen zum Zeitpunkt der Bewegungsrichtungsumkehr des Experimentierwagens.
d. Betrachten Sie die beiden Bewegungsabschnitte, in denen keine Federkraft wirkt. Erklären Sie, warum das Vorzeichen der Geschwindigkeit, nicht aber das Vorzeichen der Beschleunigung wechselt. Bestimmen Sie experimentell mittels linearer Regression die Beschleunigung während der Abwärtsbewegung.
e. Betrachten Sie den Bewegungsabschnitt unter Einfluss der Federkraft. Weshalb ist die Beschleunigung nicht konstant und zweimal null? Warum ist die maximale Beschleunigung viel größer als die Beschleunigung unter alleinigem Einfluss der Schwerkraft?

Abb. 2.4 Ein Experimentierwagen gleitet eine geneigte Luftkissenfahrbahn hinunter und wird an einer Feder reflektiert

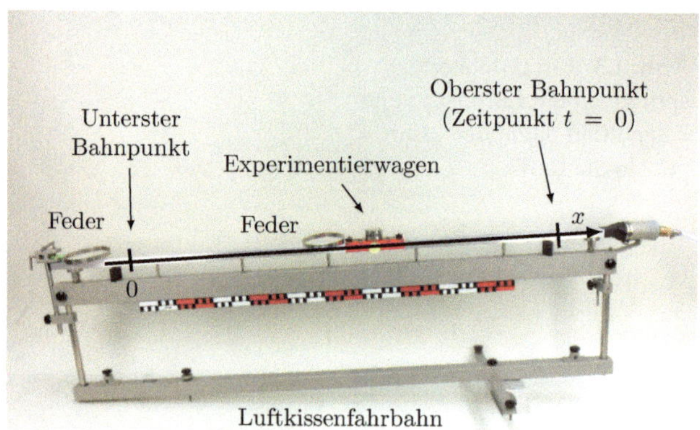

http://tiny.cc/fgfzly

Aufgabe 7: Kreisbewegung mit konstanter Winkelbeschleunigung (VA)

Schauen Sie sich das Videoexperiment und Abb. 2.5 an.

a. Stellen Sie die $v(t)$-Messreihe der Bahngeschwindigkeit des Punkts P in einem $v(t)$-Diagramm dar. Begründen Sie die Konstanz der Winkelbeschleunigung α und ermitteln Sie diese.
b. Zeigen Sie, dass der Betrag der Bahnbeschleunigung durch

$$a(t) = r\,\alpha\,\sqrt{1 + \alpha^2 t^4}$$

gegeben ist. Überprüfen Sie die $a(t)$-Funktion experimentell.
c. Berechnen Sie die $\beta(t)$-Funktion des Winkels zwischen dem Bahnbeschleunigungsvektor $\vec{a}$ und dem Einheitsvektor $\vec{e}_r$, der vom Punkt P in die Kreismitte zeigt. Überprüfen Sie das Ergebnis anhand der Spezialfälle $\beta(0)$ und $\lim_{t\to\infty}\beta(t)$ durch Vergleich mit der Vektorspur des Bahnbeschleunigungsvektors.

http://tiny.cc/wgfzly

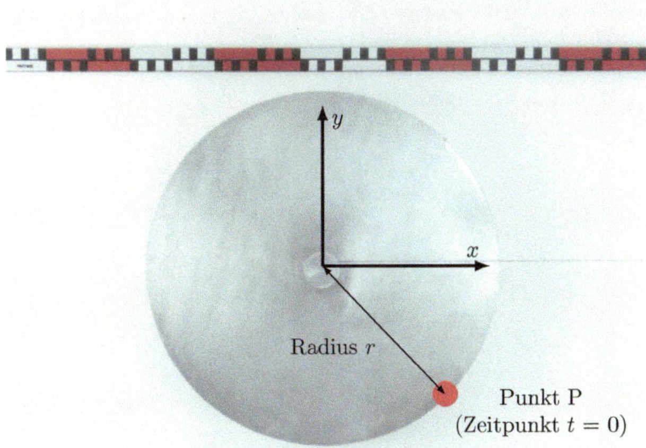

Abb. 2.5 Eine Kreisscheibe rotiert mit konstanter Winkelbeschleunigung

Abb. 2.6 Ein Schneeball wird
hangaufwärts geworfen

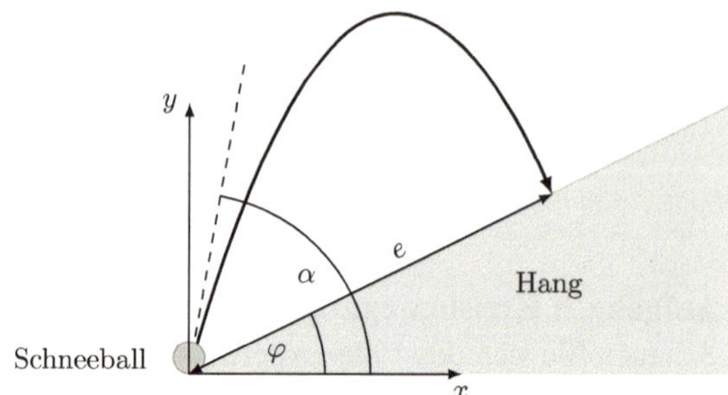

Aufgabe 8: Wurf entgegen dem Hang

Ein Schneeball wird zum Zeitpunkt $t = 0$ mit dem Abwurfwinkel $\alpha \in \,]0°, 90°[$ und der Abwurfgeschwindigkeit v_0 an einem Hang mit Neigungswinkel $\varphi \in \,]0°, \alpha[$ hangaufwärts geworfen. Die Luftreibung kann vernachlässigt werden (Abb. 2.6).

a. Leiten Sie eine Formel für den Zeitpunkt t her, wann der Schneeball den höchsten Bahnpunkt erreicht.
b. Leiten Sie Formeln für den Zeitpunkt t und die Entfernung e des Schneeballs zum Abwurfort beim Auftreffen am Hang her. Überprüfen Sie die Ergebnisse an einem Spezialfall.
c. Für welchen Winkel α wird die maximale Entfernung e_{max} zum Abwurfort erzielt? Überprüfen Sie das Ergebnis an einem Spezialfall. Berechnen Sie e_{max} für $\varphi = 30°$ und $v_0 = 3\,\text{m/s}$.

Aufgabe 9: Schuss vom hangabwärts beschleunigten Wagen   (VA)

Schauen Sie sich das Videoexperiment und Abb. 2.7 an.

Abb. 2.7 Ein Experimentierwagen rollt eine geneigte Ebene herunter und schießt zum Zeitpunkt $t = 0$ einen Ball in y-Richtung ab

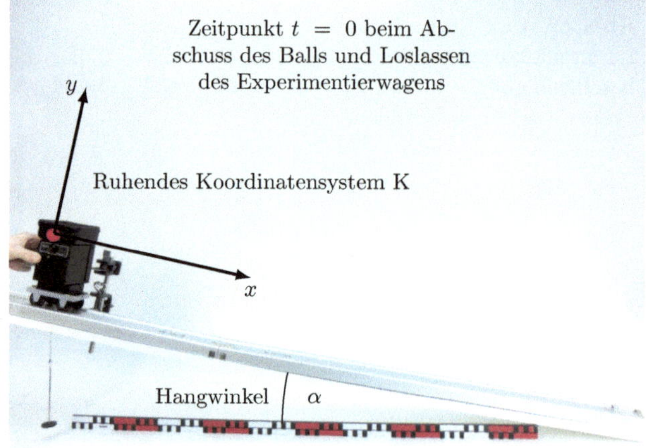

a. Erklären Sie durch Überlegungen mit Vektoren im ruhenden Koordinatensystem K, warum die abgeschossene Kugel wieder in die Abschussvorrichtung zurückfällt. Verallgemeinern Sie die Überlegungen auf den Fall, dass die Abschussvorrichtung zum Zeitpunkt $t = 0$ eine Geschwindigkeit in x-Richtung hat.

b. Leiten Sie die $y(x)$-Funktion der Bahnkurve in K her. Überprüfen Sie das Ergebnis experimentell.

c. Zeigen Sie, dass die Kugel für beliebige Hangwinkel $\alpha \in \,]0°, 90°[$ wieder in die Abschussvorrichtung zurückfällt. Diskutieren Sie die Grenzfälle $\alpha = 0°$ und $\alpha = 90°$.

http://tiny.cc/jgfzly

2.3 Lösungen

Lösung zu Aufgabe 1: Überholvorgang

a) Bestimmung der Bewegungsparameter

Der überholende Experimentierwagen 1 bewegt sich mit konstanter Beschleunigung a und der überholte Experimentierwagen 2 mit konstanter Geschwindigkeit v. Für das in der Aufgabe gewählte Koordinatensystem und den gewählten Zeitnullpunkt gilt für Experimentierwagen 1

$$v_1(t) = at + v(0) \tag{2.1}$$

und für Experimentierwagen 2

$$x_2(t) = vt + x(0). \tag{2.2}$$

Die Gln. (2.1) und (2.2) werden zur Bewegungsparameterbestimmung mit linearer Regression verwendet (Abb. 2.8). Damit ist für Experimentierwagen 1

$$x_1(t) = \frac{1}{2} \cdot 0{,}28 \,\frac{\mathrm{m}}{\mathrm{s}^2} \cdot t^2 + 0{,}36 \,\frac{\mathrm{m}}{\mathrm{s}} \cdot t,$$

$$v_1(t) = 0{,}28 \,\frac{\mathrm{m}}{\mathrm{s}^2} \cdot t + 0{,}36 \,\frac{\mathrm{m}}{\mathrm{s}}, \tag{2.3}$$

$$a_1(t) = 0{,}28 \,\frac{\mathrm{m}}{\mathrm{s}^2}$$

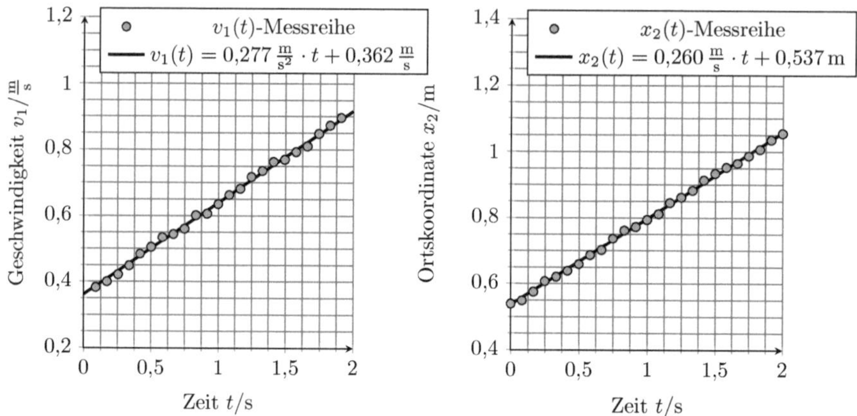

Abb. 2.8 $v_1(t)$-Diagramm des Experimentierwagens 1 (*links*) und $x_2(t)$-Diagramm des Experimentierwagens 2 (*rechts*)

und für Experimentierwagen 2

$$x_2(t) = 0{,}26\,\frac{\text{m}}{\text{s}}\cdot t + 0{,}58\,\text{m},$$

$$v_2(t) = 0{,}26\,\frac{\text{m}}{\text{s}}, \tag{2.4}$$

$$a_2(t) = 0\,.$$

b) Bestimmung von Überholzeitpunkt t_U und Überholort x_U

Experimentierwagen 1 überholt Experimentierwagen 2, wenn die Ortskoordinaten von beiden gleich sind:

$$x_1(t) = x_2(t)\,. \tag{2.5}$$

Aus Bedingung (2.5) wird mit (2.3) und (2.4) der Zeitpunkt des Überholens (ohne Einheiten) berechnet:

$$\frac{1}{2}\cdot 0{,}28t^2 + 0{,}36t = 0{,}26t + 0{,}54,$$

$$t^2 + 0{,}74t - 3{,}88 = 0,$$

$$t_{1/2} = -0{,}37 \pm \sqrt{0{,}37^2 + 3{,}88} = -0{,}37 \pm 2{,}00, \tag{2.6}$$

$$t_1 = 1{,}64 \quad \text{oder} \quad t_2 = -2{,}37\,.$$

Wegen $t \geq 0$ ist der Überholzeitpunkt $t_\text{U} = t_1 = 1{,}64\,\text{s}$ der gesuchte Zeitpunkt. Zum Zeitpunkt $t_2 = -2{,}37\,\text{s}$ hätte Experimentierwagen 2 den Experimentierwagen 1 überholt. Einsetzen von t_U in $x_1(t)$ oder $x_2(t)$ ergibt den Überholort $x_\text{U} = 0{,}96\,\text{m}$. Experimentell wird $t_1 = 1{,}63\,\text{s}$ und der Überholort $x_\text{U} = 0{,}96\,\text{m}$ gemessen.

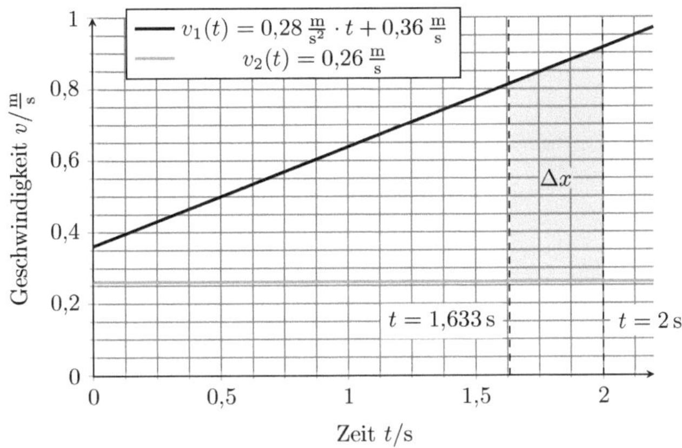

Abb. 2.9 $v(t)$-Funktionen der beiden Experimentierwagen. Die Fläche repräsentiert den Vorsprung Δx von Experimentierwagen 1 gegenüber Experimentierwagen 2

c) Vorsprung des überholenden Experimentierwagens zum Zeitpunkt $t = 2{,}0\,\text{s}$

Der Vorsprung Δx des Experimentierwagens 1 gegenüber dem Experimentierwagen 2 wird durch die Fläche zwischen den Geschwindigkeitsgraphen der Experimentierwagen im Zeitintervall [1,63 s; 2,00 s] repräsentiert (Abb. 2.9). Mit (2.3) und (2.4) ist

$$
\Delta x = \int_{t_1}^{t_2} (v_1(t) - v_2(t))\,\mathrm{d}t = \int_{1{,}63\,\text{s}}^{2{,}00\,\text{s}} \left(0{,}28\,\frac{\text{m}}{\text{s}} \cdot t + 0{,}10\,\text{m}\right)\mathrm{d}t
$$

$$
= \left[0{,}14\,\frac{\text{m}}{\text{s}^2} \cdot t^2 + 0{,}1\,\frac{\text{m}}{\text{s}} \cdot t\right]_{1{,}63\,\text{s}}^{2{,}00\,\text{s}} = 0{,}223\,\text{m}\,.
$$

$$(2.7)$$

Der berechnete Vorsprung $\Delta x = 22{,}3\,\text{cm}$ stimmt gut mit dem gemessenen Vorsprung $\Delta x = 22{,}2\,\text{cm}$ überein.

Lösung zu Aufgabe 2: Hüpfender Gummiball

Versuchsmaterial und Durchführung des Experiments

- Neben dem hier verwendeten Gummiball können z. B. auch Tennis-, Tischtennis- oder Basketbälle verwendet werden.
- Der Ball wird aus einer Höhe h_0 über einer harten Unterlage aus der Ruhe fallen gelassen, sodass mindestens vier Bodenkontakte ermöglicht werden. Die Bewegung ist im Idealfall eindimensional.

Abb. 2.10 $v(t)$-Diagramm der Bewegung des Gummiballs

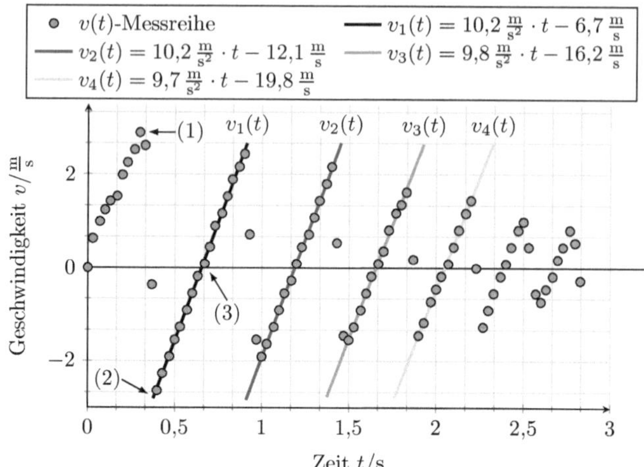

a) Erläuterung des $v(t)$-Diagramms

Im Folgenden wird ausschließlich die vertikale Bewegungskomponente (senkrecht zur Unterlage) betrachtet. Abb. 2.10 zeigt die $v(t)$-Messreihe mehrerer Sprungbewegungen. Die positive y-Richtung entspricht der Fallrichtung (Abwärtsbewegung), d. h., die Fallbeschleunigung ist positiv. Die $v(t)$-Messreihe ist abschnittsweise linear (Abb. 2.10). An den Sprungstellen der $v(t)$-Messreihe stößt der Gummiball mit dem Boden und kehrt seine Bewegungsrichtung schlagartig um (z. B. zwischen Punkt (1) und (2) in (Abb. 2.10). An den Nullstellen der $v(t)$-Messreihe kehrt der Gummiball ebenfalls die Bewegungsrichtung um (z. B. im Punkt (3)). Dies geschieht aufgrund der Erdanziehungskraft bzw. der Erdbeschleunigung g, die an der Steigung der Regressionsgeraden abgelesen werden kann. Aufgrund von Reibung und nicht idealelastischen Stößen zwischen Gummiball und Unterlage nimmt die kinetische Energie mit jedem Stoß ab und die maximale Sprunghöhe verringert sich.

b) Bestimmung der Erdbeschleunigung g

Aus Teilaufgabe a geht hervor, dass die Geradensteigung während der Auf- und Abwärtsbewegung des Balls der Erdbeschleunigung entspricht. Die Anpassung mehrerer Ausgleichsgeraden an die Messwerte während den Sprungphasen ergibt die Erdbeschleunigungen $10{,}2\,\mathrm{m/s^2}$, $10{,}2\,\mathrm{m/s^2}$, $9{,}8\,\mathrm{m/s^2}$ und $9{,}7\,\mathrm{m/s^2}$. Damit ist die mittlere Erdbeschleunigung $\bar{g} = (9{,}98 \pm 0{,}27)\,\mathrm{m/s^2}$.

c) Bestimmung des Restitutionskoeffizienten k (Stoßzahl)

Tab. 2.1 führt die Sprunghöhen h und die berechneten Restitutionskoeffizienten auf.

Tab. 2.1 Sprunghöhen h_i und berechnete Restitutionskoeffizienten k_i

i	Sprunghöhe h_i / cm	Restitutionskoeffizient k_i
0 (Starthöhe)	60	$\sqrt{0{,}42/0{,}60} = 0{,}84$
1	42	0,86
2	31	0,86
3	23	0,86
4	17	0,87
5	13	–

Der Mittelwert beträgt $\bar{k} = 0{,}86 \pm 0{,}01$. Der Restitutionskoeffizient steht in Zusammenhang mit der Änderung der kinetischen Energie vor und nach dem Stoß des Balls mit der Unterlage:

$$\frac{E'_{\text{kin}}}{E_{\text{kin}}} = \frac{v'^2}{v^2} = \frac{h'^2}{h^2} = k^2. \tag{2.8}$$

Bei einem vollkommen elastischen Stoß ist $k = 1$, bei einem vollkommen inelastischen Stoß ist $k = 0$. Die Stoßzahl hängt wesentlich von der Elastizität des Ballmaterials ab.

Lösung zu Aufgabe 3: Strecksprung

Versuchsmaterial und Durchführung des Experiments

Befestigen Sie einen Markierungspunkt als Messpunkt an Ihrem Körper (z. B. an ihrem Kopf), der während der Bewegung sichtbar bleibt. Gehen Sie aus dem Stand in die Hocke und springen Sie kräftig nach oben (Abb. 2.11). Im Folgenden wird die Bewegung des Kopfs ausgewertet.

Abb. 2.11 Bildfolge des Strecksprungs (Zeit $\Delta t \approx 0{,}3$ s zwischen den Bildern)

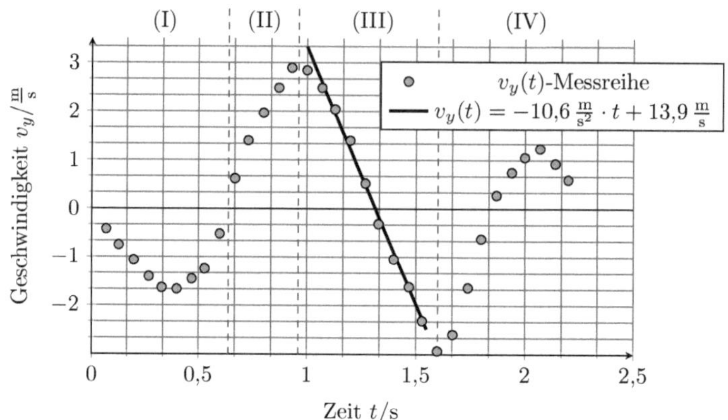

Abb. 2.12 $v(t)$-Diagramm mit Einteilung der Bewegung in Bewegungsphasen

a) Bewegungsphasen im $v(t)$-Diagramm

Im $v(t)$-Diagramm (Abb. 2.12) sind vier Bewegungsphasen zu erkennen:

I   Die Person geht in die Hocke, bewegt sich also entgegen der y-Richtung.

II   Durch das Abstoßen am Boden wird die Person beschleunigt und die Geschwindigkeit nimmt zu.

III Die Erdanziehungskraft verlangsamt die Aufwärtsbewegung, bis der höchste Punkt über dem Boden erreicht ist. Anschließend kehrt sich die Bewegungsrichtung um; die Geschwindigkeit steigt (in negativer Richtung) an, bis der Boden erreicht wird.

IV Die Person federt die Bewegung ab und wird entgegen der y-Richtung langsamer.

Bewegungsphase (III) entspricht einem senkrechten Wurf ohne Reibung und eignet sich daher zur Bestimmung der Erdbeschleunigung g.

b) Bestimmung der Erdbeschleunigung g

Lineare Regression der $v(t)$-Messwerte während der Bewegungsphase (III) ergibt

$$v(t) = -10{,}6\,\frac{\text{m}}{\text{s}^2}t + 13{,}9\,\frac{\text{m}}{\text{s}}\,. \tag{2.9}$$

Die ermittelte Erdbeschleunigung beträgt $a = -10{,}6\,\text{m/s}^2$ und weicht um etwa $8\,\%$ vom Referenzwert ($9{,}81\,\text{m/s}^2$) ab.

Lösung zu Aufgabe 4: Schuss vom fahrenden Wagen

a) Experimentelle Voraussetzungen

- Die Kugel wird senkrecht vom Wagen abgeschossen. Deshalb stimmen die Geschwindigkeitskomponenten von Wagen und Kugel in x-Richtung zum Zeitpunkt $t = 0$ überein, sowohl für Beobachter B als auch für Beobachter B$'$.
- Die Luftreibungskraft ist gegenüber der Gewichtskraft der Kugel vernachlässigbar. Damit stimmt die Geschwindigkeit der Kugel in x-Richtung immer mit der konstanten Geschwindigkeit des Wagens überein.

b) Qualitative Bahnkurven $y(x)$ und $y'(x')$

Der mitbewegte Beobachter B$'$ sieht einen senkrechten Wurf. Die Kugel steigt über diesem auf und fällt über diesem wieder herunter. Der ruhende Beobachter B am Bahndamm beobachtet die Wurfparabel eines schiefen Wurfs.

Die Aufnahme der Bahnkurve $y(x)$ bezüglich eines ruhenden Koordinatensystems K und der Bahnkurve $y'(x')$ eines mit dem Zug mitbewegten Koordinatensystems K$'$, dessen Koordinatenursprung mit dem von K zum Zeitpunkt $t = 0$ übereinstimmt, ergibt das Diagramm in Abb. 2.13.

c) Bestimmung der Geschwindigkeiten $v_x(0)$ und $v_y(0)$

Die Geschwindigkeitskomponente $v_x(0) = v_x(t)$ in x-Richtung ist die Steigung im $x(t)$-Diagramm der Kugelbewegung (Abb. 2.14). Lineare Regression ergibt $v_x(0) = 0{,}56\,\mathrm{m/s}$.

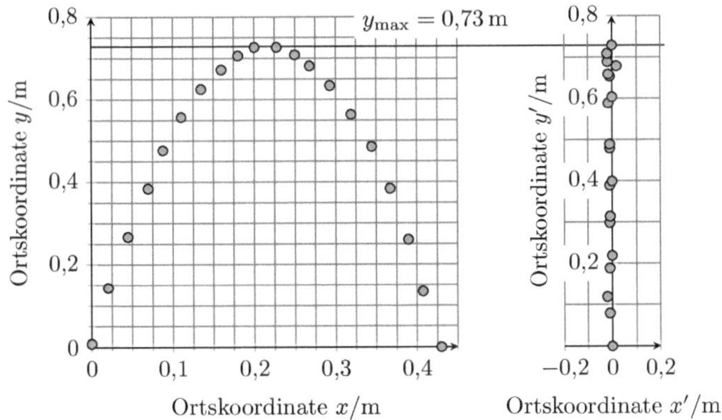

Abb. 2.13 $y(x)$-Diagramm der Bahnkurve in K (*links*) und $y'(x')$-Diagramm der Bahnkurve in K$'$ (*rechts*)

Abb. 2.14 $x(t)$-Diagramm der abgeschossenen Kugel

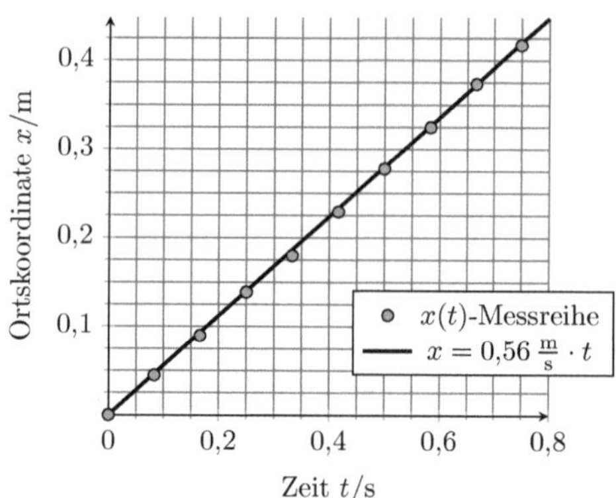

In y-Richtung liegt ein senkrechter Wurf mit der gesuchten Geschwindigkeitskomponente $v_y(0)$ als Abschussgeschwindigkeit in y-Richtung vor. Für $v_y(t)$ gilt

$$v_y(t) = v_y(0) - gt. \tag{2.10}$$

Mit (2.10) wird aus der Bedingung, dass bei der höchsten y-Koordinate $y_{\max}$ der Kugel die Geschwindigkeit in y-Richtung null ist, die Steigzeit t_S nach

$$v_y(t) = v_y(0) - gt \Leftrightarrow t_\mathrm{S} = \frac{v_y(0)}{g} \tag{2.11}$$

ermittelt. Integration von (2.10) liefert mit $y(0) = 0$

$$y(t) = v_y(0)t - \frac{1}{2}gt^2. \tag{2.12}$$

Zum Zeitpunkt $t = t_\mathrm{S}$ ist nach (2.11) und (2.12)

$$y(t_\mathrm{S}) = y_{\max} = v_y(0)\frac{v_y(0)}{g} - \frac{1}{2}g\frac{v_y(0)^2}{g^2} = \frac{v_y(0)^2}{2g} \tag{2.13}$$
$$\Rightarrow v_y(0) = \sqrt{2g\,y_{\max}}\,.$$

Mit der gemessenen Wurfhöhe $y_{\max} = 0{,}73\,$m ist nach (2.13) $v_y(0) = 3{,}78\,$m/s.

d) Bestimmung der Flugzeit t_F und Schussweite x_W

Da Steig- und Fallzeit der Kugel gleich sind, gilt für die Flugzeit

$$t_\mathrm{F} = 2t_\mathrm{S} = 2\frac{v_y(0)}{g}\,. \tag{2.14}$$

Einsetzen der Werte in (2.14) ergibt die Flugzeit $t_F = 0{,}77\,$s. Die Messung ergibt die Flugzeit $t_F = 0{,}79\,$s.

Für die Schussweite gilt

$$x_W = v_x \cdot t_F = v_x \frac{2v_y(0)}{g} \, . \tag{2.15}$$

Einsetzen der Werte in (2.15) ergibt die Schussweite $x_W = 0{,}43\,\text{m/s}$. Messung im Videoexperiment ergibt die Schussweite $x_W = 0{,}43\,\text{m}$.

Lösung zu Aufgabe 5: Blob Jump

a) Nachweis des parabelförmigen Verlaufs des $y(x)$-Graphen
Der $y(x)$-Graph des Jumper-Schwerpunkts zeigt einen parabelförmigen Verlauf, der durch manuelle Anpassung einer Parabel in der Scheitelpunktform $y(x) = a(x - b)^2 + c$ erhalten wird (Abb. 2.15). Eine geeignetere Methode ist, mit linearer Regression zu zeigen, dass nach

$$x(t) = v_x t \tag{2.16}$$

und nach

$$v_y(t) = v_y(0) - gt \tag{2.17}$$

die $x(t)$- und $v_y(t)$-Messwerte jeweils auf einer Geraden liegen (Abb. 2.16).

b) Bestimmung der Abschussgeschwindigkeit v_0 und des Abschusswinkels α
des Jumpers
Die lineare Regression der $x(t)$-und $v_y(t)$-Messwerte ergibt $v_x = 1{,}6\,\text{m/s}$ als Steigung der $x(t)$-Geraden und $v_y(0) = 20\,\text{m/s}$ als y-Achsenschnittpunkt der $v_y(t)$-Geraden.

Abb. 2.15 $y(x)$-Diagramm
des Jumpers

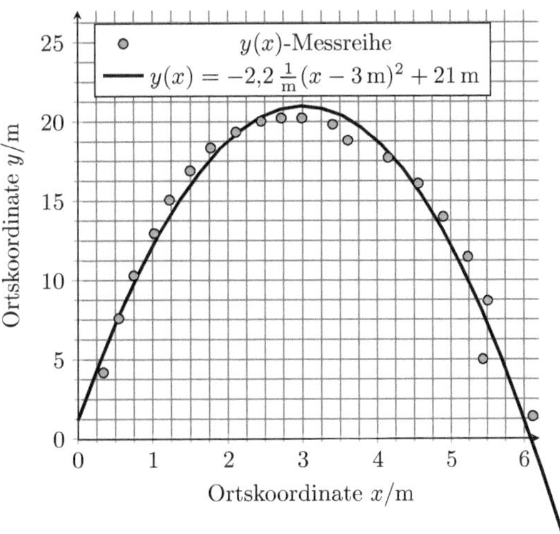

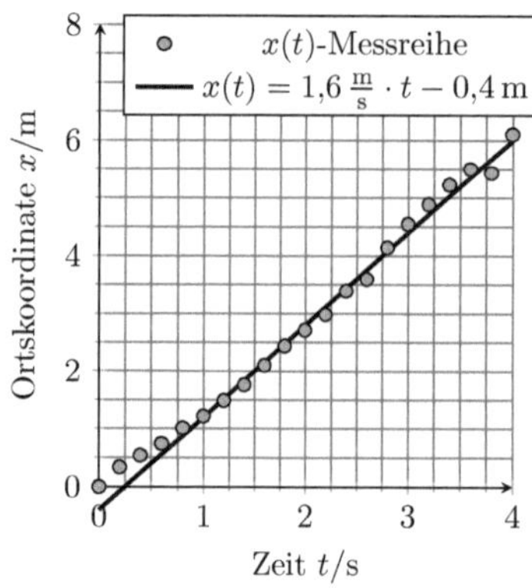
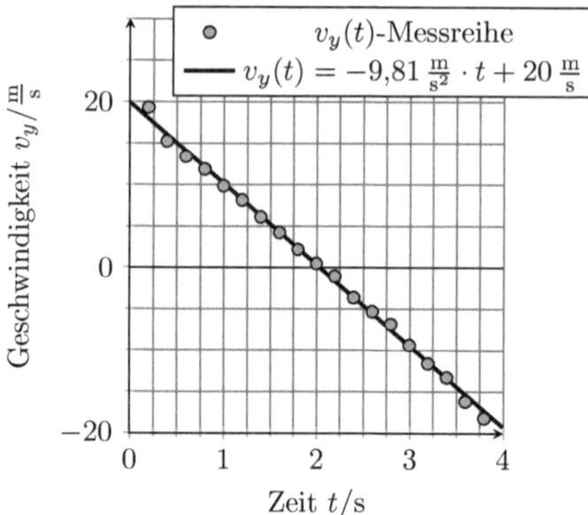

Abb. 2.16 $x(t)$- und $v(t)$-Diagramm des Jumpers

Für die Bahngeschwindigkeit beim schiefen Wurf gilt allgemein

$$v(t) = \sqrt{v_x^2 + v_y^2(t)} \tag{2.18}$$

und

$$\alpha(t) = \arctan \frac{v_y(t)}{v_x} . \tag{2.19}$$

Einsetzen der Werte zum Zeitpunkt $t = 0$ in (2.18) und (2.19) ergibt die Abschussgeschwindigkeit $v(0) = v_0 = 20{,}1 \; \text{m/s}$ und den Abschusswinkel $\alpha = 85{,}4°$.

Lösung zu Aufgabe 6: Zusammenhang kinematischer Größen

a) Vorhersage des $x(t)$-, $v(t)$- und $a(t)$-Graphen
Abb. 2.17 zeigt die aufgenommenen Messwerte.

Abb. 2.17 $x(t)$-, $v(t)$- und $a(t)$-Diagramm des Experimentierwagens

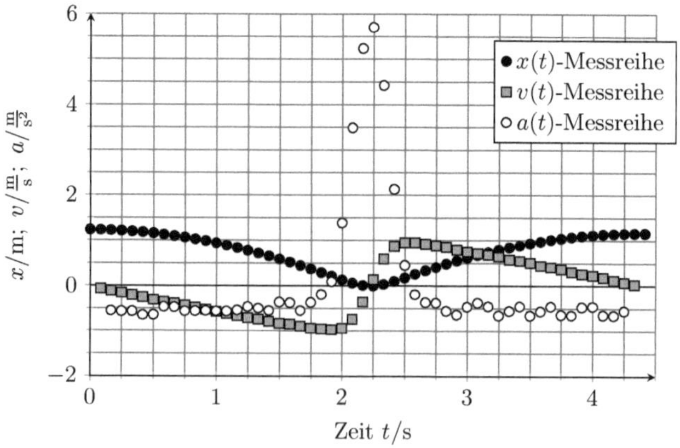

b) Mathematischer Zusammenhang zwischen $\vec{r}(t)$, $\vec{v}(t)$ und $\vec{a}(t)$

In vektorieller Darstellung ist

$$\vec{a}(t) = \dot{\vec{v}}(t) = \ddot{\vec{r}}(t)\,. \tag{2.20}$$

Nach (2.20) sind die $\vec{v}(t)$-Komponenten die Steigung der $\vec{r}(t)$-Komponenten und die $\vec{a}(t)$-Komponenten die Steigung der $\vec{v}(t)$-Komponenten. Konkrete eindimensionale Beispiele in Abb. 2.17 sind:

- $x(t)$ nimmt im Zeitintervall $[0,\,2{,}2\ \text{s}]$ ab (negative Steigung), d. h. $v(t) < 0$.
- $v(t)$ ist im Zeitintervall $[0,\,2{,}2\ \text{s}]$ eine fallende Gerade (konstante, negative Steigung), d. h. $a(t) = \text{konst.}$ und $a(t) < 0$.

c) Mathematische Zusammenhänge zum Zeitpunkt der Bewegungsrichtungsumkehr

In Abb. 2.17 hat

- $x(t)$ zum Zeitpunkt $t = 0$ ein Minimum, d. h. $v(0) = 0$ und $a(0) > 0$;
- $v(t)$ zum Zeitpunkt $t = 0$ einen Wendepunkt (Übergang von der Links- zur Rechtskrümmmung, maximale Steigung), d. h., $a(0)$ ist ein Minimum.

d) Erklärung des Vorzeichens der Geschwindigkeit v

Nach Definition der mittleren Geschwindigkeit

$$\bar{v} = \frac{x_2 - x_1}{t_2 - t_1} = \frac{\Delta x}{\Delta t} \tag{2.21}$$

gilt für gewähltes $\Delta t > 0$ und das gewählte Koordinatensystem:

- Für Hangabwärtsbewegung ist $\Delta x < 0$, und die Geschwindigkeit hat ein negatives Vorzeichen.
- Für Hangaufwärtsbewegung ist $\Delta x > 0$, und die Geschwindigkeit hat ein positives Vorzeichen.
- Regel: Bei Bewegung in Koordinatenachsenrichtung ist die Geschwindigkeit positiv, im anderen Fall negativ.

Erklärung des Vorzeichens der Beschleunigung a

Nach Definition der mittleren Beschleunigung

$$\bar{a} = \frac{v_2 - v_1}{t_2 - t_1} = \frac{\Delta v}{\Delta t} \tag{2.22}$$

gilt für gewähltes $\Delta t > 0$ und das gewählte Koordinatensystem:

Abb. 2.18 $v(t)$-Diagramm des
Experimentierwagens

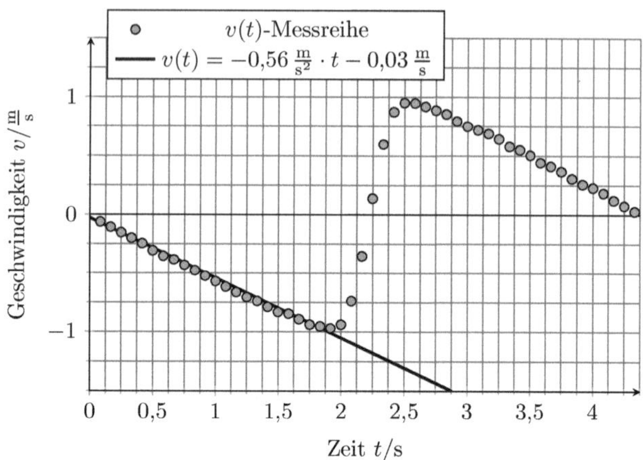

- Für die Abwärtsbewegung ist $v_1 < 0$ und $v_2 < 0$, da die Bewegung entgegen der x-Achsenrichtung erfolgt. Mit $|v_2| > |v_1|$ ist $\Delta v < 0$, und die Beschleunigung hat ein negatives Vorzeichen.

- Für die Aufwärtsbewegung ist $v_1 > 0$ und $v_2 > 0$, da die Bewegung in der x-Achsenrichtung erfolgt. Mit $|v_2| < |v_1|$ ist $\Delta v < 0$, und die Beschleunigung hat ebenfalls ein negatives Vorzeichen.

- Alternativ: Die x-Komponente des Gewichtskraftvektors zeigt unabhängig von der Bewegungsrichtung entgegen der x-Achsenrichtung. Nach $F = ma$ ist für $m > 0$ dann $a < 0$.

Konstante Beschleunigung a während der Abwärtsbewegung

Lineare Regression von $v(t)$ während der Abwärtsbewegung ergibt die konstante Beschleunigung $a = -0{,}56\,\mathrm{m/s}^2$ (Abb. 2.18).

e) Nichtkonstante Beschleunigung während der Reflexionsphase

Die Federkraft nimmt mit zunehmender Federstauchung zu, während die Hangabtriebskraft konstant bleibt. Deshalb ist nach

$$F_{\mathrm{res}} = ma \tag{2.23}$$

die resultierende Kraft auf den Experimentierwagen und die Beschleunigung nicht konstant.

Begründung für Beschleunigung $a = 0$ während der Reflexionsphase

Nach (2.23) wird $a = 0$, wenn die resultierende Kraft $F_{\mathrm{res}} = 0$ ist. Dies ist der Fall, wenn der Experimentierwagen bei der Abwärts- und bei der Aufwärtsbewegung die statische Ruhelage (Federkraft = Hangabtriebskraft) passiert.

Begründung für maximale Beschleunigung während der Reflexionsphase
Der Experimentierwagen habe die Geschwindigkeit v_0 zum Zeitpunkt, in dem sich die Federn berühren: Der Experimentierwagen wird durch die Federkraft auf einer viel kleineren Strecke bzw. in viel kürzerer Zeit von v_0 auf null abgebremst, als dieser zuvor durch die Hangabtriebskraft aus der Ruhe auf v_0 beschleunigt wurde. Daher ist die resultierende Kraft während des Einwirkens der Federkraft und damit die Beschleunigung viel größer, als wenn nur die Hangabtriebskraft wirkt.

Lösung zu Aufgabe 7: Kreisbewegung mit konstanter Winkelbeschleunigung

a) $v(t)$-Diagramm und $v(t)$-Funktion
Die lineare Regression der $v(t)$-Messreihe in Abb. 2.19 ergibt mit der Tangentialbeschleunigung a_t

$$v(t) = a_\mathrm{t}t = 0{,}17\,\frac{\mathrm{m}}{\mathrm{s}^2}\cdot t\,. \tag{2.24}$$

Bestimmung der Winkelbeschleunigung α
Für den Zusammenhang zwischen der Länge s des Kreisbogens und dem Mittelpunktswinkel φ gilt

$$s(t) = r\varphi(t)\,. \tag{2.25}$$

Ableiten von (2.25) ergibt

$$\dot{s}(t) = v(t) = r\dot{\varphi}(t) = r\omega(t)\,. \tag{2.26}$$

Ableiten von (2.26) ergibt

$$\ddot{s}(t) = \dot{v}(t) = a_\mathrm{t}(t) = r\dot{\omega}(t) = r\alpha(t)\,. \tag{2.27}$$

Abb. 2.19 $v(t)$-Diagramm eines Punkts am Rand der Kreisscheibe

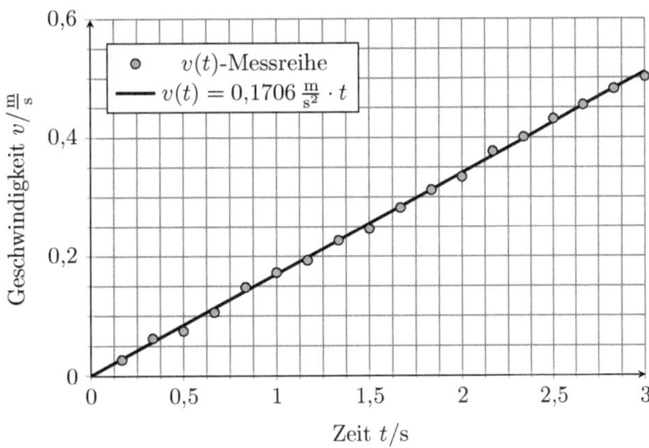

Da nach (2.24) die Tangentialbeschleunigung a_t in (2.27) konstant ist, ist auch die Winkelbeschleunigung α konstant:

$$\alpha = \frac{a_t}{r} \, . \tag{2.28}$$

Einsetzen des gemessenen Radius $r = 0{,}2$ m und von $a_t = 0{,}17$ m/s^2 in (2.28) ergibt die Winkelbeschleunigung $\alpha = 0{,}85$ s^{-2}.

b) Herleitung der $a(t)$-Funktion

Für die Bahnbeschleunigung a gilt

$$a^2(t) = a_x^2(t) + a_y^2(t) = \ddot{x}(t)^2 + \ddot{y}^2(t) \Rightarrow a(t) = \sqrt{\ddot{x}^2(t) + \ddot{y}^2(t)} \, . \tag{2.29}$$

Für die x-Koordinate und deren erste und zweite Ableitung gilt

$$\begin{aligned}
x(t) &= r \cos \varphi(t), \\
\dot{x}(t) &= -r \dot{\varphi} \sin \varphi, \\
\ddot{x}(t) &= -r \left(\ddot{\varphi} \sin \varphi + \dot{\varphi}^2 \cos \varphi \right) .
\end{aligned} \tag{2.30}$$

Für die y-Koordinate und deren erste und zweite Ableitung gilt

$$\begin{aligned}
y(t) &= r \sin \varphi(t), \\
\dot{y}(t) &= r \dot{\varphi} \cos \varphi, \\
\ddot{y}(t) &= r \left(\ddot{\varphi} \cos \varphi - \dot{\varphi}^2 \sin \varphi \right) .
\end{aligned} \tag{2.31}$$

Einsetzen von (2.30) und (2.31) in (2.29) ergibt

$$\begin{aligned}
a^2(t) &= r^2 \left[\left(\ddot{\varphi} \sin \varphi + \dot{\varphi}^2 \cos \varphi \right)^2 + \left(\ddot{\varphi} \cos \varphi - \dot{\varphi}^2 \sin \varphi \right)^2 \right] \\
&= r^2 \left(\ddot{\varphi}^2 + \dot{\varphi}^4 \right) .
\end{aligned} \tag{2.32}$$

Speziell für die gegebene Kreisbewegung ist nach (2.28) die Winkelbeschleunigung konstant, und es ist

$$\begin{aligned}
\ddot{\varphi} &= \alpha = \text{konst.}, \\
\dot{\varphi}(t) &= \alpha t + \dot{\varphi}(0) .
\end{aligned} \tag{2.33}$$

Einsetzen der Anfangsbedingung $\dot{\varphi}(0) = 0$ in (2.33) ergibt

$$\begin{aligned}
\ddot{\varphi} &= \alpha = \text{konst.}, \\
\dot{\varphi}(t) &= \alpha t \, .
\end{aligned} \tag{2.34}$$

Einsetzen von (2.34) in (2.32) ergibt

$$a^2(t) = r^2\left(\alpha^2 + \alpha^4 t^4\right)$$
$$\Rightarrow a(t) = r\alpha\sqrt{1 + \alpha^2 t^4}\,.$$
(2.35)

Alternativ kann die $a(t)$-Funktion als Betrag der Summe der Tangentialbeschleunigung $\vec{a}_\mathrm{t}$ und der Normalbeschleunigung $\vec{a}_\mathrm{n}$ hergeleitet werden:

$$\vec{a} = \vec{a}_\mathrm{t} + \vec{a}_\mathrm{n}$$
$$= \frac{\mathrm{d}v}{\mathrm{d}t}\vec{e}_\mathrm{t} + \frac{v^2}{r}\vec{e}_\mathrm{n}\,.$$
(2.36)

Der Betrag von (2.36) ist

$$a = \sqrt{a_\mathrm{t}^2 + a_\mathrm{n}^2} = \sqrt{\left(\frac{\mathrm{d}v}{\mathrm{d}t}\right)^2 + \frac{v^4}{r^2}}\,.$$
(2.37)

Einsetzen von (2.26), (2.28) und (2.34) in (2.37) ergibt (2.35).

Prüfung von (2.35) durch Vergleich mit $a(t)$-Messreihe
Abb. 2.20 zeigt die gute Übereinstimmung der $a(t)$-Messreihe und der $a(t)$-Funktion aus (2.35).

c) Winkel β zwischen Bahnbeschleunigungsvektor $\vec{a}$ und Einheitsvektor $\vec{e}_r$
Für den Bahnbeschleunigungsvektor gilt nach (2.36) und (2.26) bis (2.28)

$$\vec{a} = \alpha r\vec{e}_\mathrm{t} + \alpha^2 r t^2\vec{e}_\mathrm{n}.$$
(2.38)

Abb. 2.20 $a(t)$-Diagramm eines Punkts am Rand der Kreisscheibe

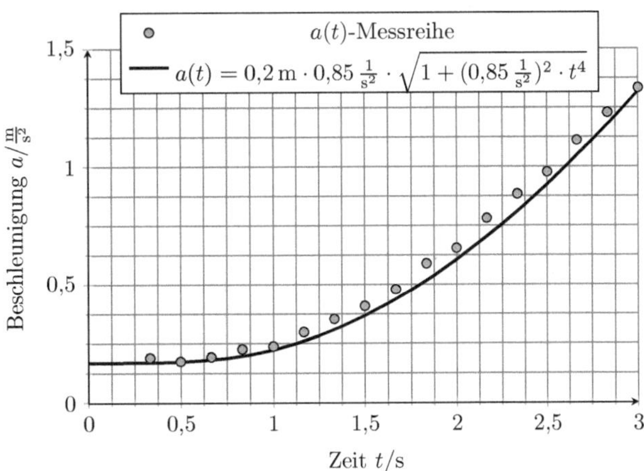

Der Einheitsradiusvektor ist

$$\vec{e}_{\mathrm{r}} = \vec{e}_{\mathrm{n}}\,. \tag{2.39}$$

Einsetzen von (2.38) und (2.39) in die Berechnung des Winkels β mit dem Skalarprodukt ergibt

$$\cos\beta = \frac{\vec{a}\cdot\vec{e}_{\mathrm{r}}}{|\vec{a}||\vec{e}_{\mathrm{r}}|} = \frac{\left(\alpha r\vec{e}_{\mathrm{t}} + \alpha^2 r t^2 \vec{e}_{\mathrm{n}}\right)\cdot\vec{e}_{\mathrm{n}}}{\sqrt{\alpha^2 r^2 + \alpha^4 r^2 t^4}} = \frac{\alpha^2 r t^2}{\sqrt{\alpha^2 r^2 + \alpha^4 r^2 t^4}} = \frac{\alpha t^2}{\sqrt{1 + \alpha^2 t^4}}$$
$$\Rightarrow \beta = \arccos\left(\frac{\alpha t^2}{\sqrt{1 + \alpha^2 t^4}}\right). \tag{2.40}$$

Experimentelle Prüfung von (2.40) durch Spezialfälle

Nach (2.40) ist $\beta(t = 0) = 90°$ und

$$\lim_{t\to\infty} \beta(t) = \lim_{t\to\infty} \arccos\left(\frac{\alpha t^2}{\sqrt{1 + \alpha^2 t^4}}\right)$$
$$= \lim_{t\to\infty} \arccos\left(\frac{\alpha}{\sqrt{\frac{1}{t^4} + \alpha^2}}\right) = \arccos(1) = 0°\,. \tag{2.41}$$

Diese Ergebnisse werden mit den experimentell bestimmten Beschleunigungsvektoren in Abb. 2.21 bestätigt.

Abb. 2.21 Vektorspur des Beschleunigungsvektors $\vec{a}$ (*blau*). Für $t = 0$ zeigt $\vec{a}$ in Richtung von $\vec{e}_{\mathrm{t}}$, für $t \to \infty$ steht $\vec{a}$ senkrecht zu $\vec{e}_{\mathrm{t}}$ bzw. zeigt in Richtung $\vec{e}_{\mathrm{r}}$

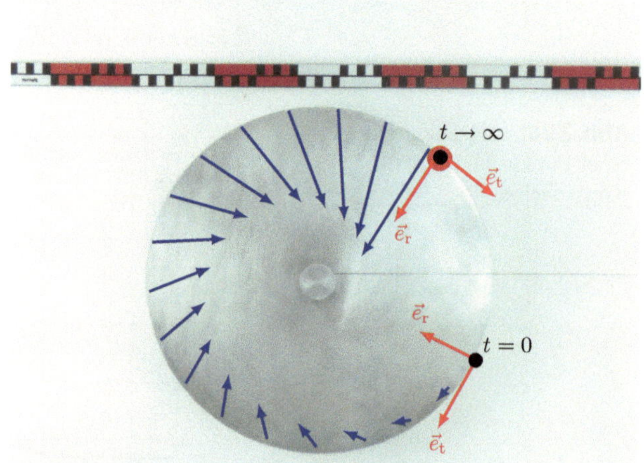

Lösung zu Aufgabe 8: Wurf entgegen dem Hang

a) Formel für den Zeitpunkt t maximaler Wurfhöhe

Die Bahnkurve des schiefen Wurfs lautet

$$\left. \begin{array}{l} x(t) = v_{0x}t \\ y(t) = -\frac{1}{2}gt^2 + v_{0y}t \end{array} \right\} \quad \Rightarrow \quad y(x) = -\frac{1}{2}\frac{g}{v_{0x}^2}x^2 + x\frac{v_{0y}}{v_{0x}}, \tag{2.42}$$

$$\left. \begin{array}{l} \tan\alpha = \frac{v_{0y}}{v_{0x}} \\ v_{0x} = v_0\cos\alpha \end{array} \right\} \quad \Rightarrow \quad y(x) = -\frac{1}{2}\frac{g}{v_0^2\cos^2\alpha}x^2 + x\tan\alpha. \tag{2.43}$$

Der Schneeball erreicht die maximale Höhe genau dann, wenn die Geschwindigkeit $v_y = \dot{y}$ in y-Richtung null wird. Ableiten und Nullsetzen von (2.42) ergibt

$$y(t) = -\frac{1}{2}gt^2 + v_0 t\sin\alpha \Rightarrow \dot{y}(t) = -gt + v_0\sin\alpha = 0 \Leftrightarrow t = \frac{v_0}{g}\sin\alpha. \tag{2.44}$$

b) Formel für den Auftreffzeitpunkt t_{A} am Hang

Der Auftreffzeitpunkt t_{A} am Hang wird durch Gleichsetzen der parametrisierten Hanggleichung

$$y_{\mathrm{H}}(x) = x\tan\varphi \quad \Rightarrow \quad y_{\mathrm{H}}(t) = x(t)\tan\varphi = v_0 t\cos\alpha\tan\varphi \tag{2.45}$$

mit (2.42) bestimmt:

$$\begin{aligned} y_{\mathrm{H}}(t) &= y(t), \\ v_0 t\cos\alpha\tan\varphi &= -\frac{1}{2}gt^2 + v_0 t\sin\alpha \\ &\Leftrightarrow t\left(-\frac{1}{2}gt + v_0\sin\alpha - v_0\cos\alpha\tan\varphi\right) = 0 \\ &\Rightarrow t_1 = 0 \quad \text{und} \quad t_2 = \frac{2v_0}{g}(\sin\alpha - \cos\alpha\tan\varphi). \end{aligned} \tag{2.46}$$

Wegen $t_A > 0$ ist $t_{\mathrm{A}} = t_2$ der Auftreffzeitpunkt.

Formel für die Entfernung e vom Abwurfort

Für die Entfernung e zum Abwurfort gilt unter Verwendung von (2.46)

$$e = \frac{x(t_2)}{\cos\varphi} = \frac{v_0 t_2\cos\alpha}{\cos\varphi} = \frac{2v_0^2}{g}\frac{\sin\alpha\cos\alpha - \cos^2\alpha\tan\varphi}{\cos\varphi}. \tag{2.47}$$

Prüfung der Ergebnisse von (2.47) durch Spezialfälle

Der Spezialfall $\varphi = 0°$ ergibt die Wurfdauer $t_2 = \frac{2v_0}{g}\sin\alpha$ und die Wurfweite $e = \frac{2v_0^2}{g}\sin\alpha\cos\alpha$ eines schiefen Wurfs. Der Spezialfall $\alpha = 90°$ ergibt die Steigzeit $t_2 = \frac{2v_0}{g}$ und die Entfernung $e = 0$ des senkrechten Wurfs.

c) Abwurfwinkel α für maximale Wurfweite e_{max}

Ableiten und Nullsetzen von (2.47) für festes φ ergibt

$$
\begin{aligned}
\frac{de}{d\alpha} &= \frac{2v_0^2}{g\cos\varphi}(\cos^2\alpha - \sin^2\alpha + 2\tan\varphi\sin\alpha\cos\alpha) = 0 \\
&\Leftrightarrow \cos^2\alpha - \sin^2\alpha + 2\tan\varphi\sin\alpha\cos\alpha = 0 \\
&\Leftrightarrow \tan^2\alpha - 2\tan\varphi\tan\alpha - 1 = 0 \\
&\Rightarrow \tan\alpha_{1/2} = \tan\varphi \pm \sqrt{\tan^2\varphi + 1} = \tan\varphi \pm \frac{1}{\cos\varphi}.
\end{aligned}
\tag{2.48}
$$

Da nach Aufgabestellung $\alpha > 0$ ist, gilt das positive Vorzeichen:

$$
\alpha(\varphi) = \arctan\left(\tan\varphi + \frac{1}{\cos\varphi}\right).
\tag{2.49}
$$

Prüfung von (2.49) durch Spezialfall

Der Winkel $\varphi = 0°$ in (2.49) ergibt die maximale Wurfweite des schiefen Wurfs bei $\alpha = 45°$.

Berechnung der maximalen Wurfweite e_{max} für den Hangwinkel $\varphi = 30°$

Einsetzen des Hangwinkels $\varphi = 30°$ in (2.49) ergibt den Abwurfwinkel $\alpha(30°) = 60°$. Einsetzen von $\alpha = 60°$ in (2.47) ergibt $e_{\text{max}} = 0{,}61$ m.

Lösung zu Aufgabe 9: Schuss vom hangabwärts beschleunigten Wagen

a) Erklärung, dass Kugel in Abschussvorrichtung zurückfällt

Zerlegung der Beschleunigungsvektoren von Abschussvorrichtung (A) und Kugel (K) ergibt

$$
a_{\text{A},x} = a_{\text{K},x} = g\sin\alpha.
\tag{2.50}
$$

Daher sind die Beschleunigungen von Abschussvorrichtung und Kugel gleich. Zum Zeitpunkt $t = 0$ sind die x- und y-Koordinaten sowie die Geschwindigkeiten in x-Richtung von Abschussvorrichtung und Kugel gleich. Weiterhin hat die Bewegung der Kugel in y-Richtung keinen Einfluss auf deren Bewegung in x-Richtung. Aus diesen Gründen fällt die Kugel immer in die Abschussvorrichtung zurück – auch wenn die Abschussvorrichtung bzw. die Kugel zum Zeitpunkt $t = 0$ eine Geschwindigkeit in x-Richtung hat und der Hangwinkel α variiert.

b) Vergleich der $y_K(x)$-Funktion und $y_K(x)$-Messreihe

Für die gleichmäßig beschleunigte Bewegung der Kugel in x-Richtung gilt unter Berücksichtigung der Anfangsbedingungen

$$a_{K,x}(t) = g \sin \alpha,$$
$$v_{K,x}(t) = gt \sin \alpha, \qquad\qquad (2.51)$$
$$x_K(t) = \frac{1}{2} g t^2 \sin \alpha.$$

Für die gleichmäßig beschleunigte Bewegung der Kugel in y-Richtung gilt unter Berücksichtigung, dass $v_{K,y}(0) \neq 0$,

$$a_{K,y}(t) = -g \cos \alpha,$$
$$v_{K,y}(t) = v_{K,y}(0) - gt \cos \alpha, \qquad\qquad (2.52)$$
$$y_K(t) = v_{K,y}(0)t - \frac{1}{2} g t^2 \cos \alpha.$$

Zur Herleitung der Bahnkurve wird in (2.51) x_K nach t aufgelöst und in y_K von (2.52) eingesetzt:

$$y_K(x) = v_{K,y}(0) \sqrt{\frac{2x}{g \sin \alpha}} - \frac{1}{2} g \frac{2x}{g \sin \alpha} \cos \alpha = v_{K,y}(0) \sqrt{\frac{2x}{g \sin \alpha}} - \frac{x}{\tan \alpha}. \qquad (2.53)$$

Messung des Hangwinkels ergibt $\alpha = 15°$. Durch Anpassung von $v_{K,y}(0)$ kann die $y_K(x)$-Funktion in Übereinstimmung mit der $y_K(x)$-Messreihe gebracht werden.

c) Analytischer Beweis, dass Kugel in Abschussvorrichtung zurückfällt

Aus $y_K(t)$ in (2.52) kann die Wurfdauer t_W berechnet werden:

$$y_K(t) = v_{K,y}(0)t - \frac{1}{2} g t^2 \cos \alpha = t \left(v_{K,y}(0) - \frac{1}{2} gt \cos \alpha \right) = 0$$
$$\Rightarrow t_1 = 0 \qquad\qquad (2.54)$$
$$\Rightarrow t_2 = \frac{2 v_{K,y}(0)}{g \cos \alpha} = t_W.$$

Aus (2.53) kann die Wurfweite x_W berechnet werden:

$$y_K(x) = v_{K,y}(0) \sqrt{\frac{2x}{g \sin \alpha}} - \frac{\cos \alpha}{\sin \alpha} x = 0$$
$$\Leftrightarrow v_{K,y}(0) \sqrt{\frac{2x}{g \sin \alpha}} = \frac{\cos \alpha}{\sin \alpha} x$$
$$\Rightarrow v_{K,y}^2(0) \frac{2x}{g} = \frac{\cos^2 \alpha}{\sin \alpha} x^2 \qquad\qquad (2.55)$$
$$\Rightarrow x_1 = 0$$
$$\Rightarrow x_2 = \frac{2 v_{K,y}(0) \sin \alpha}{g \cos^2 \alpha} = x_W.$$

Für die gleichmäßig beschleunigte eindimensionale Bewegung der Abschussvorrichtung in x-Richtung gelten die Anfangsbedingungen

$$
\begin{aligned}
a_{A,x}(t) &= g\sin\alpha, \\
v_{A,x}(t) &= gt\sin\alpha, \\
x_A(t) &= \frac{1}{2}gt^2\sin\alpha.
\end{aligned}
\tag{2.56}
$$

Die Kugel trifft in die Abschussvorrichtung, wenn für $x_A(t)$ aus (2.56) gilt:

$$
x_A(t_W) = x_W.
\tag{2.57}
$$

Einsetzen von t_w aus (2.54) in x_A aus (2.56) ergibt

$$
x_A(t_W) = \frac{1}{2}g\left(\frac{2v_{K,y}(0)}{g\cos\alpha}\right)^2\sin\alpha = \frac{2v_{K,y}^2(0)\sin\alpha}{g\cos^2\alpha} = x_W.
\tag{2.58}
$$

Prüfung von (2.56)

Für $\alpha = 0°$ ist nach (2.51) $x_K(t) = x_A(t) = 0$ für alle t, sodass die Kugel in die Abschussvorrichtung zurückfallen muss. Für $\alpha = 90°$ kann die Kugel nicht in die Abschussvorrichtung zurückfallen, da in (2.54) die Wurfdauer $t_W \to \infty$ geht.

3.1 Kräfte und Grundgleichungen der Mechanik

Aufgabe 10: Seilkräfte (VA)

Schauen Sie sich das Videoexperiment und Abb. 3.1 an.

a. Erklären Sie qualitativ mit Kraftdiagrammen die Zunahme der Seilkraft F. Schlussfolgern Sie für einen Winkel $\alpha \to 90°$ auf die Seilkraft F.
b. Leiten Sie die $F(\alpha)$-Funktion her. Kontrollieren Sie das Ergebnis durch Vergleich mit einer $F(\alpha)$-Messreihe in einem Diagramm. Überprüfen Sie die Schlussfolgerung aus Teilaufgabe a.
c. Geben Sie den Zusammenhang zwischen den Kraftvektoren in Komponentendarstellung an.

Abb. 3.1 Zwei Seile mit einem angehängten Gewicht werden gespannt, und die Kraft in einem der Seile wird gemessen

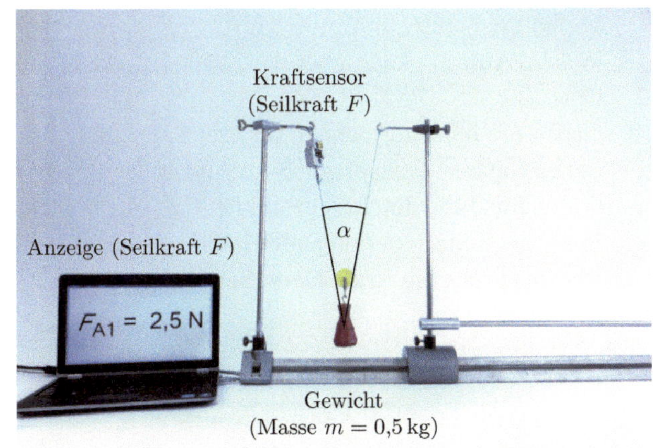

© Springer-Verlag GmbH Deutschland 2017
S. Gröber et al., *Smarte Aufgaben zur Mechanik und Wärme*,
https://doi.org/10.1007/978-3-662-54479-2_3

http://tiny.cc/ihfzly

Aufgabe 11: Durch Gewicht beschleunigte Masse

Ein Gewicht (Masse $m_G = 0{,}2\,\text{kg}$) beschleunigt mithilfe eines masselosen Seils und einer masselosen, reibungsfreien Umlenkrolle einen reibungsfrei beweglichen Körper (Masse $m_E = 0{,}4\,\text{kg}$) auf einer Rampe (Neigungswinkel $\alpha = 20°$) (Abb. 3.2).

a. Begründen Sie die konstante Beschleunigung a_E des Experimentierwagens. Leiten Sie eine Formel für die Beschleunigung a_E des Experimentierwagens her und berechnen Sie diese.
b. Leiten Sie eine Formel für die Seilkraft F_S im Seil her und berechnen Sie diese.

Abb. 3.2 Eine Masse auf einem Hang wird durch ein Gewicht bewegt

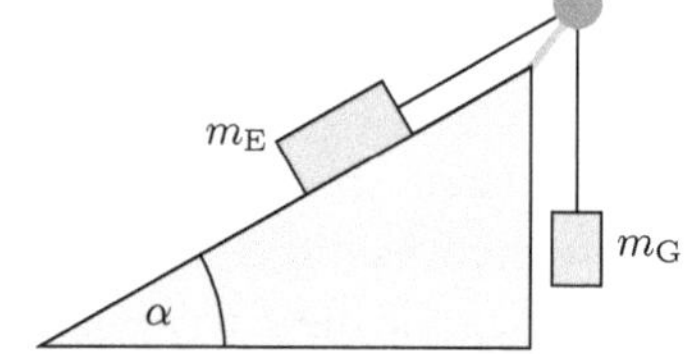

Aufgabe 12: Atwood'sche Fallmaschine (VA)

Schauen Sie sich das Videoexperiment und Abb. 3.3 an.

a. Geben Sie qualitativ begründete Antworten: Wie groß sind die beschleunigte Masse und die beschleunigende Kraft? Welche Art von Bewegung der Massen liegt vor? Welche Aussage kann über die Kraft der Masse m_1 auf die Masse m_2 gemacht werden?
b. Geben Sie ohne zu rechnen für drei Spezialfälle die Beschleunigung der Massen an. Leiten Sie eine Formel zur Berechnung der Beschleunigung a der Masse m_2 her und prüfen Sie diese durch Spezialfälle.
c. Bestimmen Sie experimentell die Erdbeschleunigung g.
d. Berechnen Sie die Kraft F_S im Seil.

http://tiny.cc/mhfzly

Abb. 3.3 Zwei unterschiedliche Gewichte sind über eine drehbare Rolle mit einer Schnur verbunden und bewegen sich in entgegengesetzte Richtungen

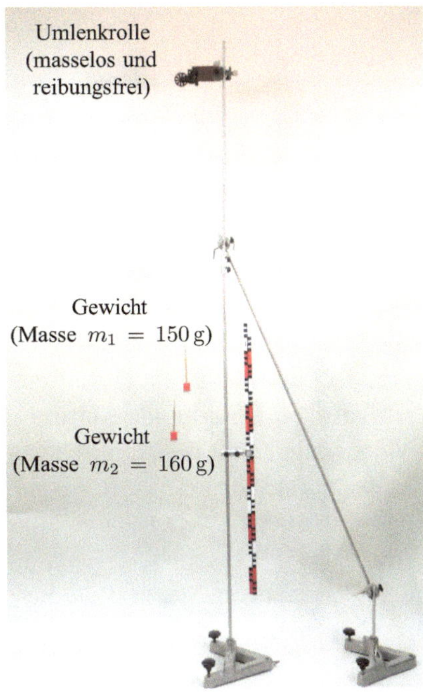

Aufgabe 13: Statik am Balken   (VA)

Schauen Sie sich das Videoexperiment und Abb. 3.4 an.

a. Nehmen Sie für $x \in [0, \ell]$ eine $F_A(x)$- und $F_B(x)$-Messreihe auf und stellen Sie diese in einem gemeinsamen Diagramm dar. Erklären Sie qualitativ deren Verlauf.

Abb. 3.4 Ein Zylinder wird gleichmäßig über einen Balken gezogen, während zwei Kraftmesser A und B die Auflagekräfte messen

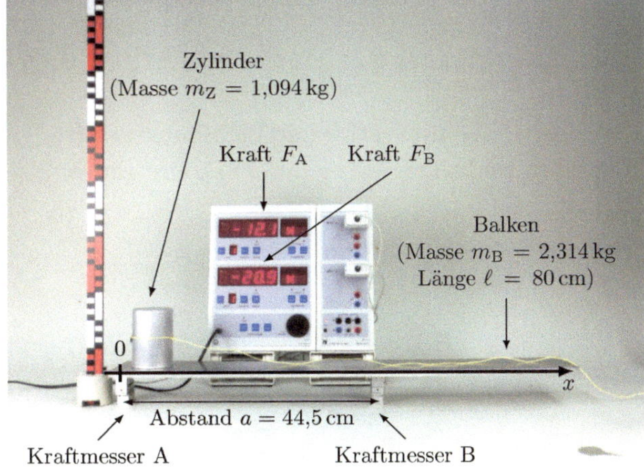

b. Bestätigen Sie die Messungen aus Teilaufgabe a durch Herleiten von Formeln für $F_A(x)$ und $F_B(x)$ sowie durch Darstellung der Funktionsgraphen im Diagramm aus Teilaufgabe a.

c. Berechnen Sie den Abstand x_0, bei dem $F_A = 0$ ist.

http://tiny.cc/xhfzly

Aufgabe 14: Rutschende Kette   **(mVA)**

Videografieren Sie das Abrutschen einer zunächst ruhenden Büroklammerkette (Länge ℓ, Masse m) aus identischen Büroklammern über einer Tischkante (zu Beginn überhängendes Kettenstück $\ell_0 < \ell$).

a. Argumentieren Sie, dass die Beschleunigung der Kette nicht konstant ist.

b. Zeigen Sie, dass die Bewegung der Kette unter Vernachlässigung von Reibungskräften durch die Differenzialgleichung

$$\ddot{y} = \frac{y}{\ell} g$$

mit den Anfangsbedingungen $y(0) = \ell_0$ und $v(0) = 0$ beschrieben wird. Zeigen Sie, dass

$$y(t) = \ell_0 \cosh\left(\sqrt{\frac{g}{\ell}}\,t\right)$$

eine Lösung der Differentialgleichung ist.

c. Vergleichen Sie kritisch eine $y(t)$-Messreihe mit der $y(t)$-Funktion aus Teilaufgabe b.

3.2 Energiesatz der Mechanik, Arbeit und Kraftfelder

Aufgabe 15: Konservative und nichtkonservative Kraftfelder

Der Energieerhaltungssatz gilt nur in konservativen Kraftfeldern.

a. Zeigen Sie, dass die Kraftfelder

$$\vec{F}_1(\vec{r}) = \begin{pmatrix} 0 \\ 0 \\ F_z \end{pmatrix} \quad \text{mit} \quad F_z = \text{konst.} \quad \text{und} \quad \vec{F}_2(\vec{r}) = f(r)\vec{e}_r$$

konservative Kraftfelder sind.

b. Ein Körper wird im Kraftfeld

$$\vec{F}(\vec{r}) = \begin{pmatrix} x^2 + y \\ \sin y \\ 0 \end{pmatrix}$$

einmal entlang einer Geraden (Weg 1) und einmal entlang der Kurve

$$y(x) = x^2 + \frac{1}{2}x \qquad \text{vom Ort} \quad \vec{r}_1 = \begin{pmatrix} 0 \\ 0 \\ 0 \end{pmatrix} \qquad \text{zum Ort} \quad \vec{r}_2 = \begin{pmatrix} 4 \\ 18 \\ 0 \end{pmatrix}$$

(Weg 2) bewegt. Berechnen Sie die für beide Wege zu verrichtende, hier einheitenlose Arbeit. Welchen Schluss ziehen Sie aus dem Ergebnis?

Aufgabe 16: Abgefedertes Fallen   (VA)

Schauen Sie sich das Videoexperiment und Abb. 3.5 an.

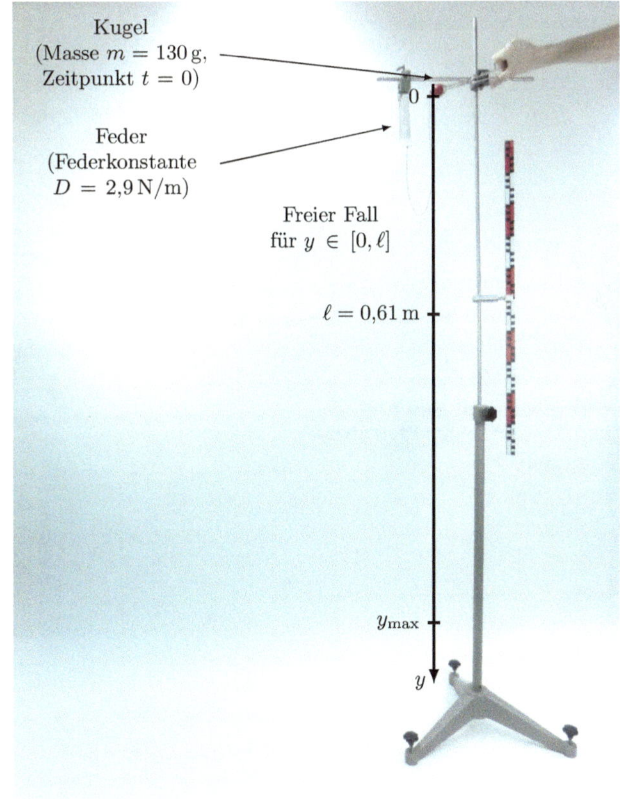

Abb. 3.5 Eine frei in der Luft gehaltene Kugel ist mit einem Seil an eine Feder gebunden und wird beim Fallen von der Federkraft abgebremst

a. Die Kugel fällt bis zur Position $y = \ell = 0{,}61$ m im freien Fall. Formulieren Sie eine begründete Hypothese zur Position $y = y_0$, bei der die Kugel die größte Geschwindigkeit hat.

b. Leiten Sie die $v(y)$-Funktion der Geschwindigkeit her. Berechnen Sie die Position y_0 und die Maximalgeschwindigkeit $v_{max} = v(y_0)$. Prüfen Sie die Ergebnisse und die Hypothese aus Teilaufgabe a durch eine $v(y)$-Messreihe.

c. Geben Sie die Funktionsgleichungen $E(y)$-Funktion aller auftretenden Energieformen an. Stellen Sie die $E(y)$-Messreihe aller Energieformen in einem gemeinsamen Diagramm dar und überprüfen Sie die Energieerhaltung.

d. Bestimmen Sie aus der $a(y)$-Messreihe die Federkonstante D.

http://tiny.cc/shfzly

Aufgabe 17: Arbeit beim Bogenschießen   (VA)

Schauen Sie sich das Videoexperiment und Abb. 3.6 an.

a. Verifizieren Sie experimentell den Energieerhaltungssatz.

b. Zum Spannen eines Compoundbogens ist eine Zugkraft

$$F(x) = \left(-50 \, \frac{\text{N}}{\text{m}^3}\right) x^3 - 466 \, \frac{\text{N}}{\text{m}^2}(x - 0{,}55)^2 + 141 \, \text{N}$$

notwendig. Leiten Sie eine Formel für die Abschussgeschwindigkeit v_0 des Pfeils (Pfeilmasse $m = 30$ g) in Abhängigkeit der maximalen Auslenkung x_{max} her und berechnen Sie diese für $x_{max} = 0{,}8$ m.

Abb. 3.6 Ein Bogen wird gespannt, um einen Pfeil abzuschießen

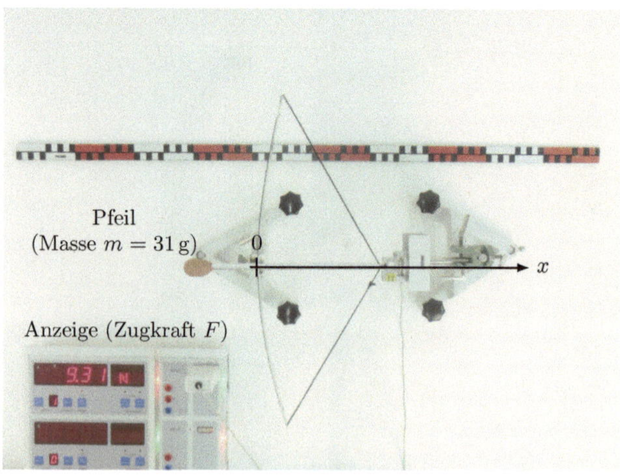

http://tiny.cc/dhfzly

Aufgabe 18: Loopingfahrt (VA)

Schauen Sie sich das Videoexperiment und Abb. 3.7 an.

a. Leiten Sie die $v(\alpha)$-Funktion der Bahngeschwindigkeit her. Nehmen Sie eine $v(t)$-Messreihe auf und transformieren Sie diese durch Winkelmessung in eine $v(\alpha)$-Messreihe. Bestimmen Sie die Bahngeschwindigkeit $v(180°)$ und $v(0°)$ durch Anpassung der $v(\alpha)$-Funktion an die $v(\alpha)$-Messreihe.
b. Der Experimentierwagen soll den Looping vollständig durchfahren. Leiten Sie eine Formel für die Mindeststarthöhe $h_{\min}$ über dem untersten Bahnpunkt her.
c. Benennen und bezeichnen Sie die auf den Experimentierwagen bezüglich eines ruhenden Koordinatensystems wirkenden Kräfte. Tragen Sie die Kräfte für die Winkel $\alpha = 0°, 45°, 90°, 135°$ und $190°$ qualitativ nach Betrag und Richtung in eine Skizze ein.
d. Die Geschwindigkeit $v(0°)$ ist gegeben. Leiten Sie Formeln für die auf den Experimentierwagen wirkende Tangentialkraft $F_T(\alpha)$, Radialkraft $F_R(\alpha)$ und Bahnkraft $F_B(\alpha)$ der Loopingbahn her. Wie stark schwanken diese Kräfte während der Loopingfahrt? Welche Wirkung haben diese Kräfte auf den Experimentierwagen?

http://tiny.cc/9gfzly

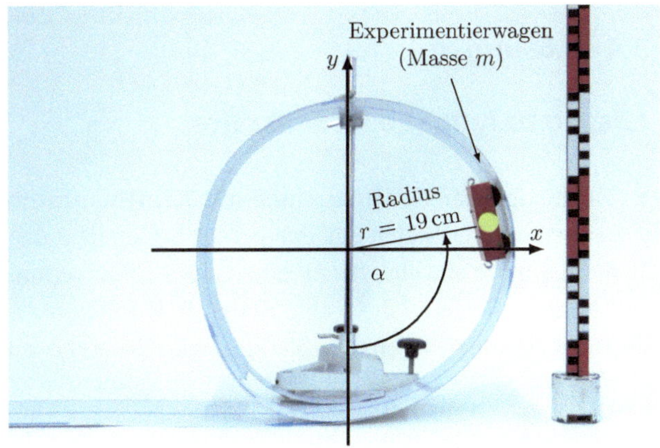

Abb. 3.7 Ein Experimentierwagen durchfährt einen Looping mit konstantem Radius r. Die Position des Experimentierwagens wird durch den Winkel α angegeben

3.3 Gravitation und Planetenbewegung

Aufgabe 19: Bahnkurven eines Satelliten im Gravitationsfeld der Erde

Ein Satellit (Masse $m = 300\,\text{kg}$) bewegt sich auf einer Kreisbahn um die Erde (Höhe h über der Erdoberfläche, Umlaufdauer $T = 5\,\text{h}$, Erdmasse $m_\text{E} = 5{,}975 \cdot 10^{24}\,\text{kg}$, Erdradius $r_\text{E} = 6378\,\text{km}$, Gravitationskonstante $\gamma = 6{,}674 \cdot 10^{-11}\,\text{m}^3\,\text{kg}^{-1}\,\text{s}^{-2}$).

a. Leiten Sie eine Formel für die Höhe h her und berechnen Sie diese.
b. Leiten Sie Formeln für die Gesamtenergie E sowie den Drehimpuls L des Satelliten bezüglich des Erdmittelpunkts her und berechnen Sie diese.
c. Berechnen Sie die Arbeit W, um den Satelliten auf die Kreisbahn zu bringen.
d. Welche Bahnkurve beschreibt der Satellit, nachdem seine Bahngeschwindigkeit instantan um 20 % durch Zünden von Bremsraketen verringert wird? Berechnen Sie für die neue Bahnkurve die maximale und minimale Höhe des Satelliten über der Erdoberfläche. Geben Sie Richtung und Betrag der Geschwindigkeit in diesen beiden Bahnpunkten an.

Aufgabe 20: Satellitenbewegung um die Erde

Ein Satellit (Masse $m_\text{S} = 100\,\text{kg}$) bewegt sich auf einer Kreisbahn (Radius $r = 7000\,\text{km}$) um die Erde (Masse $m_\text{E} = 5{,}98 \cdot 10^{24}\,\text{kg}$).

a. Berechnen Sie die auf den Satelliten wirkende Kraft (Gravitationskonstante $\gamma = 6{,}674 \cdot 10^{-11}\,\text{m}^3\,\text{kg}^{-1}\,\text{s}^{-2}$).
b. Leiten Sie eine Formel für den Zusammenhang zwischen Radius r und Umlaufdauer T des Satelliten her. Berechnen Sie die Umlaufdauer T.
c. Der Satellit soll von einer Kreisbahn mit dem Radius $r = r_1$ auf eine Kreisbahn mit dem Radius $r = r_2 > r_1$ gebracht werden. Leiten Sie eine Formel für die Gesamtenergieänderung ΔE_ges her und berechnen Sie diese.

3.4 Lösungen

Lösung zu Aufgabe 10: Seilkräfte

a) Erklärung der Kraftzunahme mit Kraftdiagrammen

Zwischen der Vertikalen und den beiden Seilen liegt der gleiche Winkel α, da das Gewicht in der Seilmitte auf gleicher Höhe zu den Aufhängepunkten angebracht ist (Abb. 3.8). Die linke Seilkraft $\vec{F}_\text{l}$ und die rechte Seilkraft $\vec{F}_\text{r}$ müssen zusammen die Gewichtskraft $\vec{F}_\text{G}$ des Gewichts kompensieren. Unabhängig vom Winkel α muss gelten:

$$\vec{F}_\text{l} + \vec{F}_\text{r} = -\vec{F}_\text{G}\,. \tag{3.1}$$

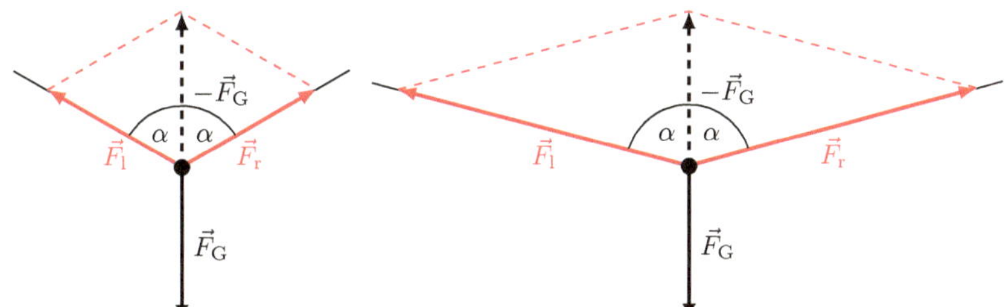

Abb. 3.8 Kraftdiagramme für zwei verschiedene Winkel

Der Kraftsensor misst die Seilkraft $F = F_{\mathrm{l}}$. Wegen gleicher Winkel α zur Vertikalen entsteht als Kräfteparallelogramm eine Raute. Daher gilt für den Betrag der Seilkräfte

$$F = F_{\mathrm{l}} = F_{\mathrm{r}}\,. \tag{3.2}$$

Für eine konstante Gewichtskraft F_{G} und zunehmenden Winkel α müssen wegen (3.1) die Seitenlängen der Raute und die Kräfte F_{l} und F_{r} zunehmen (Abb. 3.8).

Vorhersage der Kraft F für Winkel $\alpha \to 90°$
Für $\alpha \to 90°$ werden die Seiten der Raute parallel zueinander und damit die Seilkräfte theoretisch unendlich groß.

b) Herleitung der $F(\alpha)$-Funktion
Da die Rautendiagonalen sich halbieren (Abb. 3.8), gilt

$$\cos\alpha = \frac{F_{\mathrm{G}}/2}{F} \Rightarrow F(\alpha) = \frac{mg}{2\cos\alpha}\,. \tag{3.3}$$

Vergleich der $F(\alpha)$-Messreihe und der $F(\alpha)$-Funktion (3.3)
Der Graph von (3.3) für $m = 0{,}5\,\mathrm{kg}$ und die $F(\alpha)$-Messreihe stimmen gut überein (Abb. 3.9).

Prüfung von $F \to \infty$ für Winkel $\alpha \to \infty$
Nach (3.3) gilt in Übereinstimmung mit der Vorhersage aus Teilaufgabe a

$$\lim_{\alpha \to 90°} F(\alpha) = \lim_{\alpha \to 90°} \frac{mg}{2\cos\alpha} = \infty\,. \tag{3.4}$$

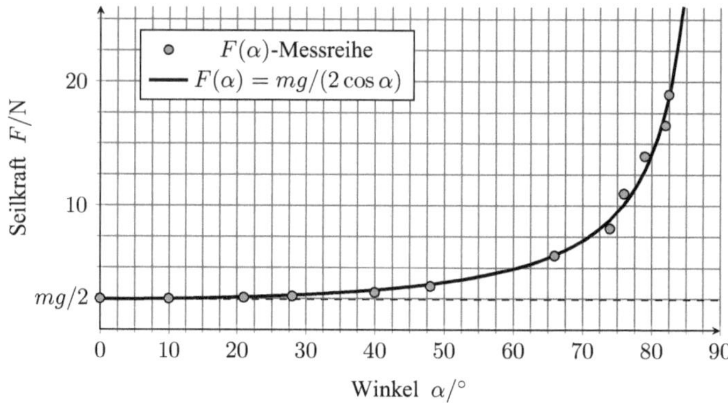

Abb. 3.9 $F(\alpha)$-Diagramm der Seilkraft

c) Zusammenhang zwischen den Seilkraftvektoren

Für ein kartesisches, zweidimensionales Koordinatensystem gilt mit $F = F_\mathrm{l} = F_\mathrm{r}$ für die Kraftvektoren

$$\vec{F}_\mathrm{G} = \begin{pmatrix} 0 \\ -mg \end{pmatrix}, \qquad \vec{F}_\mathrm{l} = F \begin{pmatrix} -\sin\alpha \\ \cos\alpha \end{pmatrix}, \qquad \vec{F}_\mathrm{r} = F \begin{pmatrix} \sin\alpha \\ \cos\alpha \end{pmatrix}. \tag{3.5}$$

Nach (3.1) und (3.3) gilt dann

$$F \begin{pmatrix} -\sin\alpha \\ \cos\alpha \end{pmatrix} + F \begin{pmatrix} \sin\alpha \\ \cos\alpha \end{pmatrix} = \begin{pmatrix} 0 \\ mg \end{pmatrix}. \tag{3.6}$$

Lösung zu Aufgabe 11: Durch Gewicht beschleunigte Masse

a) Konstante Beschleunigung a_E des Experimentierwagens

Die Gewichtskraft des Gewichtsstücks ist konstant. Da folglich eine konstante Kraft auf den Experimentierwagen wirkt, ist nach dem Newton'schen Grundgesetz der Mechanik auch die Beschleunigung konstant.

Formel für die Beschleunigung a_E

Abb. 3.10 zeigt das Kraftdiagramm mit freigeschnittenen Massen m_E und m_G. Zur direkten Berechnung der Beschleunigung a_E werden die Einzelmassen m_E und m_G als Gesamtmasse $m_\mathrm{E} + m_\mathrm{G}$ betrachtet. Nach dem Newton'schen Grundgesetz und mit der gewählten x-Achsenrichtung gilt

$$-m_\mathrm{E}g\sin\alpha + m_\mathrm{G}g = (m_\mathrm{E} + m_\mathrm{G})a_\mathrm{E} \quad \Rightarrow \quad a_\mathrm{E} = g\frac{m_\mathrm{G} - m_\mathrm{E}\sin\alpha}{m_\mathrm{E} + m_\mathrm{G}}. \tag{3.7}$$

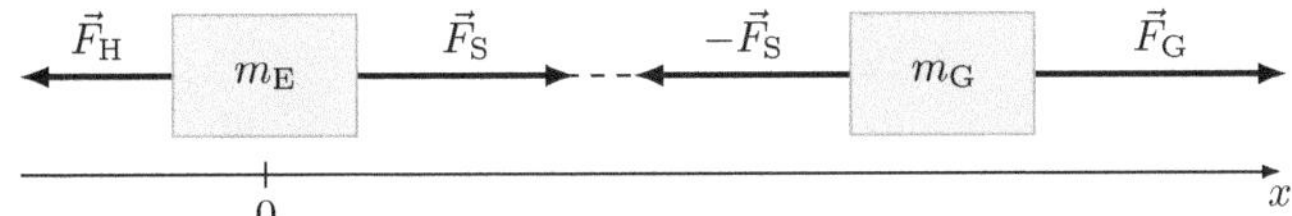

Abb. 3.10 Kraftdiagramm mit den Massen und den angreifenden Kräften

b) Formel für die Seilkraft F_S

Nach dem Newton'schen Grundgesetz gilt für die Masse m_G unter Verwendung von (3.7)

$$-F_\mathrm{S} + m_\mathrm{G}g = m_\mathrm{G}a_\mathrm{E} = m_\mathrm{G}g \,\frac{m_\mathrm{G} - m_\mathrm{E}\sin\alpha}{m_\mathrm{E} + m_\mathrm{G}}$$

$$\Rightarrow F_\mathrm{S} = m_\mathrm{G}g \left(1 - \frac{m_\mathrm{G} - m_\mathrm{E}\sin\alpha}{m_\mathrm{E} + m_\mathrm{G}} \right) = \frac{m_\mathrm{G}m_\mathrm{E}}{m_\mathrm{E} + m_\mathrm{G}} g(1 - \sin\alpha)\,. \tag{3.8}$$

Alternativ kann F_S durch die Anwendung der Newton'schen Grundgesetze auf die Masse m_E berechnet werden.

Lösung zu Aufgabe 12: Atwood'sche Fallmaschine

a) Beschleunigte Masse und beschleunigende Kraft

Wegen der Seilverbindung zwischen den Massen ist die beschleunigte Masse $m = m_1 + m_2$. Die beschleunigende Kraft ist die resultierende Kraft

$$F_\mathrm{res} = (m_2 - m_1)g \tag{3.9}$$

auf die verbundenen Massen.

Art der Bewegung

Nach dem Newton'schen Grundgesetz ist

$$F_\mathrm{res} = ma = (m_1 + m_2)a \tag{3.10}$$

und somit nach (3.9) die Beschleunigung beider Massen konstant. Es handelt sich also um eine gleichmäßig beschleunigte Bewegung der Massen.

Kraft der Masse m_1 auf die Masse m_2

Nach dem Wechselwirkungsgesetz von Newton übt die Masse m_1 auf die Masse m_2 eine betragsgleiche, aber entgegengesetzt gerichtete Kraft wie die Masse m_2 auf die Masse m_1 aus.

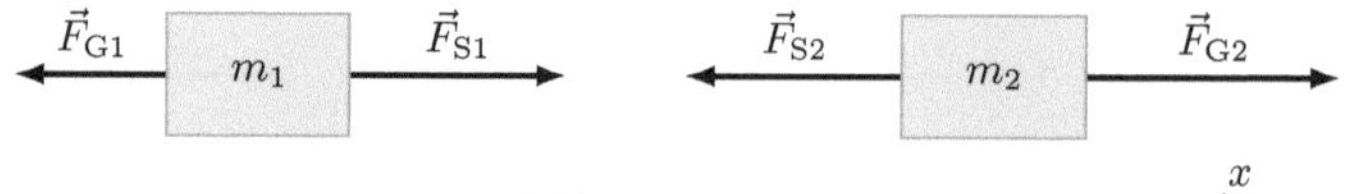

Abb. 3.11 Kraftdiagramm der Atwood'schen Fallmaschine

b) Beschleunigung a für Spezialfälle

- Für $m_1 = m_2$ ist nach (3.9) $F_{\text{res}} = 0$ und nach (3.10) $a = 0$. Die Massen sind in Ruhe oder gleichförmiger Bewegung.
- Für $m_2 \gg m_1$ ist $F_{\text{res}} > 0$ und $a = g$.
- Für $m_1 \gg m_2$ ist $F_{\text{res}} < 0$ und $a = -g$.

Formel für die Beschleunigung a

Wenn die verbundenen Massen als ein bewegter Körper mit Gesamtmasse $m = m_1 + m_2$ betrachtet werden, erhält man nach (3.9) und (3.10) die Beschleunigung

$$a = g\,\frac{m_2 - m_1}{m_1 + m_2}\,. \tag{3.11}$$

Alternativ kann die Beschleunigung a und darüber hinaus die Kraft F_S im Seil durch Betrachtung der Einzelmassen hergeleitet werden. Man betrachte hierzu die zur Fallmaschine analoge horizontale, reibungsfreie Anordnung (Abb. 3.11). In der eindimensionalen Darstellung in Abb. 3.11 gilt für die Kräfte unter Beachtung der gewählten x-Achsenrichtung

$$\begin{aligned}
F_{\text{S1}} &= F_{\text{S}}, \\
F_{\text{S2}} &= -F_{\text{S}}, \\
F_{\text{G1}} &= -m_1 g, \\
F_{\text{G1}} &= m_2 g\,.
\end{aligned} \tag{3.12}$$

Da die Massen über ein Seil verbunden sind, gilt

$$a_1 = a_2 = a\,. \tag{3.13}$$

Anwendung von (3.10) und (3.13) auf die Masse m_1 bzw. m_2 ergibt

$$F_{\text{S}} - m_1 g = m_1 a \tag{3.14}$$

$$\text{bzw.} \quad m_2 g - F_{\text{S}} = m_2 a\,. \tag{3.15}$$

Die Gln. (3.14) und (3.15) bilden ein Gleichungssystem mit der unbekannten Seilkraft F_{S} und der Beschleunigung a. Addition von (3.14) und (3.15) führt zu

$$m_2 g - (m_1 g + m_1 a) = m_2 a\,. \tag{3.16}$$

Abb. 3.12 $v(t)$-Diagramm des fallenden Gewichts 2 der Atwood'schen Fallmaschine

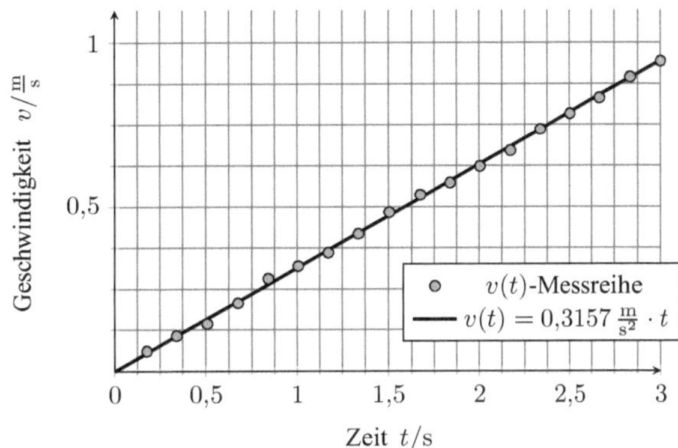

Auflösen von (3.16) nach der Beschleunigung a liefert das Ergebnis aus (3.11). Einsetzen von (3.11) in (3.14) oder (3.15) ergibt die Seilkraft

$$F_\mathrm{S} = g\,\frac{m_1 m_2}{m_1 + m_2}\,. \tag{3.17}$$

Prüfen von (3.11) durch Spezialfälle

Die Spezialfälle sind in Tab. 3.1 zusammengefasst.

c) Bestimmung der Erdbeschleunigung g

Auflösen von (3.11) nach der Erdbeschleunigung g liefert

$$g = a\,\frac{m_1 + m_2}{m_2 - m_1}\,. \tag{3.18}$$

Lineare Regression der $v(t)$-Messreihe für die Masse m_2 liefert die Beschleunigung $a = 0,32\,\mathrm{m/s^2}$ (Abb. 3.12). Einsetzen der Werte in (3.18) ergibt die Erdbeschleunigung $g = 9,79\,\mathrm{m/s^2}$.

d) Berechnung der Seilkraft F_S

Einsetzen der Werte in (3.17) ergibt die Seilkraft $F_\mathrm{S} = 1,51\,\mathrm{N}$.

Tab. 3.1 Beschleunigungen a und Seilkräfte F_S für drei Spezialfälle

Spezialfall	Beschleunigung a nach (3.11)	Seilkraft F_S nach (3.17)
$m_1 = m_2 = m$	$a = 0$	$F_\mathrm{S} = g\,\dfrac{2m^2}{2m} = mg$
$m_1/m_2 \ll 1$	$a = g\,\dfrac{m_2 - m_1}{m_1 + m_2} = g\,\dfrac{1 - \frac{m_1}{m_2}}{\frac{m_1}{m_2} + 1} \approx g$	$F_\mathrm{S} = g\,\dfrac{2m_1}{\frac{m_1}{m_2} + 1} \approx 2m_1 g$
$m_2/m_1 \ll 1$	$a = g\,\dfrac{m_2 - m_1}{m_1 + m_2} = g\,\dfrac{\frac{m_2}{m_1} - 1}{1 + \frac{m_2}{m_1}} \approx -g$	$F_\mathrm{S} = g\,\dfrac{2m_2}{1 + \frac{m_2}{m_1}} \approx 2m_2 g$

Lösung zu Aufgabe 13: Statik am Balken

a) $F_A(x)$- und $F_B(x)$-Messreihe

In Abb. 3.13 sind die $F_A(x)$- und $F_B(x)$-Messreihen in einem Diagramm dargestellt.

Qualitative Erklärung der Kraftverläufe

Nach Abb. 3.13 sind beide Auflager bereits ohne den Zylinder durch das Gewicht des Balkens belastet. Das Auflager B ist stärker als das Auflager A belastet, weil durch die Position von Auflager B der Balken fast im Gleichgewicht ist. Positioniert man den Zylinder bei $x = 0$, so bleibt die Kraft F_B unverändert, und die Kraft F_A erhöht sich um die Gewichtskraft des Zylinders.

Für zunehmende Position x des Zylinders wird Auflager B immer stärker belastet und Auflager A immer stärker entlastet. Bei einer bestimmten Position wird Auflager A kräftefrei, weil bezüglich Auflager B Balken und Zylinder im Gleichgewicht sind. Bei weiterer Zunahme der Position x wird aus dem Drucklager A ein Zuglager (Vorzeichenwechsel von F_A).

b) Herleitung der $F_A(x)$- und $F_B(x)$-Funktion

Da der Balken homogen ist, liegt der Balkenschwerpunkt bei $x = \ell/2$, und die Drehmomentwirkung des ausgedehnten Balkens kann durch eine bei $x = \ell/2$ angreifende Gewichtskraft $F_{GB} = m_B g$ ersetzt werden (Abb. 3.14). Auf den Balken wirken weitere Kräfte: die Kräfte F_A und F_B der Auflager A und B sowie die Gewichtskraft F_{GZ} des Zylinders. Die Richtung der Gewichtskräfte ist bekannt, die Richtungen der Auflagerkräfte wurden in Abb. 3.14 willkürlich festgelegt und ergeben sich aus den Herleitungen. Zur Herleitung von $F_A(x)$ und $F_B(x)$ wird das Drehmomentgleichgewicht

$$\sum_i \vec{M}_i = \sum_i \vec{r}_i \times \vec{F}_i = \vec{0} \tag{3.19}$$

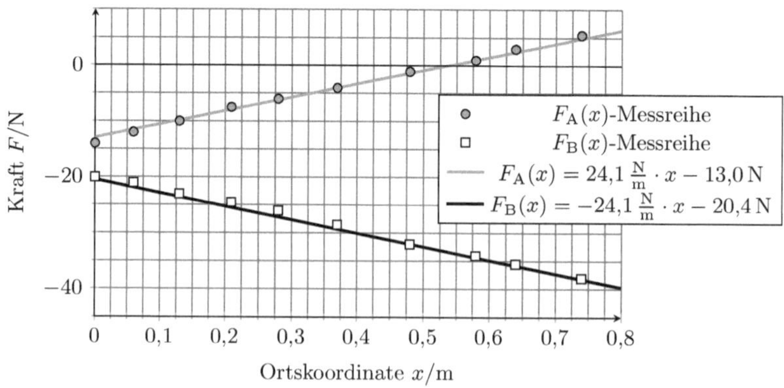

Abb. 3.13 $F(x)$-Diagramm der Auflagekräfte F_A und F_B

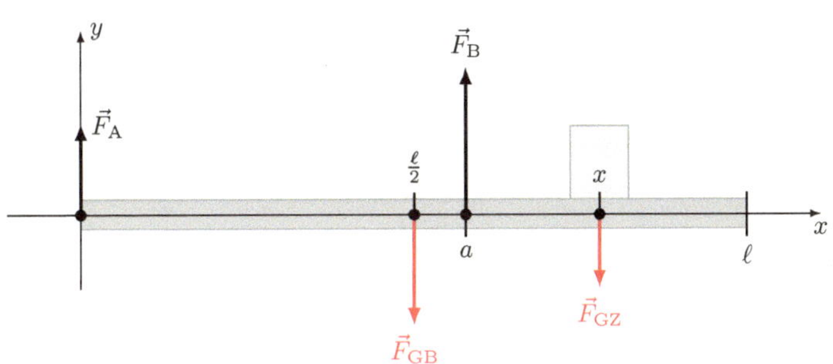

Abb. 3.14 Kraftdiagramm mit den am Balken angreifenden Kräften

mit Bezugspunkt bei Auflager B bzw. Auflager A aufgestellt, damit F_A bzw. F_B als einzige Unbekannte in der Gleichung auftritt. Ansonsten muss auch die zweite Gleichgewichtsbedingung

$$\sum_i \vec{F}_i = \vec{0} \tag{3.20}$$

angewendet werden. Nach (3.19) ist mit Bezugspunkt bei $x = 0$

$$-m_B \frac{\ell}{2} + F_B a - m_Z g x = 0,$$

$$F_B(x) = \frac{m_Z g}{a} x + \frac{m_B \ell g}{2a}. \tag{3.21}$$

Einsetzen der Werte in (3.21) ergibt

$$F_B(x) = \left(24{,}1 \, \frac{\text{N}}{\text{m}}\right) x + 20{,}4 \, \text{N}. \tag{3.22}$$

Nach (3.19) ist mit Bezugspunkt bei $x = a$

$$F_A(0 - a) - m_B g \left(\frac{\ell}{2} - a\right) - m_Z g (x - a) = 0$$

$$F_A(x) = -\frac{m_Z g}{a} x + g \left(m_Z + m_B - \frac{\ell m_B}{2a}\right). \tag{3.23}$$

Einsetzen der Werte in (3.23) ergibt

$$F_A(x) = \left(-24{,}1 \, \frac{\text{N}}{\text{m}}\right) x + 13{,}0 \, \text{N}. \tag{3.24}$$

Vergleich von (3.22) und (3.24) mit $F_A(x)$- und $F_B(x)$-Messreihe
Im Videoexperiment wurden die Kräfte des Balkens auf die Auflager und nicht umgekehrt gemessen. Daher müssen (3.22) und (3.24) zum Vergleich mit Messwerten mit negativem Vorzeichen versehen werden (Abb. 3.13).

c) Ortskoordinate x_0 für kräftefreies Auflager A

Die Bedingung $F_A(x_0) = 0$ ergibt mit (3.24)

$$F_A(x_0) = \left(-24{,}1\,\frac{\mathrm{N}}{\mathrm{m}}\right) x_0 + 13{,}0\,\mathrm{N} = 0\,. \tag{3.25}$$

Auflösen von (3.25) nach x_0 ergibt die Ortskoordinate $x_0 = 0{,}54\,\mathrm{m}$. Als alternative Lösung wird das Drehmomentgleichgewicht bezüglich Auflager B mit $F_A = 0$ aufgestellt:

$$-m_B g \left(\frac{\ell}{2} - a\right) - m_Z g (x_0 - a) = 0\,. \tag{3.26}$$

Auflösen nach x_0 ergibt

$$x_0 = \frac{m_B}{m_Z}\left(a - \frac{\ell}{2}\right) + a\,. \tag{3.27}$$

Einsetzen der Werte in (3.27) ergibt ebenfalls die Ortskoordinate $x_0 = 0{,}54\,\mathrm{m}$.

Lösung zu Aufgabe 14: Rutschende Kette

Versuchsmaterial und Durchführung des Experiments

Anstelle einer Büroklammerkette kann auch eine Perlenkette oder ein Seil verwendet werden, wenn die Unterlage wenig Reibung aufweist. Im Folgenden bezeichnet y die Position von dem Ende des überhängenden Kettenstücks für eine nach unten gerichtete y-Koordinatenachse. Das Ende des überhängenden Kettenstücks wird für die Auswertung der Videoaufnahme farblich markiert.

a) Veränderliche Beschleunigung der Kette

Die Beschleunigung ist nicht konstant, weil sich die überhängende beschleunigende Masse während des Fallvorgangs verändert. Diese ist der variable relative Anteil my/ℓ der Gesamtmasse m.

b) Aufstellen der Bewegungsgleichung und Prüfung der Lösung

Die Erdanziehungskraft wirkt nach Teilaufgabe a auf den überhängenden Massenanteil

$$F = m\frac{y}{\ell}g, \tag{3.28}$$

wonach sich aus dem zweiten Newton'schen Gesetz die Bewegungsgleichung

$$m\ddot{y} = m\frac{y}{\ell}g \quad \Leftrightarrow \quad \ddot{y} = \frac{s}{\ell}y \tag{3.29}$$

ergibt. Zur Überprüfung der Korrektheit der vorgegebenen Lösungsfunktion ist zu beachten, dass gilt:

$$\frac{\mathrm{d}}{\mathrm{d}y}\cosh y = \sinh y\,,$$

$$\frac{\mathrm{d}}{\mathrm{d}y}\sinh y = \cosh y\,. \tag{3.30}$$

Zweifaches Ableiten von

$$y_{\mathrm{K}}(t) = l_0 \cosh\left(\sqrt{\frac{g}{\ell}}\,t\right) \tag{3.31}$$

und Einsetzen von $y(t)$ und $\ddot{y}(t)$ in (3.29) zeigt, dass (3.31) Lösung von (3.29) ist. Weiterhin ist nach (3.31) $y(0) = \ell_0$ und $\dot{y}(0) = 0$.

c) Vergleich der $y(t)$-Messreihe und der $y(t)$-Funktion (3.31)

Im durchgeführten Experiment beträgt $\ell = 0{,}5\,\mathrm{m}$ und das über die Kante hängende Kettenstück hat die Länge $y(t = 0) = \ell_0 = 0{,}12\,\mathrm{m}$. Die $y(t)$-Messreihe in Abb. 3.15 weicht deutlich von der $y_{\mathrm{F}}(t)$-Funktion des freien Falls ab. Die Messwerte weichen ebenfalls deutlich von der $y(t)$-Funktion (3.31) ab.

Damit die Kette fällt, muss zur Kompensation der Haftreibungskraft das hängende Kettenstück eine Mindestlänge ℓ' bzw. eine Mindestgewichtskraft $mg\ell'/\ell$ haben. Demzufolge muss (3.31) korrigiert werden zu

$$y(t) = (\ell_0 - \ell')\cosh\left(\sqrt{\frac{g}{\ell}}\,t\right) + \ell' \quad \text{mit } \ell > \ell'. \tag{3.32}$$

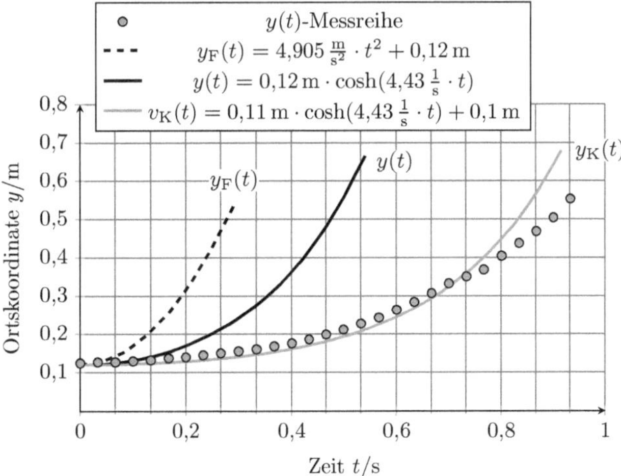

Abb. 3.15 $y(t)$-Diagramm der rutschenden Kette

Die Differenz $\ell - \ell_0$ berücksichtigt die Haftreibungskraft in (3.29), der Summand ℓ' die veränderte Position zum Zeitpunkt $t = 0$. Gl. (3.32) beschreibt wesentlich besser die Messdaten (Abb. 3.15), lässt aber die Gleitreibungskraft unberücksichtigt.

Lösung zu Aufgabe 15: Konservative und nichtkonservative Kraftfelder

a) Prüfung auf konservatives Kraftfeld $\vec{F}_1(\vec{r})$

Ein Kraftfeld ist konservativ, wenn die Arbeit entlang geschlossener Wege null ist, also:

$$\oint \vec{F} \cdot \mathrm{d}\vec{r} = 0 . \tag{3.33}$$

Nach dem Satz von Stokes ist eine äquivalente notwendige und hinreichende Bedingung

$$\mathrm{rot}\,\vec{F}(\vec{r}) = \vec{\nabla} \times \vec{F}(\vec{r}) = \begin{pmatrix} \frac{\partial F_z}{\partial y} - \frac{\partial F_y}{\partial z} \\ \frac{\partial F_x}{\partial z} - \frac{\partial F_z}{\partial x} \\ \frac{\partial F_y}{\partial x} - \frac{\partial F_x}{\partial y} \end{pmatrix} = \vec{0} . \tag{3.34}$$

Ausführen der partiellen Ableitungen für $F_z = \mathrm{konst.}$ in (3.34) ergibt

$$\mathrm{rot}\,\vec{F}_1(\vec{r}) = \begin{pmatrix} 0 \\ 0 \\ 0 \end{pmatrix} = \vec{0} , \tag{3.35}$$

womit das Kraftfeld $\vec{F}_1(\vec{r})$ konservativ ist.

Prüfung auf konservatives Kraftfeld $\vec{F}_2(\vec{r})$

Da das Kraftfeld nur in radialer Richtung eine Komponente hat, ist in Kugelkoordinaten mit den Einheitsvektoren $\vec{e}_r, \vec{e}_\varphi$ und $\vec{e}_\vartheta$

$$\vec{F}_2(\vec{r}) = F_r \vec{e}_r + F_\varphi \vec{e}_\varphi + F_\vartheta \vec{e}_\vartheta = f(r)\vec{e}_r . \tag{3.36}$$

Zusätzlich hängt die radiale Komponente nur vom Abstand r und nicht von den Winkeln φ und ϑ ab. Die Rotation in Kugelkoordinaten ist

$$\mathrm{rot}\,F(\vec{r}) = \begin{pmatrix} \frac{1}{r \sin\vartheta}\left(\frac{\partial}{\partial\vartheta}(F_\varphi \sin\vartheta) - \frac{\partial F_\vartheta}{\partial\varphi} \right) \\ \frac{1}{r \sin\vartheta}\frac{\partial F_r}{\partial\varphi} - \frac{1}{r}\frac{\partial}{\partial r}(rF_\varphi) \\ \frac{1}{r}\frac{\partial}{\partial r}(rF_\vartheta) - \frac{1}{r}\frac{\partial F_r}{\partial\vartheta} \end{pmatrix} . \tag{3.37}$$

Einsetzen der Kraftkomponenten F_r, F_φ und F_ϑ aus (3.36) und Ausführen der partiellen Ableitungen ergibt

$$\mathrm{rot}\,\vec{F}_2(\vec{r}) = \begin{pmatrix} 0 \\ 0 \\ 0 \end{pmatrix} = \vec{0} , \tag{3.38}$$

womit $\vec{F}_2(\vec{r})$ ein konservatives Kraftfeld ist.

b) Bestimmung der Arbeit W im Kraftfeld $\vec{F}(\vec{r})$ entlang einer Geraden

Allgemein gilt in kartesischen Koordinaten

$$
\begin{aligned}
W &= \int_{\vec{r}_1}^{\vec{r}_2} \vec{F}(\vec{r}) \cdot \mathrm{d}\vec{r} \\
&= \int_{\vec{r}_1}^{\vec{r}_2} F_x \,\mathrm{d}x + \int_{\vec{r}_1}^{\vec{r}_2} F_y \,\mathrm{d}y + \int_{\vec{r}_1}^{\vec{r}_2} F_z \,\mathrm{d}z \\
&= \int_{x_1}^{x_2} F_x \,\mathrm{d}x + \int_{y_1}^{y_2} F_y \,\mathrm{d}y + \int_{z_1}^{z_2} F_z \,\mathrm{d}z \; .
\end{aligned}
\tag{3.39}
$$

Aus dem Anfangs- und Endpunkt wird die Geradengleichung

$$
y(x) = \frac{18}{4}x = \frac{9}{2}x
\tag{3.40}
$$

ermittelt. Einsetzen der Kraftkomponenten von $\vec{F}(\vec{r})$, (3.40) und der Koordinaten von Anfangs- und Endpunkt in (3.39) ergibt

$$
\begin{aligned}
W_1 &= \int_0^4 \left(x^2 + \frac{9}{2}x \right) \mathrm{d}x + \int_0^{18} \sin y \,\mathrm{d}y \\
&= \left[\frac{x^3}{3} + \frac{9}{4}x^2 \right]_0^4 + \left[-\cos y \right]_0^{18} \; .
\end{aligned}
\tag{3.41}
$$

Einsetzen der Grenzen in (3.41) ergibt die Arbeit $W_1 = 57{,}67$.

Bestimmung der Arbeit W im Kraftfeld $\vec{F}(\vec{r})$ entlang einer Parabel

Einsetzen der Kraftkomponenten von $\vec{F}(\vec{r})$, der gegebenen $y(x)$-Funktion und der Koordinaten von Anfangs- und Endpunkt in (3.39) ergibt

$$
\begin{aligned}
W_2 &= \int_0^4 \left(x^2 + x^2 + \frac{1}{2}x \right) \mathrm{d}x + \int_0^{18} \sin y \,\mathrm{d}y \\
&= \left[\frac{2x^3}{3} + \frac{x^2}{4} \right]_0^4 + \left[-\cos y \right]_0^{18} \; .
\end{aligned}
\tag{3.42}
$$

Einsetzen der Grenzen in (3.42) ergibt die Arbeit $W_2 = 47{,}01$. Da $W_1 \neq W_2$, ist das Kraftfeld nichtkonservativ.

Lösung zu Aufgabe 16: Abgefedertes Fallen

a) Vorhersage der Ortskoordinate y_0 der Kugel bei maximaler Geschwindigkeit $v_{\max}$
Auf die Kugel wirkt die Gewichtskraft F_G und die Federkraft F_F; Reibungskräfte können
wegen des kleinen Kugelquerschnitts und der kurzen Fallstrecke vernachlässigt werden.

Die Geschwindigkeit v der Masse m nimmt während der Fallbewegung zu, solange
die resultierende Kraft $F_{res} = F_G - F_F > 0$ bzw. $a_{res} > 0$ ist. Diese nimmt ab, solange
$F_{res} < 0$ bzw. $a_{res} < 0$ ist. Also ist für $F_{res} = 0$ bzw. $F_F = F_G$ bzw. $a_{res} = 0$ die
Geschwindigkeit maximal (Abb. 3.16). Dies ist der Fall für die statische Ruhelage

$$y_0 = \ell + \frac{mg}{D} \tag{3.43}$$

der Kugel. Einsetzen der Werte in (3.43) ergibt die Ortskoordinate $y_0 = 1{,}06\,\text{m}$.

b) Herleitung der $v(y)$-Funktion
Anwendung des Energieerhaltungssatzes ergibt für $y \in [0, \ell]$

$$E_{ges}(0) = E_{ges}(y) \Leftrightarrow 0 = \frac{1}{2}mv^2 - mgy \tag{3.44}$$
$$\Leftrightarrow v(y) = \sqrt{2gy}$$

und für $y \in \,]\ell, y_{\max}]$ mit $y_{\max}$ als maximale Ortskoordinate der Bewegung

$$E_{ges}(0) = E_{ges}(y) \Leftrightarrow 0 = \frac{1}{2}mv^2 + \frac{1}{2}D(y - \ell)^2 - mgy \tag{3.45}$$
$$\Leftrightarrow v(y) = \sqrt{2gy - \frac{D}{m}(y - \ell)^2}\,.$$

Abb. 3.16 $F(y)$-Diagramm
der auf die Kugel wirkenden
Kräfte

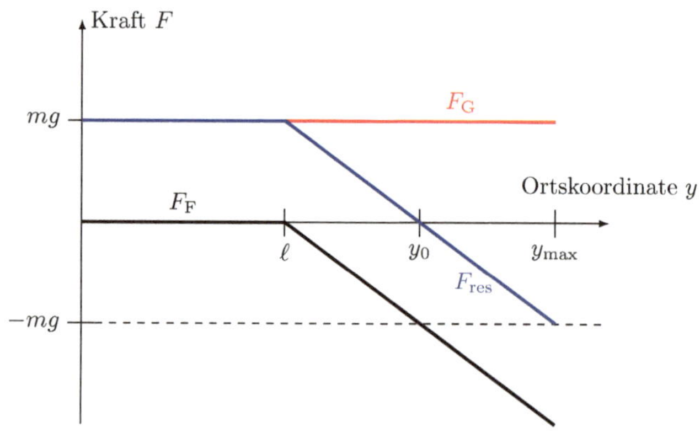

Bestimmung der Ortskoordinate y_0 und der maximalen Geschwindigkeit v_{max}

Die Geschwindigkeit der Masse m ist maximal, wenn in (3.45) der Radikand der Wurzel maximal wird. Bestimmung des Maximums ergibt

$$\frac{\mathrm{d}}{\mathrm{d}y}\left(2gy - \frac{D}{m}(y-\ell)^2\right) 2g - \frac{2D}{m}(y-\ell)$$
$$\Leftrightarrow y = y_0 + \frac{mg}{D} + \ell \tag{3.46}$$

in Übereinstimmmung mit (3.43). Einsetzen von (3.46) in (3.45) ergibt

$$v(y_0) = v_{max} = \sqrt{g\left(\frac{mg}{D} + 2\ell\right)}. \tag{3.47}$$

Einsetzen der Werte in (3.47) ergibt die maximale Geschwindigkeit $v_{max} = 4{,}05\,\mathrm{m/s}$.

Prüfung von (3.46) und (3.47) durch Messung der Ortskoordinate y_0 und der maximalen Geschwindigkeit v_{max}

Die Ortskoordinate y_0 und die maximale Geschwindigkeit v_{max} können dem $v(y)$-Diagramm (Abb. 3.17) entnommen werden. In Übereinstimmung mit Teilaufgabe a und b ist die Ortskoordinate $y_0 \approx 1{,}07\,\mathrm{m}$ und die maximale Geschwindigkeit $v_{max} \approx 4{,}1\,\mathrm{m/s}$.

c) Herleitung der $E(y)$-Funktionen

Es treten bei der Bewegung drei Energieformen auf: die potenzielle Energie E_{pot} der Masse m, die Spannenergie E_{spann} der Feder und die kinetische Energie E_{kin} der Masse m. Für die potenzielle Energie gilt mit $E_{pot}(0) = 0$

$$E_{pot}(y) = -mgy \qquad \text{für } y \in [0, y_{max}]. \tag{3.48}$$

Abb. 3.17 $v(y)$-Diagramm der fallenden Masse m mit $v(y)$-Funktion nach (3.44) und (3.45)

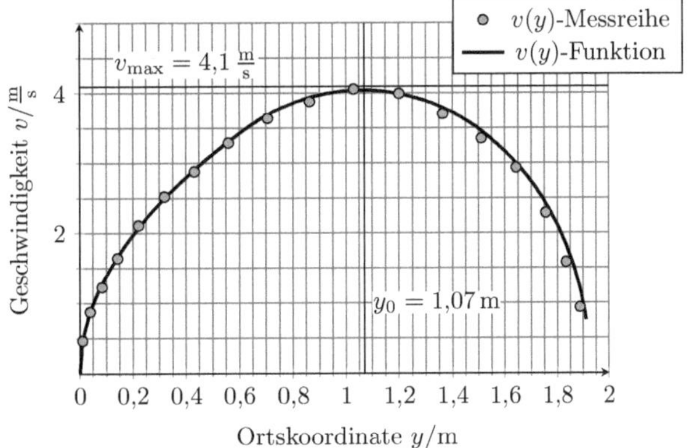

Für die Spannenergie gilt

$$E_{\text{spann}}(y) = \begin{cases} 0 & \text{für } y \in [0, \ell] \\ \frac{1}{2}D(y - \ell)^2 & \text{für } y \in [\ell, y_{\text{max}}] \end{cases} . \tag{3.49}$$

Für die kinetische Energie gilt nach dem Energieerhaltungssatz mit $E_{\text{ges}}(0) = 0$

$$E_{\text{kin}}(y) = E_{\text{ges}}(y) - E_{\text{pot}}(y) - E_{\text{spann}}(y) = -(E_{\text{pot}}(y) + E_{\text{spann}}(y)) . \tag{3.50}$$

Einsetzen von (3.48) und (3.49) in (3.50) ergibt

$$E_{\text{kin}}(y) = \begin{cases} mgy & \text{für } y \in [0, \ell] \\ mgy - \frac{1}{2} \cdot D(y - \ell)^2 & \text{für } y \in \,]\ell, y_{\text{max}}] \end{cases} . \tag{3.51}$$

Prüfung der Energieerhaltung
Einsetzen der gegebenen Werte in (3.48), (3.49) und (3.51) ergibt ohne Angabe von Einheiten

$$E_{\text{pot}}(y) = -0{,}13 \cdot 9{,}81 \cdot y \qquad \text{für } y \in [0, y_{\text{max}}],$$

$$E_{\text{spann}}(y) = \begin{cases} 0 & \text{für } y \in [0, \ell] \\ \frac{1}{2} \cdot 2{,}9(y - 0{,}61)^2 & \text{für } y \in \,]\ell, y_{\text{max}}] \end{cases} , \tag{3.52}$$

$$E_{\text{kin}}(y) = \begin{cases} 0{,}13 \cdot 9{,}81 \cdot y & \text{für } y \in [0, \ell] \\ 0{,}13 \cdot 9{,}81 \cdot y - \frac{1}{2} \cdot 2{,}9(y - 0{,}61)^2 & \text{für } y \in \,]\ell, y_{\text{max}}] \end{cases} .$$

Die Darstellung der aus den y- bzw. v-Messwerten berechneten Energiewerten in Abb. 3.18 zeigt, dass die Gesamtenergie E_{ges} konstant gleich null ist.

Abb. 3.18 $E(y)$-Diagramm der auftretenden Energieformen und die Gesamtenergie

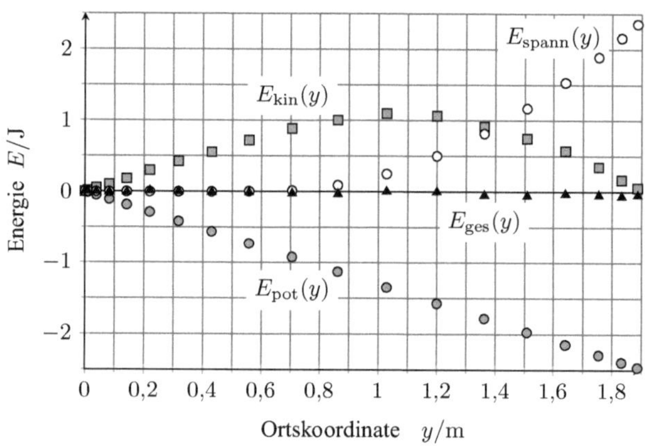

Abb. 3.19 $a(y)$-Diagramm
der fallenden Masse

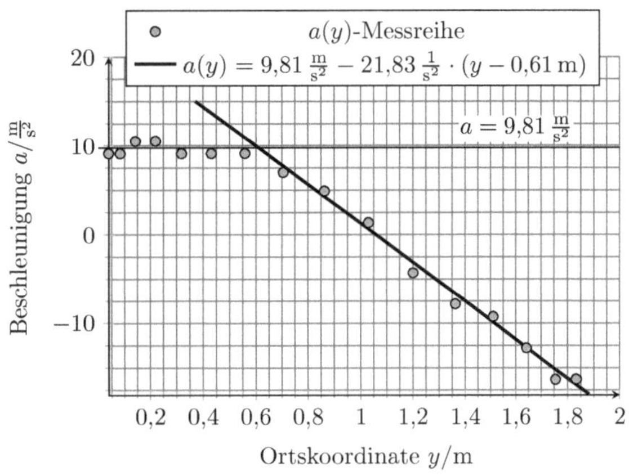

d) Prüfung der Federkonstanten D mit $a(y)$-Diagramm

Im $a(y)$-Diagramm ist $a(y) = 10\,\mathrm{m/s}^2$ für $y \in [0, \ell]$ und eine lineare Funktion für $y \in]\ell, y_{\mathrm{max}}]$ (Abb. 3.19). Es ist

$$a_y(y) = \frac{F_{\mathrm{res}}(y)}{m} = \frac{F_{\mathrm{G}} + F_{\mathrm{F}}(y)}{m} = \frac{mg + D(y - \ell)}{m} \tag{3.53}$$

$$= g + \frac{D}{m}(y - \ell) \qquad \text{für } y \in [\ell, y_{\mathrm{max}}]. \tag{3.54}$$

Lineare Regression für $y \in]\ell, y_{\mathrm{max}}]$ ergibt $D/m = 21{,}83\,\mathrm{m/s}$ und die Federkonstante $D = 2{,}90\,\mathrm{N/m}$ in guter Übereinstimmung mit dem gegebenen Wert.

Lösung zu Aufgabe 17: Arbeit beim Bogenschießen

a) Bestimmung der Spannarbeit W beim Spannen des Bogens

Bis zur maximalen Dehnung x_{max} des Bogens wird die Spannarbeit W verrichtet. Beim Loslassen der Bogensehne wird der Pfeil auf die Abschussgeschwindigkeit v_0 beschleunigt. Nach dem Energieerhaltungssatz muss die Spannarbeit W gleich der kinetische Energie des abgeschossenen Pfeils sein. In Abb. 3.20 ergibt die lineare Regression der $F(x)$-Messreihe mit

$$F(x) = Dx \tag{3.55}$$

die Federkonstante $D = 28{,}2\,\mathrm{N/m}$. Die Spannarbeit ergibt sich durch Integration von (3.55) zu

$$W = \frac{1}{2}Dx_{\mathrm{max}}^2 . \tag{3.56}$$

Einsetzen der Federkonstante D und der maximalen Dehnung $x_{\mathrm{max}} = 0{,}16\,\mathrm{m}$ in (3.56) ergibt $W = 0{,}374\,\mathrm{J}$.

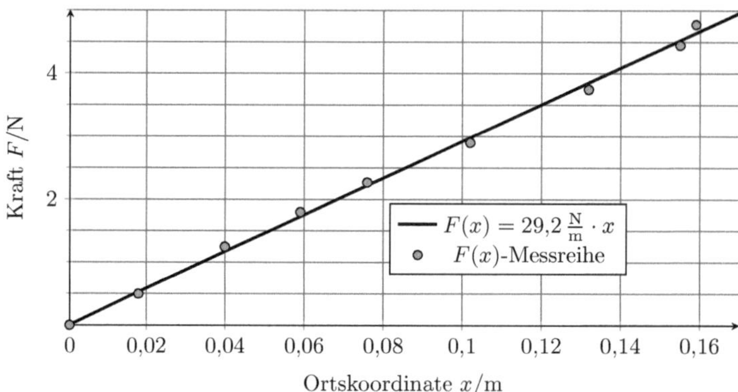

Abb. 3.20 $F(x)$-Diagramm des Spannens der Bogensehne

Bestimmung der kinetischen Energie E_{kin} des Pfeils
Die Abschussgeschwindigkeit des Pfeils wird nach

$$v_0 = \frac{\Delta s}{\Delta t} \tag{3.57}$$

bestimmt, indem im Videoexperiment die zurückgelegte Strecke des Pfeils zwischen zwei Zeitpunkten unmittelbar nach Verlassen der Bogensehne gemessen wird. Einsetzen der Messwerte $\Delta s = 0{,}164\,\mathrm{m}$ und $\Delta t = 0{,}034\,\mathrm{s}$ in (3.57) ergibt die Abschussgeschwindigkeit $v_0 = 4{,}82\,\mathrm{m/s}$. Die kinetische Energie des Pfeils ist

$$E_{\mathrm{kin}} = \frac{1}{2}m v_0^2\,. \tag{3.58}$$

Einsetzen der Werte in (3.58) ergibt die kinetische Energie $E_{\mathrm{kin}} = 0{,}360\,\mathrm{J}$, die aufgrund von Reibungskräften zwischen Pfeil und Auflage etwas kleiner als die berechnete Spannarbeit W ist.

b) Formel für die Abschussgeschwindigkeit v_0 des Pfeils
Beim Spannen des Compoundbogens wird Arbeit verrichtet:

$$
\begin{aligned}
W_{\mathrm{spann}}(x_{\mathrm{max}}) &= \int_0^{x_{\mathrm{max}}} F(x)\,\mathrm{d}x = \int_0^{x_{\mathrm{max}}} (-50x^3 - 466(x - 0{,}55)^2 + 141)\,\mathrm{d}x \\
&= \int_0^{x_{\mathrm{max}}} (-50x^3 - 466x^2 + 512{,}6x + 0{,}04)\,\mathrm{d}x \\
&= \left[-12{,}5x^4 - 155{,}33x^3 + 266{,}3x^2 + 0{,}04x\right]_0^{x_{\mathrm{max}}} \\
&= -12{,}5x_{\mathrm{max}}^4 - 155{,}33x_{\mathrm{max}}^3 + 266{,}3x_{\mathrm{max}}^2 + 0{,}04x_{\mathrm{max}}\,.
\end{aligned}
\tag{3.59}
$$

Nach dem Energieerhaltungssatz ist

$$W_{\text{spann}} = \frac{1}{2}mv_0^2 \quad \Rightarrow \quad v_0(x_{\text{max}}) = \sqrt{\frac{2W_{\text{spann}}(x_{\text{max}})}{m}} . \tag{3.60}$$

Einsetzen der Werte in (3.60) ergibt die Abschussgeschwindigkeit $v_0 = 79{,}41\,\text{m/s} = 285{,}88\,\text{km/h}$.

Lösung zu Aufgabe 18: Loopingfahrt

a) Herleitung der $v(\alpha)$-Funktion

Die unbekannte Bahngeschwindigkeit v für einen beliebigen Bahnpunkt wird mit dem Energieerhaltungssatz bestimmt:

$$\begin{aligned}
\frac{1}{2}mv^2(0^\circ) &= \frac{1}{2}mv^2 + mgr(1 - \cos\alpha) \\
\Leftrightarrow v^2(\alpha) &= v^2(0^\circ) - 2gr(1 - \cos\alpha) \\
\Rightarrow v(\alpha) &= \sqrt{v^2(0^\circ) - 2gr(1 - \cos\alpha)} .
\end{aligned} \tag{3.61}$$

Alternativ:

$$\begin{aligned}
\frac{1}{2}mv^2(180^\circ) + 2mgr &= \frac{1}{2}mv^2 + mgr(1 - \cos\alpha) \Leftrightarrow v^2(\alpha) \\
&= v^2(180^\circ) + 2gr(1 + \cos\alpha) \\
\Rightarrow v(\alpha) &= \sqrt{v^2(180^\circ) + 2gr(1 + \cos\alpha)} .
\end{aligned} \tag{3.62}$$

Vergleich von $v(\alpha)$-Funktion und $v(\alpha)$-Messreihe

Durch Variation der Geschwindigkeit $v(0^\circ)$ oder $v(180^\circ)$ in (3.61) oder (3.62) wird die theoretische $v(\alpha)$-Funktion mit Loopingradius $r = 0{,}19\,\text{m}$ an die $v(\alpha)$-Messreihe angepasst (Abb. 3.21). Dies ergibt $v(0^\circ) = 3{,}2\,\text{m/s}$ und $v(180^\circ) = 1{,}7\,\text{m/s}$.

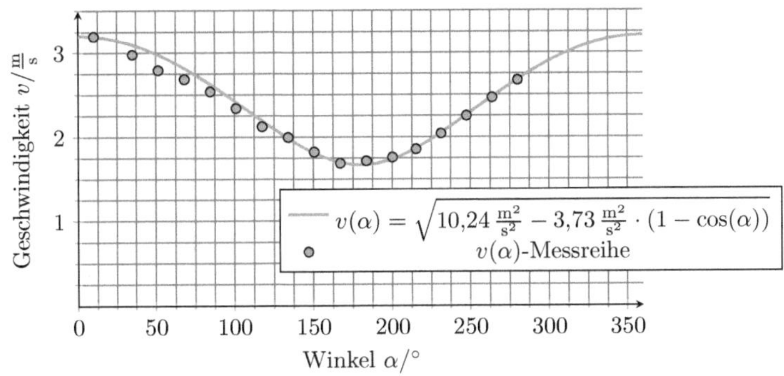

Abb. 3.21 $v(\alpha)$-Diagramm des Experimentierwagens im Looping

b) Formel für die Mindeststarthöhe $h_{\min}$

Anwendung des Energieerhaltungssatzes (Nullniveau der potenziellen Energie im unteren Bahnpunkt) auf den Startpunkt und den obersten Bahnpunkt des Experimentierwagens ergibt

$$mgh_{\min} + 0 = mg2r + \frac{1}{2}mv_{\min}^2 \quad \Leftrightarrow \quad h_{\min} = 2r + \frac{1}{2g}v_{\min}^2. \qquad (3.63)$$

Die minimale Geschwindigkeit $v_{\min}$ im obersten Bahnpunkt liegt vor, wenn die Gewichtskraft als Radialkraft ausreicht:

$$mg = \frac{mv_{\min}^2}{r} \quad \Leftrightarrow \quad v_{\min} = \sqrt{gr}. \qquad (3.64)$$

Einsetzen von (3.64) in (3.63) ergibt

$$h_{\min} = 2r + \frac{1}{2g}gr = \frac{5}{2}r. \qquad (3.65)$$

Der Experimentierwagen muss mindestens einen halben Bahnradius über dem Niveau des obersten Bahnpunkts starten.

c) Kräfte während der Kreisbewegung im Looping

Auf den Experimentierwagen wirken die Gewichtskraft $\vec{F}_{\mathrm{G}}$ und die Bahnkraft $\vec{F}_{\mathrm{B}}$ (Abb. 3.22).

- Die Gewichtskraft ist in Betrag und Richtung unabhängig vom Winkel α.
- Die Bahnkraft kann nur senkrecht zur Bahn wirken und zeigt zum Kreismittelpunkt.
- Die Bahnkraft trägt unabhängig von α immer zur notwendigen zum Kreismittelpunkt gerichteten Radialkraft bei. Der radiale Gewichtskraftanteil ist für die obere Bahnhälfte zum Kreismittelpunkt gerichtet, für die untere Bahnhälfte vom Kreismittelpunkt weg gerichtet.

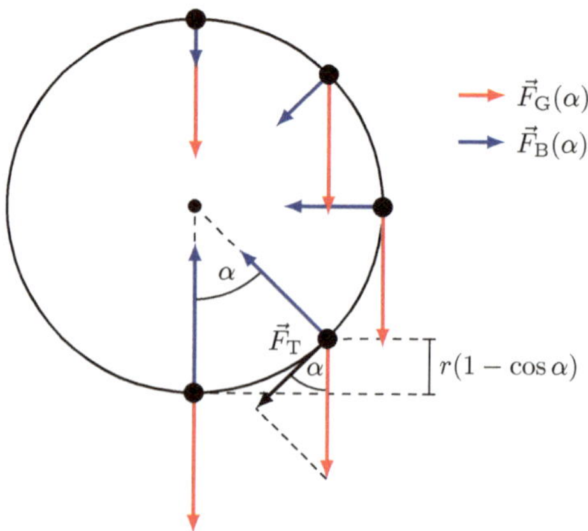

Abb. 3.22 Kraftdiagramm für verschiedene Winkel α des Experimentierwagens

- Die Bahnkraft im untersten Bahnpunkt ist mindestens so groß wie die Gewichtskraft (statischer Fall). Die minimale Bahnkraft im obersten Bahnpunkt ist null (vollständiges Durchfahren des Loopings mit kleinstmöglicher Geschwindigkeit im obersten Bahnpunkt).
- Die Bahnkraft nimmt wegen der abnehmenden Bahngeschwindigkeit mit zunehmendem Winkel α ab.

d) Formel für die Tangentialkraft F_T

Da die Bahnkraft F_B senkrecht zur Bahn steht, ist die Tangentialkraft F_T die Tangentialkomponente der Gewichtskraft F_G:

$$F_T = F_G \sin\alpha = mg \sin\alpha \,. \tag{3.66}$$

Der Betrag der Tangentialkraft schwankt nach (3.66) zwischen $F_T(0°) = F_T(180°) = 0$ und $F_T(90°) = F_T(270°) = mg$, die Tangentialbeschleunigung schwankt zwischen $-g$ und g. Die Tangentialkraft bewirkt die Beschleunigung des Experimentierwagens entlang der Kreisbahn. Auf der rechten Kreisbahnhälfte wird für die gegebene Fahrtrichtung der Experimentierwagen langsamer, auf der linken schneller.

Formel für die Radialkraft F_R

Die Radialkraft F_R ist nach (3.64)

$$F_R = m\frac{v^2}{r} \,. \tag{3.67}$$

Einsetzen von (3.61) in (3.67) ergibt

$$F_R(\alpha) = m\frac{v^2(0°)}{r} - 2mg(1 - \cos\alpha) \,. \tag{3.68}$$

Die maximale Radialkraft

$$F_R(0°) = m\frac{v^2(0°)}{r} \tag{3.69}$$

liegt nach (3.68) im untersten Bahnpunkt vor, die minimale Radialkraft

$$F_R(180°) = m\frac{v^2(0°)}{r} - 4mg \tag{3.70}$$

liegt nach (3.68) im obersten Bahnpunkt vor. Die Radialkraft schwankt beim Durchfahren des Loopings um $4mg$. Die Radialkraft F_R bewirkt die Bewegung des Körpers auf einer Kreisbahn.

Formel für die Bahnkraft F_B

Die Bahnkraft F_B ist die Summe aus Radialkraft F_R und Normalkomponente der Gewichtskraft F_G:

$$F_B = F_R + mg \cos \alpha \, . \tag{3.71}$$

Einsetzen von (3.68) in (3.71) ergibt

$$\begin{aligned} F_B(\alpha) &= m \frac{v^2(0°)}{r} - 2mg(1 - \cos \alpha) + mg \cos \alpha \\ &= m \frac{v^2(0°)}{r} + mg(3 \cos \alpha - 2) \, . \end{aligned} \tag{3.72}$$

Die maximale Bahnkraft ist

$$F_B(0°) = m \frac{v^2(0°)}{r} + mg \, . \tag{3.73}$$

Die minimale Bahnkraft ist

$$F_B(180°) = m \frac{v^2(0°)}{r} - 5mg \, . \tag{3.74}$$

Die Bahnkraft schwankt um $6mg$ und wird durch elastische Verformung der Loopingbahn aufgebracht.

Lösung zu Aufgabe 19: Bahnkurven eines Satelliten im Gravitationsfeld der Erde

a) Bestimmung der Höhe h des Satelliten über der Erdoberfläche

Die zur Kreisbewegung notwendige Zentripetalkraft ist die auf den Satelliten im Abstand r zum Erdmittelpunkt wirkende Gravitationskraft der Erde:

$$m \omega^2 r = \gamma \frac{m \, m_E}{r^2} \quad \Rightarrow \quad r = \sqrt[3]{\gamma \frac{m_E}{\omega^2}} \, . \tag{3.75}$$

Einsetzen von

$$r = r_E + h \tag{3.76}$$

und von

$$\omega = \frac{2\pi}{T} \tag{3.77}$$

in (3.75) ergibt

$$h = \sqrt[3]{\gamma \frac{m_E T^2}{4\pi^2}} - r_E \, . \tag{3.78}$$

Einsetzen der Werte in (3.78) ergibt die Höhe $h = 8468$ km.

b) Bestimmung der Gesamtenergie E_{ges} des Satelliten

Die Gesamtenergie des Satelliten ist die Summe aus der potenziellen Energie $E_{\text{pot}} < 0$ im Schwerefeld der Erde und der kinetischen Energie $E_{\text{kin}} > 0$ des Satelliten:

$$E_{\text{ges}}(r) = E_{\text{kin}}(r) + E_{\text{pot}}(r) = \frac{1}{2}mv^2 - \gamma\frac{m\,m_{\text{E}}}{r} = \frac{1}{2}m\omega^2 r^2 - \gamma\frac{m\,m_{\text{E}}}{r}\,. \tag{3.79}$$

Einsetzen der Werte in (3.79) ergibt die Gesamtenergie $E_{\text{ges}} = -4{,}022 \cdot 10^9\,\text{J}$.

Drehimpuls L des Satelliten

Da bei einer Kreisbahn Geschwindigkeits- und Ortsvektor vom Erdmittelpunkt zum Satelliten senkrecht aufeinander stehen, ist

$$L = mrv = mr^2\omega\,. \tag{3.80}$$

Einsetzen der Werte in (3.80) ergibt den Drehimpuls $L = 2{,}31 \cdot 10^{13}\,\text{kg}\,\text{m}^2/\text{s}$.

c) Bestimmung der Arbeit W, um den Satelliten auf die Kreisbahn mit Radius r zu bringen

Es ist

$$W = \Delta E_{\text{ges}} = E_{\text{ges}}(r) - E_{\text{ges}}(r_{\text{E}}) \tag{3.81}$$

mit

$$E_{\text{ges}}(r_{\text{E}}) = \frac{1}{2}m\,\frac{4\pi^2}{T_{\text{E}}^2}r_{\text{E}}^2 - \gamma\frac{m\,m_{\text{E}}}{r_{\text{E}}}\,. \tag{3.82}$$

Einsetzen von $T_{\text{E}} = 24\,\text{h}$ und der Werte von (3.79) und (3.82) in (3.81) ergibt die Arbeit $W = 1{,}4 \cdot 10^{10}\,\text{J}$.

d) Bestimmung der neuen Bahnkurve nach Geschwindigkeitsänderung des Satelliten

Die Art der neuen Bahnkurve kann anhand der neuen Gesamtenergie des Satelliten bestimmt werden. Da die kinetische Energie des Satelliten abgenommen hat und die potenzielle Energie gleich geblieben ist, muss nach (3.81) die neue Gesamtenergie kleiner als die unter Teilaufgabe b berechnete negative Gesamtenergie sein. Daher ist die neue Bahnkurve entweder weiterhin ein Kreis oder eine Ellipse. Erstere Annahme muss verworfen werden, weil die auf den Satelliten wirkende Gravitationskraft nun größer ist als die zum Erhalt der Kreisbahn notwendige Zentripetalkraft. Der Satellit verringert daher seine Höhe über der Erdoberfläche. Man stelle sich dazu vor, dass der Satellit, wenn er auf die Geschwindigkeit null abgebremst würde, durch die Gravitationskraft radial in Richtung Erdoberfläche fallen würde.

Bestimmung des maximalen/minimalen Abstandes $r_{\max}/r_{\min}$ des Satelliten auf der neuen Bahnkurve

Wegen der instantanen tangentialen Bahngeschwindigkeitsänderung in einem Punkt der Kreisbahn liegt dort keine radiale Geschwindigkeitsänderung vor, d. h. $dr/dt = 0$. Da sich nach Teilaufgabe d der Satellit auf die Erde zu bewegt und für die maximalen und minimalen Bahnabstände einer Ellipse $dr/dt = 0$ gilt, ist in diesem Bahnpunkt der Abstand maximal. Nach Teilaufgabe a ist $r_{\max} = 14.846\,\mathrm{km}$ bzw. $h_{\max} = 8468\,\mathrm{km}$.

Zur Berechnung des minimalen Abstands $r_{\min}$ kann (3.79) verwendet werden, da diese Gleichung auch den Spezialfall $dr/dt = 0$ aller möglicher Bahnkurven (Kegelschnitte) beschreibt. Dazu wird (3.79) nach r aufgelöst:

$$E = \frac{L^2}{2mr^2} - \gamma\frac{m\,m_\mathrm{E}}{r} \quad\Leftrightarrow\quad r^2 + \frac{\gamma m\,m_\mathrm{E}}{E}r - \frac{L^2}{2mE} = 0$$

$$r_{\min/\max} = -\frac{\gamma m\,m_\mathrm{E}}{2E} \pm \sqrt{\left(\frac{\gamma m\,m_\mathrm{E}}{2E}\right)^2 + \frac{L^2}{2mE}}\,. \tag{3.83}$$

Einsetzen aller Werte für die Ellipsenbahn liefert den minimalen Abstand $r_{\min} = 7540\,\mathrm{km}$ bzw. die minimale Höhe $h_{\min} = 1162\,\mathrm{km}$ sowie die bereits ermittelten maximalen Abstände.

Bestimmung der minimalen/maximalen Geschwindigkeit $v_{\min}/v_{\max}$ bei maximalem/minimalem Abstand $r_{\max}/r_{\min}$

Da der Drehimpuls L des Satelliten auf der Ellipsenbahn konstant ist, gilt

$$L = m\,r_{\max}v_{\min} = m\,r_{\min}v_{\max}\,. \tag{3.84}$$

Einsetzen der Werte liefert die minimale Geschwindigkeit $v_{\min} = 4{,}25\,\frac{\mathrm{km}}{\mathrm{s}}$ und die maximale Geschwindigkeit $v_{\max} = 8{,}42\,\frac{\mathrm{km}}{\mathrm{s}}$. In den Bahnpunkten mit maximalem und minimalem Abstand ist der Geschwindigkeitsvektor $\vec{v}$ senkrecht zum Ortsvektor $\vec{r}$.

Lösung zu Aufgabe 20: Satellitenbewegung um die Erde

a) Bestimmung der Zentripetalkraft F_{Zp} auf den Satelliten

Auf den Satelliten wirkt die Gravitationskraft F_G der Erde als Zentripetalkraft F_{Zp}:

$$F_{\mathrm{Zp}} = F_\mathrm{G} = \gamma\frac{m_\mathrm{E}m_\mathrm{S}}{r^2}\,. \tag{3.85}$$

Einsetzen der Werte in (3.85) ergibt eine Gewichtskraft $F_\mathrm{G} = 814\,\mathrm{N}$.

b) Bestimmung der Umlaufdauer T des Satelliten

Für eine stabile Kreisbahnbewegung des Satelliten muss die Gravitationskraft gerade die notwendige Zentripetalkraft F_{Zp} liefern:

$$F_{\mathrm{G}} = F_{\mathrm{Zp}} \quad \Leftrightarrow \quad \gamma \frac{m_{\mathrm{E}} m_{\mathrm{S}}}{r^2} = m_{\mathrm{S}} \omega^2 r \,. \tag{3.86}$$

Einsetzen von

$$\omega = \frac{2\pi}{T} \tag{3.87}$$

in (3.86) und Auflösen nach der Umlaufdauer T ergibt

$$T(r) = 2\pi \sqrt{\frac{r^3}{\gamma m_{\mathrm{E}}}} \,. \tag{3.88}$$

Einsetzen der Werte in (3.88) ergibt die Umlaufdauer $T = 5826\,\mathrm{s} \approx 97\,\mathrm{min} = 1\,\mathrm{h}\,37\,\mathrm{min}$.

c) Bestimmung der Gesamtenergieänderung ΔE_{ges} bei Radiusänderung $\Delta r = r_2 - r_1$ des Satelliten

Die kinetische Energie des Satelliten ist

$$E_{\mathrm{kin}} = \frac{1}{2} m_{\mathrm{S}} v^2 \,. \tag{3.89}$$

Einsetzen von

$$T = \frac{2\pi r}{v} \tag{3.90}$$

in (3.88), Auflösen nach der Bahngeschwindigkeit v und Einsetzen in (3.89) ergibt

$$E_{\mathrm{kin}} = \frac{1}{2} \gamma \frac{m_{\mathrm{E}} m_{\mathrm{S}}}{r} \,. \tag{3.91}$$

Wird für die potenzielle Energie $E_{\mathrm{pot}}(\infty) = 0$ gewählt, dann hat der Satellit auf der Kreisbahn die potenzielle Energie

$$E_{\mathrm{pot}} = -\gamma \frac{m_{\mathrm{E}} m_{\mathrm{S}}}{r} \,. \tag{3.92}$$

Addition von (3.89) und (3.92) ergibt die Gesamtenergie

$$E_{\mathrm{ges}} = E_{\mathrm{pot}} + E_{\mathrm{kin}} = -\frac{1}{2} \gamma \frac{m_{\mathrm{E}} m_{\mathrm{S}}}{r} \,. \tag{3.93}$$

Die Änderung der Gesamtenergie beim Übergang von der Kreisbahn mit Radius r_1 zur Kreisbahn mit Radius r_2 ist

$$\Delta E_{\text{ges}} = E_{\text{ges}}(r_2) - E_{\text{ges}}(r_1) \tag{3.94}$$

$$= -\frac{1}{2}\gamma\frac{m_{\text{E}}m_{\text{S}}}{r_2} + \frac{1}{2}\gamma\frac{m_{\text{E}}m_{\text{S}}}{r_1} \tag{3.95}$$

$$= \frac{1}{2}\gamma m_{\text{E}}m_{\text{S}}\left(\frac{1}{r_1} - \frac{1}{r_2}\right). \tag{3.96}$$

Für $r_2 > r_1$ ist $\Delta E_{\text{ges}} > 0$, und es muss dem Satelliten Energie zugeführt werden, um diesen auf eine weiter von der Erde entfernte Kreisbahn zu bringen. Es ist mit (3.96)

$$\lim_{r_2 \to \infty} \Delta E_{\text{ges}} = \lim_{r_2 \to \infty} \frac{1}{2}\gamma m_{\text{E}}m_{\text{S}}\left(\frac{1}{r_1} - \frac{1}{r_2}\right) = \frac{1}{2}\gamma\frac{m_{\text{E}}m_{\text{S}}}{r_1}. \tag{3.97}$$

Einsetzen der Werte in (3.97) ergibt die Gesamtenergieänderung $\Delta E_{\text{ges}} = 2{,}9\,\text{GJ}$.

4.1 Relativbewegungen und Galilei-Transformation

Aufgabe 21: Schiffsabdrift bei Flussüberquerung

Auf einem Fluss (Breite $b = 250\,\text{m}$, konstante Flussgeschwindigkeit $\vec{v}_F$) bewegt sich ein Schiff (konstante Geschwindigkeit $\vec{v}_S$ gegenüber dem Flussufer, konstante Geschwindigkeit $\vec{v}'_S$ gegenüber dem bewegten Flusswasser).

a. Geben Sie den vektoriellen Zusammenhang zwischen den Geschwindigkeiten an. Erstellen Sie dazu eine Zeichnung mit Koordinatensystemen und Vektoren.
b. Das Schiff benötigt für die Strecke $s = 6\,\text{km}$ flussabwärts $0{,}5\,\text{h}$, für die gleiche Strecke flussaufwärts $0{,}75\,\text{h}$. Bestimmen Sie v_F und v'_S.
c. Das Schiff ($v'_S = 10\,\text{km/h}$) überquert den Fluss ($v_F = 2\,\text{km/h}$) mit senkrecht zur Flussrichtung gestelltem Schiffsruder. Um welche Strecke d wird das Schiff abgetrieben.
d. Das Schiff ($v'_S = 10\,\text{km/h}$) überquert den Fluss ($v_F = 2\,\text{km/h}$) und soll genau am gegenüberliegenden Uferpunkt ankommen. Bestimmen Sie den Anstellwinkel α des Schiffsruders und die Zeitdauer $t_{\ddot{U}}$ der Überfahrt.

Aufgabe 22: Galilei-Transformation der Wurfbewegung (VA)

Schauen Sie sich das Videoexperiment und Abb. 4.1 an.

a. Zeigen Sie, dass in einem zu K gleichförmig geradlinig bewegten Koordinatensystem K′ die Kugel ebenfalls eine Wurfbewegung beschreibt.
b. Verifizieren Sie experimentell das Ergebnis aus Teilaufgabe a für die eingezeichneten Koordinatensysteme K und K′.
c. In K wird zum Zeitpunkt $t = 0$ ein Körper unter dem Winkel $\alpha \in \,]0°, 90°[$ zur x-Achse abgeworfen. K′ bewegt sich gleichförmig geradlinig in x-Richtung von K und es ist $\vec{r}(0) = \vec{r}'(0)$. Wie verändert sich die Wurfparabel beim Übergang von K nach K′? Geben Sie dazu eine sinnvolle Fallunterscheidung an.

© Springer-Verlag GmbH Deutschland 2017
S. Gröber et al., *Smarte Aufgaben zur Mechanik und Wärme*,
https://doi.org/10.1007/978-3-662-54479-2_4

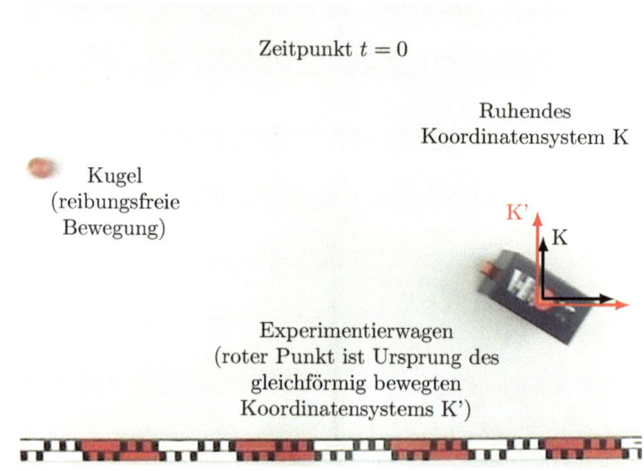

Abb. 4.1 Eine Kugel führt eine Wurfbewegung aus, während sich ein Experimentierwagen mit Koordinatensystem K′ gleichförmig geradlinig bewegt

http://tiny.cc/7hfzly

Aufgabe 23: Regenbeobachtung beim Autofahren

Regen fällt bei Windstille in Schwerkraftrichtung und in Erdbodennähe aufgrund der Luftreibung mit konstanter Geschwindigkeit v_R. Beim Blick aus dem Seitenfenster eines mit konstanter Geschwindigkeit v_A auf einer Straße (Neigungswinkel α) fahrenden Autos wird Regen unter dem Winkel $\beta \in [0°, 90°[$ zur Schwerkraftrichtung beobachtet:

a. Es ist windstill, $\alpha = 0°$, $\beta = 60°$ und $v_A = 20\,\text{m/s}$. Leiten Sie eine Formel für die Geschwindigkeit v_R des Regens her und berechnen Sie diese.

b. Es ist windstill, $\alpha = \pm 6°$, $\beta = 60°$ und $v_A = 11{,}54\,\text{m/s}$. Leiten Sie Formeln für die Geschwindigkeit v_A des Autos bei Bergab- und Bergauffahrt her und berechnen Sie diese.

c. Es herrscht Gegenwind mit konstanter Geschwindigkeit v_W, $\alpha = 0°$, $v_R = 11{,}54\,\text{m/s}$, und es ist $\beta_1 = 57°$ für $v_A \neq 0$ und $\beta_2 = 12°$ für $v_A = 0$. Bestimmen Sie die Geschwindigkeit v_A des Autos.

Aufgabe 24: Zykloidbewegung   (mVA)

Videografieren Sie die Bewegung eines horizontal rollenden zylindrischen Körpers (z. B. Getränkedose oder Papierrolle), dessen Schwerpunkt S sich mit konstanter Geschwindigkeit in x-Achsenrichtung bewegt.

a. Leiten Sie die Bahnkurve $\vec{r}(t) = (x(t), y(t))$ eines Punkts auf dem Zylindermantel bezüglich eines ruhenden Koordinatensystems her.
b. Überprüfen Sie das Ergebnis aus Teilaufgabe a experimentell.

4.2 Beschleunigte Bezugssysteme und Trägheitskräfte

Aufgabe 25: Kettenkarussell																					(VA)

Schauen Sie sich das Videoexperiment und Abb. 4.2 an.

a. Skizzieren Sie qualitativ die auf die Masse m wirkenden Kräfte in einem ruhenden Koordinatensystems K und in einem mitrotierenden Koordinatensystem K′ bei konstanter Winkelgeschwindigkeit ω.
b. Leiten Sie die $\omega(\alpha)$-Funktion her und stellen Sie diese in einem Diagramm dar. Überprüfen Sie die $\omega(\alpha)$-Funktion experimentell.
c. Weshalb haben alle Fahrgäste eines Kettenkarussells mit gleichem Abstand a den gleichen Auslenkwinkel α? In welchem Winkelgeschwindigkeitsintervall sollte das Kettenkarussell für maximale Änderung des Auslenkwinkels α betrieben werden?

http://tiny.cc/bifzly

Abb. 4.2 Eine an einem Seil hängende Kugel wird durch einen Experimentiermotor in Rotation versetzt

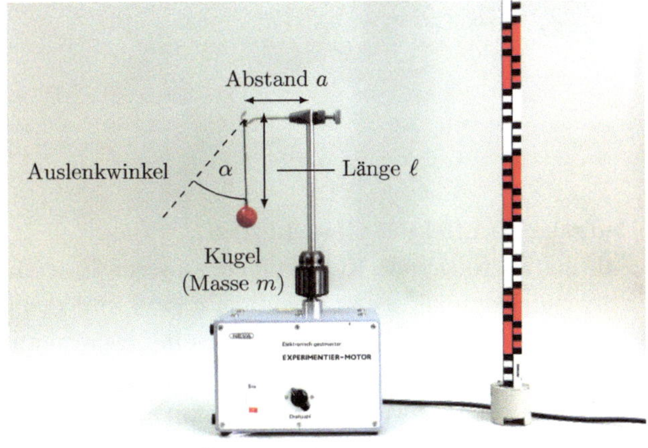

Experimentiermotor

Abb. 4.3 Die Bewegung eines Experimentierwagens wird in einem ruhenden Koordinatensystem K und in einem mitbewegten Koordinatensystem K′ beschrieben

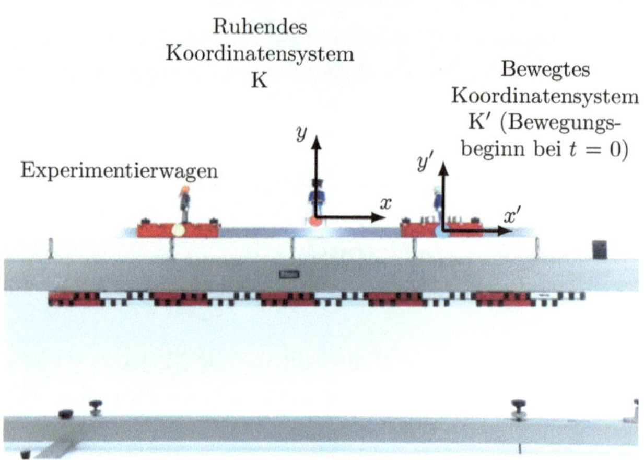

Aufgabe 26: Translatorische Trägheitsbeschleunigung   (VA)

Schauen Sie sich das Videoexperiment und Abb. 4.3 an.

a. Skizzieren Sie qualitativ für $t \geq 0$ in einem Diagramm den $x(t)$-, $v(t)$- und $a(t)$-Graphen des Experimentierwagens im ruhenden Koordinatensystem K und in einem weiteren Diagramm den $x'(t)$-, $v'(t)$- und $a'(t)$-Graphen im bewegten Koordinatensystem K′.
b. Überprüfen Sie die Kinematikgraphen aus Teilaufgabe a experimentell. Bestimmen Sie die Funktionsvorschriften aller Kinematikgraphen.
c. Leiten Sie den Zusammenhang zwischen den Beschleunigungen eines Massepunkts im Koordinatensystem K und K′ her. Überprüfen Sie den Zusammenhang experimentell.

http://tiny.cc/1hfzly

Aufgabe 27: Effektive Gewichtskraft

Auf der als rotierende Kugel angenommenen Erde (Radius $R = 6378\,\text{km}$, Winkelgeschwindigkeit ω, Erdbeschleunigung $g = 9{,}81\,\text{m/s}^2$) unternimmt ein Reisender (Masse $m = 80\,\text{kg}$) eine Flugreise (Flughafen mit Längengrad λ und Breitengrad φ, Flughöhe $h \ll R$, Fluggeschwindigkeit $v = 800\,\text{km/h}$ über Grund). An Bord befindet sich eine Personenwaage mit Messgenauigkeit $\Delta m = 100\,\text{g}$.

a. Das Flugzeug steht auf dem Flughafen. Leiten Sie eine Formel für die effektive Gewichtskraft $F_{\text{G,eff}}$ des Reisenden her. Diskutieren Sie die Abhängigkeit von Breiten-

und Längengrad. Ist der „Gewichtsverlust" mit der Personenwaage messbar? Welche Winkelgeschwindigkeit müsste die Erde haben, damit der Reisende am Äquator schwerelos wird?

b. Ist es möglich, durch Fliegen entlang von Längen- und Breitengraden den „Gewichtsverlust" aus Teilaufgabe a zu kompensieren oder zu maximieren? Diskutieren und berechnen Sie dies.

Aufgabe 28: Beschleunigungsmessung durch Trägheit (VA)

Schauen Sie sich das Videoexperiment und Abb. 4.4 an.

a. Erklären Sie, warum die Kugel in der Rinne während der Bewegung des Experimentierwagens annähernd ruht.
b. Leiten Sie unter der Voraussetzung, dass die Kugel in der Rinne ruht, eine Formel für die Beschleunigung a des Experimentierwagens in Abhängigkeit des Neigungswinkels α der Rinne her. Kontrollieren Sie das Ergebnis experimentell.
c. Leiten Sie eine Formel für die Empfindlichkeit $E = \mathrm{d}\alpha/\mathrm{d}a$ des Beschleunigungsmessers her (Winkeländerung bei Beschleunigungsänderung). Geben Sie die minimale und maximale Empfindlichkeit sowie den Messbereich an.
d. Berechnen Sie die Masse m_G, mit der der Experimentierwagen beschleunigt wurde.

http://tiny.cc/fifzly

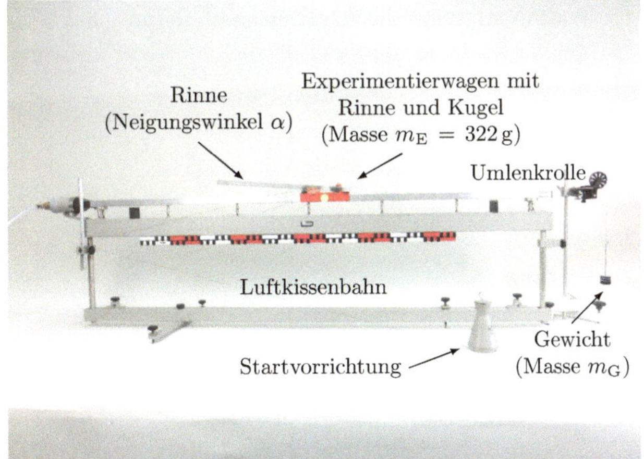

Abb. 4.4 Eine frei bewegliche Kugel ruht auf einer gleichmäßig beschleunigten geneigten Rinne

Aufgabe 29: Ostabweichung

Im Bremer Fallturm (Breitengrad $\varphi = 53{,}1°$) wird eine Stahlkugel aus einer Höhe $h = 100\,\text{m}$ im Vakuum fallen gelassen.

a. Erklären Sie qualitativ, warum der Aufschlagpunkt der Stahlkugel in Ostrichtung gegenüber dem Lotpunkt des Abwurfpunkts versetzt ist. Erklären Sie die Breitengradabhängigkeit des Effekts. Liegt auf der Südhalbkugel der Erde auch eine Ostabweichung vor?
b. Leiten Sie eine Näherungsformel zur Berechnung der Ostabweichung d der Stahlkugel her und berechnen Sie diese. Vernachlässigen Sie dabei die Zentrifugalbeschleunigung und machen Sie die Annahme, dass die Geschwindigkeit der Stahlkugel im rotierenden Koordinatensystem K$'$ der Erde gleich der des freien Falls ist.
c. Berechnen Sie, welchen Einfluss die Zentrifugalbeschleunigung beim Fallen der Stahlkugel auf die Lage des Aufschlagpunkts hat.

4.3   Spezielle Relativitätstheorie

Aufgabe 30: Längenkontraktion im Minkowski-Diagramm

Ein Maßstab hat in einem Koordinatensystem K die Länge ℓ und in einem mit der Geschwindigkeit $v = 0{,}5c$ (Lichtgeschwindigkeit c) dazu bewegten Koordinatensystem K$'$ die Länge ℓ'. Diese Längen wurden zum gleichen Zeitpunkt aus den Koordinaten der Maßstabsendpunkte bestimmt.

a. Ermitteln Sie mithilfe des Minkowski-Diagramms (Abb. 4.5) das Längenverhältnis ℓ'/ℓ.
b. Vergleichen Sie das Ergebnis aus Teilaufgabe a mit dem aus der Lorentz-Transformation.
c. Warum stimmen die Ergebnisse in Teilaufgabe b nicht überein? Wo liegt der Fehler? Zeigen Sie dazu, dass der Term $(ct)^2 - x^2$ invariant gegenüber der Lorentz-Transformation ist.

Abb. 4.5 Minkowski-Diagramm zur Berechnung des Längenverhältnisses ℓ'/ℓ

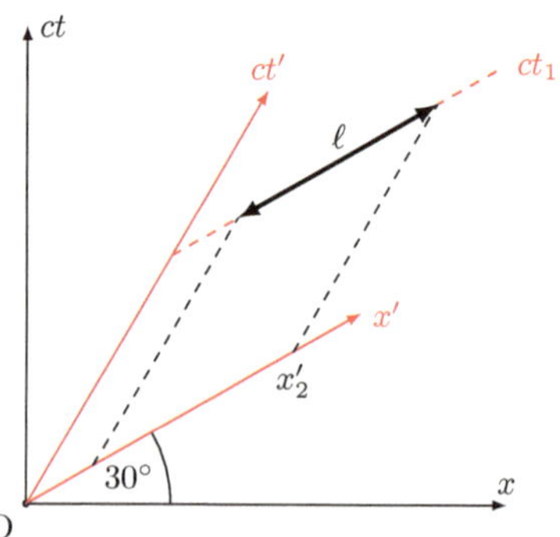

Aufgabe 31: Lebensdauer von Myonen

Myonen sind instabile Elementarteilchen, die in Ruhe nach einer mittleren Lebensdauer $\tau = 5 \cdot 10^6$ s in ein Elektron und zwei Neutrinos zerfallen. In einer Höhe von etwa 10 km über der Erdoberfläche erzeugt die kosmische Strahlung ständig Myonen der Geschwindigkeit $v = 0{,}9995c$ (Lichtgeschwindigkeit c). Die gemessene Zählrate der Myonen auf der Erdoberfläche ist fast genauso groß wie die in 10 km Höhe.

a. Nehmen Sie an, dass $v \ll c$. Welche Strecke s legen Myonen nach klassischer Rechnung in der Atmosphäre zurück?

b. Erklären Sie rechnerisch die Existenz von Myonen auf der Erdoberfläche.

c. Erklären Sie, warum ein Myon im mitbewegten Koordinatensystem K′ die Erdoberfläche erreicht.

Aufgabe 32: Gleichzeitigkeit von Ereignissen

Im Koordinatensystem K findet ein Ereignis B am Ort B um die Zeit $\Delta t = 2$ s nach dem Ereignis A statt, wobei das Ereignis A am Ort A in einer Entfernung $\ell = 1{,}5$ km vom Ort B stattfindet. Ein Beobachter im Koordinatensystem K′ bewegt sich geradlinig zwischen den Orten A und B mit konstanter Geschwindigkeit v.

a. Leiten Sie eine Formel zur Berechnung der Geschwindigkeit v her, bei der beide Ereignisse gleichzeitig stattfinden. Berechnen Sie diese.

b. Unter welcher Bedingung kann Ereignis B auch vor Ereignis A stattfinden?

Aufgabe 33: Lorentz-Transformation

Ein Koordinatensystem K′ hat gegenüber dem Koordinatensystem K die Geschwindigkeit

$$\vec{v} = \begin{pmatrix} \frac{1}{3}c \\ 0 \\ 0 \end{pmatrix}.$$

In K hat ein Körper die Geschwindigkeit

$$\vec{u} = \begin{pmatrix} \frac{1}{2}c \\ \frac{1}{10}c \\ 0 \end{pmatrix}.$$

a. Bestimmen Sie den Geschwindigkeitsvektor $\vec{u}\,'$ des Körpers in K′ durch Galilei- und durch Lorentz-Transformation.

b. Wie groß ist der Fehler bei der Galilei-Transformation?

4.4   Lösungen

Lösung zu Aufgabe 21: Schiffsabdrift bei Flussüberquerung

a) Zusammenhang zwischen den Geschwindigkeiten $\vec{v}_S$ und $\vec{v}_S'$

Da die Flussgeschwindigkeit v_F konstant ist, bewegt sich das mit dem Fluss verbundene Koordinatensystem K′ gleichförmig geradlinig gegen das am Flussufer ruhende Koordinatensystem K. Damit ist der Zusammenhang zwischen $\vec{v}_S$, $\vec{v}_S'$ und $\vec{v}_F$ nach der Galilei-Transformation (Abb. 4.6):

$$\vec{v}_S' = \vec{v}_S - \vec{v}_F. \tag{4.1}$$

b) Bestimmung der Geschwindigkeit v_S des Schiffs und v_F des Flusses

Aus den angegebenen Zeiten $t_{ab} = 0{,}5\,\text{h}$ und $t_{auf} = 0{,}75\,\text{h}$ und der Strecke $s = 6\,\text{km}$ können die Geschwindigkeiten

$$v_{S,ab} = \frac{s}{t_{ab}} = 12\,\frac{\text{km}}{\text{h}} \qquad \text{und} \qquad v_{S,auf} = \frac{s}{t_{auf}} = 8\,\frac{\text{km}}{\text{h}} \tag{4.2}$$

berechnet werden. Nach Teilaufgabe a gilt für die Geschwindigkeiten

$$v_S' + v_F = v_{S,ab} \qquad \text{und} \qquad v_F - v_S' = -v_{S,auf}. \tag{4.3}$$

Die Lösung dieses Gleichungssystems mit zwei Gleichungen und den Unbekannten v_S' und v_F ist die Schiffsgeschwindigkeit $v_S' = 10\,\text{km/h}$ und die Flussgeschwindigkeit $v_F = 2\,\text{km/h}$.

c) Bestimmung des Schiffsabdrifts d bei Flussüberquerung

Im Koordinatensystem K bewegt sich das Schiff mit der resultierenden Geschwindigkeit

$$\vec{v}_S = \begin{pmatrix} v_{S,x} \\ v_{S,y} \end{pmatrix} = \vec{v}_S' + \vec{v}_F = \begin{pmatrix} 0 \\ 10 \end{pmatrix} \frac{\text{km}}{\text{h}} + \begin{pmatrix} 2 \\ 0 \end{pmatrix} \frac{\text{km}}{\text{h}} = \begin{pmatrix} 2 \\ 10 \end{pmatrix} \frac{\text{km}}{\text{h}}. \tag{4.4}$$

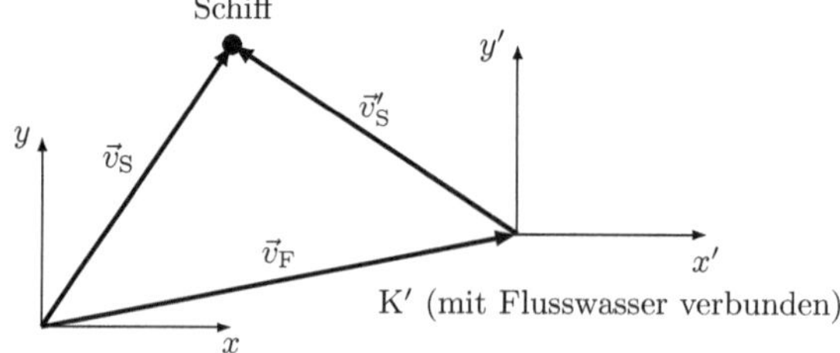

Abb. 4.6 Zusammenhang $\vec{v}_S' = \vec{v}_S - \vec{v}_F$ zwischen Schiffsgeschwindigkeit $\vec{v}_S$ in K, Schiffsgeschwindigkeit $\vec{v}_S'$ in K′ und Flussgeschwindigkeit $\vec{v}_F$

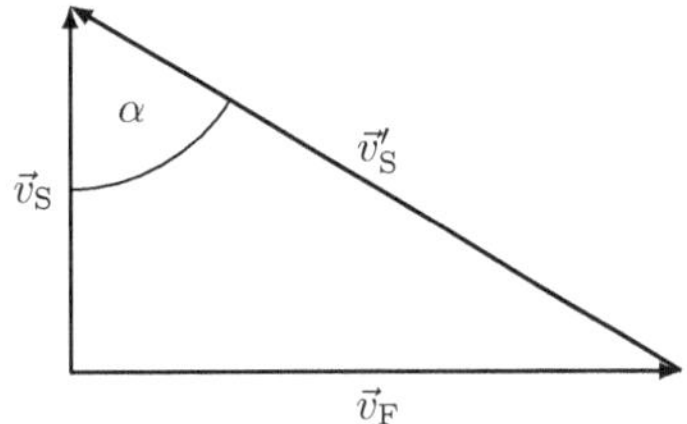

Abb. 4.7 Geschwindigkeitsdiagramm zur Berechnung des Anstellwinkels α

Da die Zeitdauer t für die Bewegung in Flussrichtung und die Bewegung senkrecht zur Flussrichtung gleich ist, folgt mit (4.4)

$$t = \frac{d}{v_{S,x}} = \frac{b}{v_{S,y}} \quad \Leftrightarrow \quad d = b \cdot \frac{v_{S,x}}{v_{S,y}}. \tag{4.5}$$

Einsetzen der Werte in (4.5) ergibt den Schiffsabdrift $d = 50\,\text{m}$.

d) Bestimmung des Anstellwinkels α und der Überfahrtszeit $t_{\text{Ü}}$ für Schiffsabdrift $d = 0$

Nach Abb. 4.7 gilt für den Anstellwinkel

$$\alpha = \arctan\left(\frac{v_F}{v_S}\right). \tag{4.6}$$

Einsetzen der Werte in (4.6) ergibt den Anstellwinkel $\alpha = 11{,}3°$. Für die Überfahrtszeit $t_{\text{Ü}}$ gilt mit Abb. 4.7

$$t_{\text{Ü}} = \frac{b}{v_S} = \frac{b}{\sqrt{v_S'^2 - v_F^2}}. \tag{4.7}$$

Einsetzen der Werte in (4.7) ergibt die Überfahrtszeit $t_{\text{Ü}} = 0{,}025\,\text{h} = 1{,}53\,\text{min}$.

Lösung zu Aufgabe 22: Galilei-Transformation der Wurfbewegung

a) Invarianz der Wurfparabel bezüglich Galilei-Transformationen

Der Ortsvektor $\vec{r}(t)$ aller Wurfparabeln in K ist

$$\vec{r}(t) = \frac{1}{2}\vec{a}t^2 + \vec{v}_0 t + \vec{r}_0. \tag{4.8}$$

Die Galilei-Transformierte $\vec{r}'(t)$ von $\vec{r}(t)$ ist mit $\vec{R}(0) = \vec{0}$ und $\vec{u}$ als Geschwindigkeit des Ursprungs des bewegten Koordinatensystems K' im ruhenden Koordinatensystem K

$$\vec{r}'(t) = \vec{r}(t) - \vec{R}(t) = \vec{r}(t) - \vec{u}t. \tag{4.9}$$

Einsetzen von (4.8) in (4.9) ergibt

$$\vec{r}\,'(t) = \frac{1}{2}\vec{a}t^2 + \vec{v}_0 t + \vec{r}_0 - \vec{u}t = \frac{1}{2}\vec{a}t^2 + (\vec{v}_0 - \vec{u})\,t + \vec{r}_0 = \frac{1}{2}\vec{a}t^2 + \vec{v}_0'\,t + \vec{r}_0\,. \quad (4.10)$$

Also ist $\vec{r}\,'(t)$ eine Wurfparabel und beschreibt eine Wurfbewegung mit Anfangsgeschwindigkeit $\vec{v}_0' = \vec{v}_0 - \vec{u}$.

b) Experimentelle Prüfung der Galilei-Transformation
Videoanalyse der Kugelbewegung im Koordinatensystem K, lineare Regression von $x(t)$ und manuelle quadratische Anpassung (Scheitelpunktform) von $y(t)$ ergeben für den Ortsvektor

$$\vec{r}(t) = \begin{pmatrix} \left(0{,}40\,\frac{\mathrm{m}}{\mathrm{s}}\right)t - 0{,}65\,\mathrm{m} \\ -0{,}18\,\frac{\mathrm{m}}{\mathrm{s}^2}(t - 0{,}86\,\mathrm{s})^2 + 0{,}30\,\mathrm{m} \end{pmatrix}$$

$$= \begin{pmatrix} \left(0{,}40\,\frac{\mathrm{m}}{\mathrm{s}}\right)t - 0{,}65\,\mathrm{m} \\ \left(-0{,}18\,\frac{\mathrm{m}}{\mathrm{s}^2}\right)t^2 + \left(0{,}30\,\frac{\mathrm{m}}{\mathrm{s}}\right)t + 0{,}17\,\mathrm{m} \end{pmatrix}. \quad (4.11)$$

Videoanalyse der Bewegung des roten Punkts auf dem Experimentierwagen im Koordinatensystem K und lineare Regression ergeben für den Geschwindigkeitsvektor

$$\vec{u} = \begin{pmatrix} u_x \\ u_y \end{pmatrix} = \begin{pmatrix} -0{,}21 \\ 0{,}12 \end{pmatrix} \frac{\mathrm{m}}{\mathrm{s}}. \quad (4.12)$$

Einsetzen von (4.9) und (4.10) in (4.8) ergibt für den Ortsvektor der Kugel im bewegten Koordinatensystem K$'$

$$\vec{r}\,'(t) = \vec{r}(t) - \vec{u}t = \begin{pmatrix} \left(0{,}60\,\frac{\mathrm{m}}{\mathrm{s}}\right)t - 0{,}65\,\mathrm{m} \\ \left(-0{,}18\,\frac{\mathrm{m}}{\mathrm{s}^2}\right)t^2 + \left(0{,}18\,\frac{\mathrm{m}}{\mathrm{s}}\right)t + 0{,}17\,\mathrm{m} \end{pmatrix}. \quad (4.13)$$

Videoanalyse der Kugelbewegung bezüglich des bewegten Koordinatensystems K$'$ sowie lineare und manuelle quadratische Regression ergeben für den Ortsvektor

$$\vec{r}\,'(t) = \begin{pmatrix} \left(0{,}61\,\frac{\mathrm{m}}{\mathrm{s}}\right)t - 0{,}66\,\mathrm{m} \\ \left(-0{,}18\,\frac{\mathrm{m}}{\mathrm{s}^2}\right)t^2 + \left(0{,}18\,\frac{\mathrm{m}}{\mathrm{s}}\right)t + 0{,}17\,\mathrm{m} \end{pmatrix}. \quad (4.14)$$

Die Ortsvektoren (4.13) und (4.14) stimmen bis auf Messunsicherheiten überein.

c) Qualitativer Vergleich von Wurfparabeln in K und K$'$
Aufgrund des Abwurfwinkels $0 < \alpha < 90°$ und der Bewegung von K$'$ in x-Richtung gelten $v_{0x} > 0$ und $u_x > 0$. Wegen $\vec{r}(0) = \vec{r}\,'(0)$ und $\vec{u}_y = 0$ gilt nach (4.8)

$$y(t) = y'(t), \quad (4.15)$$

und die Vertikalbewegungen sind in K und K$'$ gleich. Nach (4.8) unterscheiden sich die Wurfbewegungen in K und K$'$ nur in der x-Komponente der Anfangsgeschwindigkeitsvektoren:

$$v'_{0x'} = v_{0x} - u_x \, . \tag{4.16}$$

Nach (4.16) hängt die Geschwindigkeitskomponente $v'_{0x'}$ in K$'$ und damit die Form der Wurfparabel in K$'$ von der Geschwindigkeitskomponente $u_x > 0$ ab: Für

$$0 < u_x < 2v_{0x} \qquad \Rightarrow \qquad -v_{0x} < v'_{0x'} < v_{0x} \tag{4.17}$$

liegen gestauchte Wurfparabeln in K$'$ vor und für

$$u_x = v_{0x} \qquad \Rightarrow \qquad v'_{0x'} = 0 \tag{4.18}$$

ein senkrechter Wurf in K$'$. Im letzten Fall

$$u_x > 2v_{0x} \qquad \Rightarrow \qquad v'_{0x'} < v_{0x} \tag{4.19}$$

ist die Wurfparabel in K$'$ gestreckt.

Lösung zu Aufgabe 23: Regenbeobachtung beim Autofahren

a) Bestimmung der Fallgeschwindigkeit v_R des Regens
Nach der Galilei-Transformation transformiert sich eine Geschwindigkeit $\vec{v}$ im ruhenden Koordinatensystem K in eine Geschwindigkeit $\vec{v}'$ im bewegten Koordinatensystem K$'$ nach $\vec{v}' = \vec{v} - \vec{u}$, wobei $\vec{u}$ die Geschwindigkeit von K$'$ bezüglich K ist.

Es ist $\vec{v} = \vec{v}_R$ die Geschwindigkeit des Regens in K, $\vec{u} = \vec{v}_A$ die Geschwindigkeit des mit dem Auto verbundenen Koordinatensystems K$'$ und $\vec{v}_R - \vec{v}_A$ die Geschwindigkeit des Regens beobachtet in K$'$ bzw. vom fahrenden Auto aus. Abb. 4.8 entimmt man

$$\tan \beta = \frac{v_A}{v_R} \qquad \Leftrightarrow \qquad v_R = \frac{v_A}{\tan \beta} \, . \tag{4.20}$$

Einsetzen der Werte in (4.20) ergibt $v_R = 11{,}54 \,\text{m/s} = 41{,}5 \,\text{km/h}$.

Abb. 4.8 Geschwindigkeitsdiagramm zur Berechnung von v_R

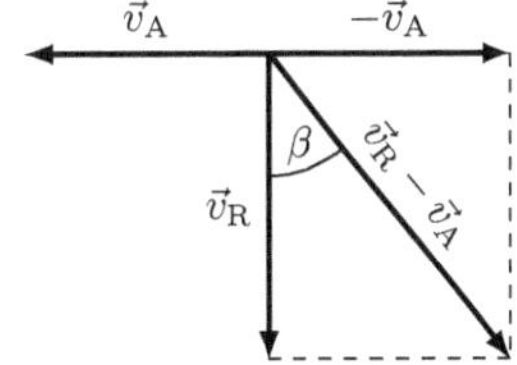

Abb. 4.9 Geschwindigkeitsdiagramm zur Berechnung von
v_A bei Bergabfahrt

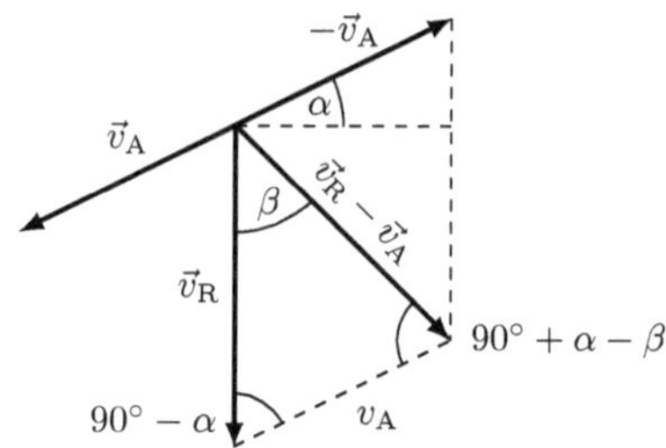

Abb. 4.10 Geschwindigkeitsdiagramm zur Berechnung von
v_A bei Bergauffahrt

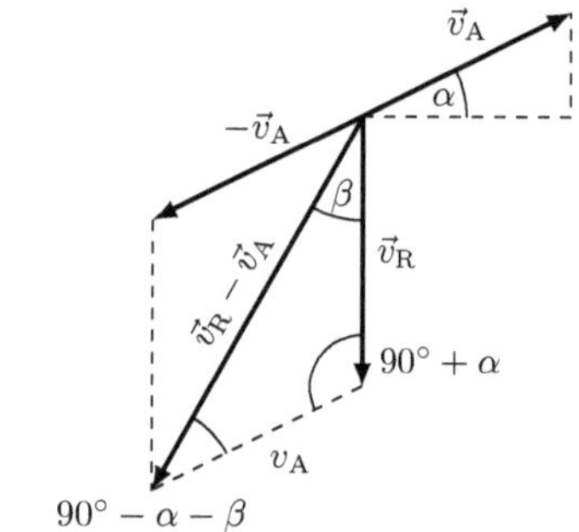

b) Bestimmung der Geschwindigkeit v_A des Autos bei Bergabfahrt
Anwendung des Sinussatzes nach Abb. 4.9 ergibt

$$\frac{v_A}{v_R} = \frac{\sin \beta}{\sin(90° + \alpha - \beta)}$$

$$\Leftrightarrow v_A = v_R \frac{\sin \beta}{\sin(90° + \alpha - \beta)} \, . \tag{4.21}$$

Einsetzen der Werte in (4.21) ergibt $v_A = 17{,}0 \, \mathrm{m/s} = 61{,}2 \, \mathrm{km/h}$.

Bestimmung der Geschwindigkeit v_A des Autos bei Bergauffahrt
Anwendung des Sinussatzes nach Abb. 4.10 ergibt

$$\frac{v_A}{v_R} = \frac{\sin \beta}{\sin(90° - \alpha - \beta)}$$

$$\Leftrightarrow v_A = v_R \frac{\sin \beta}{\sin(90° - \alpha - \beta)} \, . \tag{4.22}$$

Einsetzen der Werte in (4.22) ergibt $v_A = 24{,}57 \, \mathrm{m/s} = 88{,}5 \, \mathrm{km/h}$.

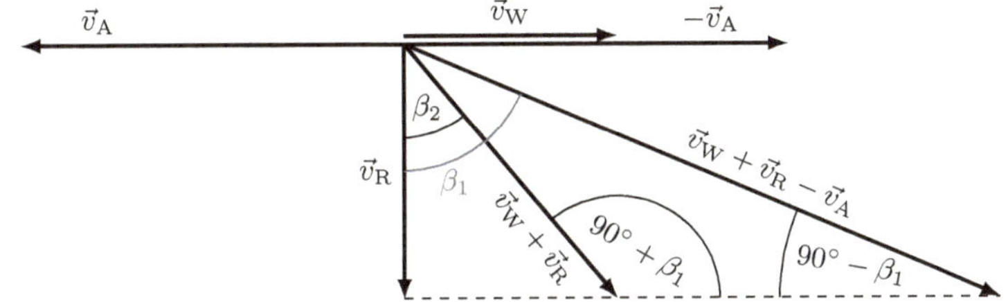

Abb. 4.11 Geschwindigkeitsdiagramm zur Berechnung von v_A bei Gegenwind

c) Bestimmung der Geschwindigkeit v_A des Autos bei Gegenwind

Nach Abb. 4.11 gilt

$$\tan \beta_2 = \frac{v_W}{v_R} \qquad \Leftrightarrow \qquad v_W = v_R \tan \beta_2,$$

$$|\vec{v}_W + \vec{v}_R| = \sqrt{v_W^2 + v_R^2} \tag{4.23}$$

$$= v_R \sqrt{1 + \tan^2 \beta_2}\,.$$

Anwendung des Sinussatzes nach Abb. 4.11 und Einsetzen von (4.23) ergibt

$$\frac{v_A}{\sin(\beta_2 - \beta_1)} = \frac{v_R \sqrt{1 + \tan^2 \beta_2}}{\sin(90° - \beta_1)} \tag{4.24}$$

$$\Leftrightarrow v_A = v_R \sqrt{1 + \tan^2 \beta_2}\, \frac{\sin(\beta_1 - \beta_2)}{\sin(90° - \beta_1)}\,.$$

Einsetzen der Werte in (4.24) ergibt $v_A = 27{,}51\,\mathrm{m/s} = 99{,}0\,\mathrm{km/h}$.

Lösung zu Aufgabe 24: Zykloidbewegung

Versuchsmaterial und Durchführung des Experiments

Je nach Rollreibung zwischen Zylinder und Unterlage kann für eine konstante Geschwindigkeit des Zylinderschwerpunkts die Unterlage geneigt werden. Zur einfachen mathematischen Beschreibung bietet es sich an, die x-Achse des Koordinatensystems auf Höhe des Massenschwerpunkts des Zylinders (Radius R) zu legen (Abb. 4.12). Die Bewegung des

Abb. 4.12 Position des Zylinders zum Zeitpunkt $t = 0$

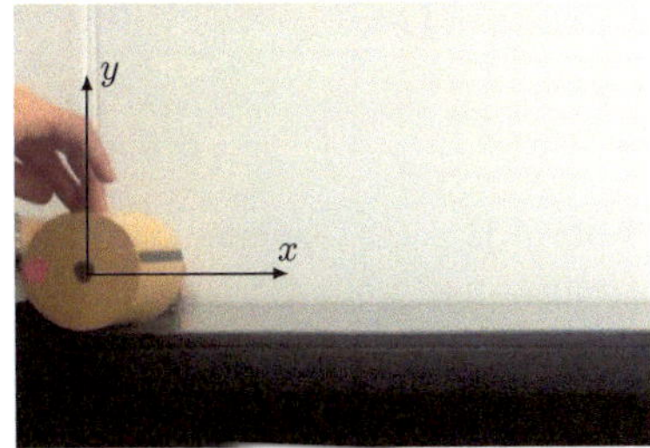

äußeren Zylindermantelpunkts startet zum Zeitpunkt $t = 0$ in der Position

$$\vec{r}(t = 0) = \begin{pmatrix} -R \\ 0 \end{pmatrix}. \tag{4.25}$$

a) Herleitung der $y(x)$-Funktion eines Zylindermantelpunkts

Die Bewegung entsteht durch Überlagerung der gleichförmigen Translationsbewegung in x-Richtung des Zylinderschwerpunkts mit Geschwindigkeit v_0,

$$\vec{r}_{\text{trans}}(t) = \begin{pmatrix} v_0 t \\ 0 \end{pmatrix}, \tag{4.26}$$

und der Rotation mit konstanter Winkelgeschwindigkeit ω in der x-y-Ebene

$$\vec{r}_{\text{rot}}(t) = \begin{pmatrix} -R\cos(\omega t) \\ R\sin(\omega t) \end{pmatrix}, \tag{4.27}$$

gemäß dem Superpositionsprinzip. Mit der Abrollbedingung

$$v_0 = \omega R \tag{4.28}$$

ergibt sich durch Addition von (4.25) und (4.26)

$$\vec{r}(t) = \begin{pmatrix} x(t) \\ y(t) \end{pmatrix} = R \begin{pmatrix} \omega t - \cos(\omega t) \\ \sin(\omega t) \end{pmatrix}. \tag{4.29}$$

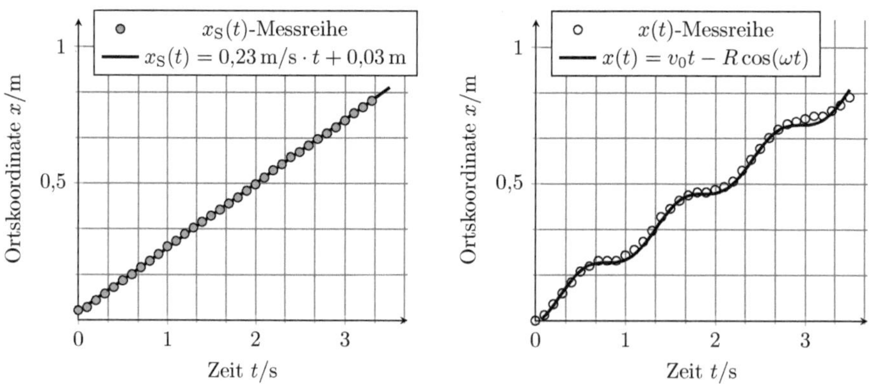

Abb. 4.13 $x(t)$-Diagramm des Zylinderschwerpunkts (*links*) und eines Zylindermantelpunkts (*rechts*)

Abb. 4.14 $y(t)$-Diagramm
eines Zylindermantelpunkts

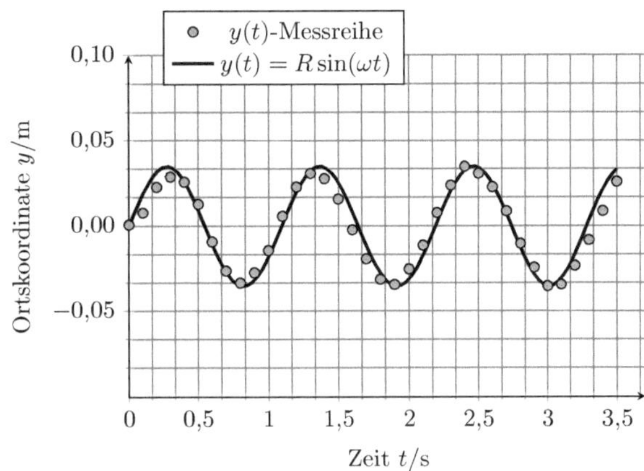

b) Vergleich von (4.29) und $\vec{r}(t)$-Messreihe

Der Schwerpunkt des Zylinders bewegt sich mit der Translationsgeschwindigkeit $v_0 = 0{,}23\,\mathrm{m/s}$ (Abb. 4.13 links). Die Winkelgeschwindigkeit ist $\omega = v_0/R = 0{,}23\,\mathrm{m/s}/0{,}04\,\mathrm{m} = 5{,}57\,\mathrm{s}^{-1}$. Die $x(t)$- bzw. $y(t)$-Funktion und die $x(t)$- bzw. $y(t)$-Messreihe stimmen in Abb. 4.13 rechts und 4.14 gut überein.

Lösung zu Aufgabe 25: Kettenkarussell

a) Kraftdiagramme bezüglich K und K′

In K wirken zwei Kräfte auf die Masse m (Abb. 4.15 links): die in Seilrichtung wirkende Seilkraft $\vec{F}_\mathrm{S}$ und die nach unten gerichtete Gewichtskraft $\vec{F}_\mathrm{G}$. Die Vertikalkomponente der Seilkraft $\vec{F}_\mathrm{S}$ muss die Gewichtskraft $\vec{F}_\mathrm{G}$ kompensieren. Die Horizontalkomponente der Seilkraft $\vec{F}_\mathrm{S}$ muss die Zentripetalkraft $\vec{F}_\mathrm{Zp}$ für die Kreisbewegung erzeugen. Die Zentripetalkraft $\vec{F}_\mathrm{Zp} = \vec{F}_\mathrm{S} + \vec{F}_\mathrm{G}$ ist die resultierende Kraft in K auf die Masse m und steht senkrecht zur Drehachse, da sich die Masse in K auf einer Kreisbahn mit konstanter Höhe bewegt.

In K′ wirkt zusätzlich zu den Kräften in K die Zentrifugalkraft $\vec{F}_\mathrm{Zf}$ (Abb. 4.15 rechts). Die resultierende Kraft $\vec{F}'_\mathrm{res}$ ist null, da die Masse in K′ ruht.

b) Herleitung der $\omega(\alpha)$-Funktion

Nach Teilaufgabe a ist in vertikaler Richtung

$$F_\mathrm{S}\cos\alpha = mg \qquad \Rightarrow \qquad F_\mathrm{S} = \frac{mg}{\cos\alpha} \tag{4.30}$$

und in horizontaler Richtung

$$F_\mathrm{S}\sin\alpha = F_\mathrm{Z} = m\omega^2 r \,. \tag{4.31}$$

Abb. 4.15 Kraftdiagramm in K (*links*) und Kraftdiagramm in K′ (*rechts*)

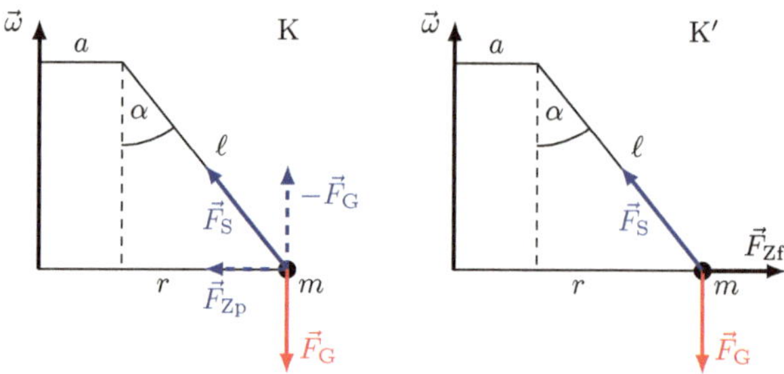

Einsetzen von (4.30) in (4.31) ergibt

$$\tan\alpha = \frac{\omega^2 r}{g}\,. \tag{4.32}$$

Nach Abb. 4.15 ist

$$r = a + \ell\sin\alpha\,. \tag{4.33}$$

Einsetzen von (4.33) in (4.32) und Auflösen nach ω ergibt

$$\omega(\alpha) = \sqrt{\frac{g\tan\alpha}{a + \ell\sin\alpha}}\,. \tag{4.34}$$

Vergleich der $\omega(\alpha)$-Funktion und $\omega(\alpha)$-Messreihe

Mit der Messung des Abstands $a = 9{,}8\,\mathrm{cm}$ und der Länge $\ell = 14{,}7\,\mathrm{cm}$ lässt sich die $\omega(\alpha)$-Funktion aus (4.34) darstellen (Abb. 4.16). Eine $\omega(\alpha)$-Messreihe ergibt die Wertepaare in Tab. 4.1. Die $\omega(\alpha)$-Funktion und $\omega(\alpha)$-Messreihe stimmen gut überein.

Abb. 4.16 $\omega(\alpha)$-Diagramm der rotierenden Masse m

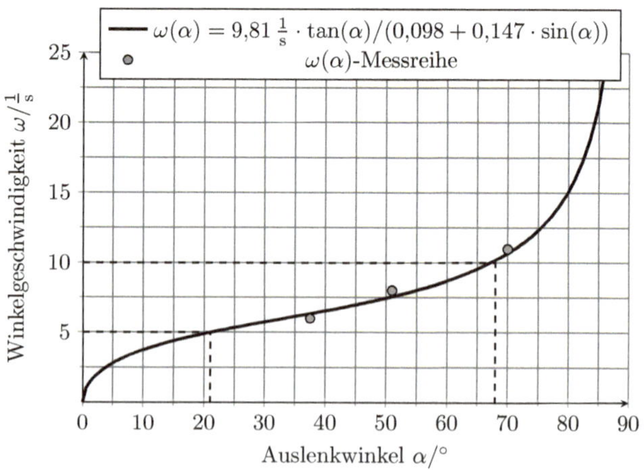

Tab. 4.1 Berechnung der Winkelgeschwindigkeit ω für drei Auslenkwinkel α

	1	2	3
Auslenkwinkel $\alpha/°$	37,0	51,6	70,0
Zeit $t/$s für $n = 2$ Umläufe	2,08	1,60	1,14
Umlaufdauer $T = \frac{t}{n}/$s	1,04	0,80	0,57
Winkelgeschwindigkeit $\omega = \frac{2\pi}{T}/$s^{-1}	6,06	7,89	11,0

c) Massenunabhängigkeit des Auslenkwinkels α

Der Auslenkwinkel α ist für alle Fahrgäste gleich, da $\omega(\alpha)$ unabhängig von der Fahrgastmasse ist.

Winkelgeschwindigkeitsintervall für maximale Änderung des Auslenkwinkels α

Änderungen der Winkelgeschwindigkeit im Intervall $[5/\,\text{s}, 10/\,\text{s}]$ führen aufgrund der kleineren Steigung der $\omega(\alpha)$-Funktion zu den größten Änderungen des Auslenkwinkels (Abb. 4.16).

Lösung zu Aufgabe 26: Translatorische Trägheitsbeschleunigung

a) Vorhersage der Kinematikgraphen des Experimentierwagens in K und in K′

In Abb. 4.17 und 4.18 sind die Kinematikgraphen in K und in K′ dargestellt.

b) Kinematikfunktionen des Experimentierwagens in K

Lineare Regression der $x(t)$-Messreihe in Abb. 4.17 ergibt

$$x(t) = \left(0{,}22\,\frac{\text{m}}{\text{s}}\right) t - 0{,}32\,\text{m}\,. \tag{4.35}$$

Abb. 4.17 Kinematikdiagramm des Experimentierwagens in K

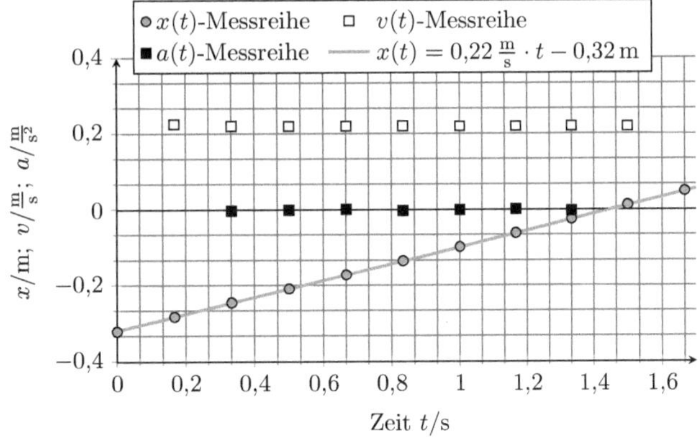

Abb. 4.18 Kinematikdiagramm des Experimentier-
wagens in K′

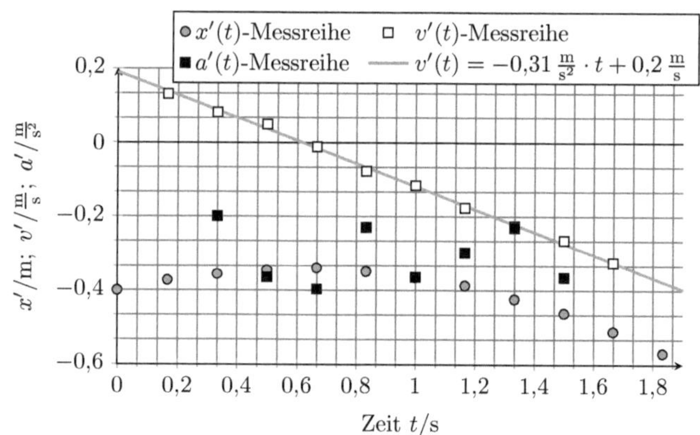

Differenzieren von (4.35) ergibt

$$v(t) = 0{,}22\,\frac{\text{m}}{\text{s}}, \qquad a(t) = 0\,\frac{\text{m}}{\text{s}^2}. \tag{4.36}$$

Kinematikfunktionen des Experimentierwagens in K′
Lineare Regression der $v'(t)$-Messreihe in Abb. 4.17 ergibt

$$v'(t) = \left(-0{,}31\,\frac{\text{m}}{\text{s}^2}\right) t + 0{,}19\,\frac{\text{m}}{\text{s}}. \tag{4.37}$$

Integrieren von (4.37) unter Beachtung von $x(0) = -0{,}4\,\text{m}$ ergibt

$$x'(t) = \left(-0{,}11\,\frac{\text{m}}{\text{s}^2}\right) t^2 + \left(0{,}19\,\frac{\text{m}}{\text{s}}\right) t - 0{,}4\,\text{m}. \tag{4.38}$$

Differenzieren von (4.37) ergibt

$$a'(t) = -0{,}31\,\frac{\text{m}}{\text{s}^2}. \tag{4.39}$$

Abb. 4.19 Zusammenhang
der Ortsvektoren $\vec{r}(t)$ in K
und $\vec{r}'(t)$ in K′

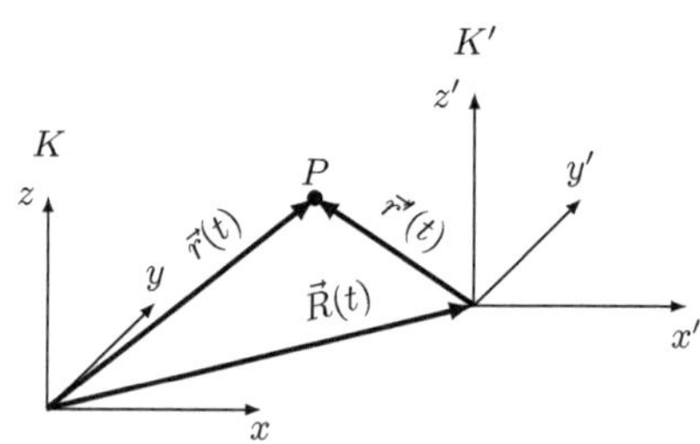

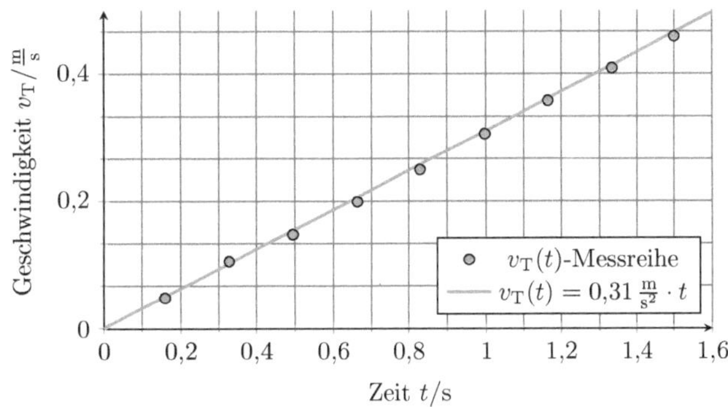

Abb. 4.20 $v_\mathrm{T}(t)$-Diagramm des Koordinatenursprungs von K′ in K

c) Zusammenhang der Beschleunigungen $\vec{a}$ und $\vec{a}'$ in K′

Es ist $\vec{r}(t)$ der Ortsvektor in K zum Massepunkt am Ort P, $\vec{r}'(t)$ der Ortsvektor in K′ zum Massepunkt am Ort P und $\vec{R}(t)$ der Ortsvektor in K zum Ursprung von K′. Nach Abb. 4.19 ist

$$\vec{r}'(t) = \vec{r}(t) - \vec{R}(t)\,. \tag{4.40}$$

Wenn K′ sich gegenüber K nur translatorisch und nicht rotatorisch bewegt, gilt

$$\begin{aligned}
\dot{\vec{r}}'(t) &= \dot{\vec{r}}(t) - \dot{\vec{R}}(t)\,, \\
\ddot{\vec{r}}'(t) &= \ddot{\vec{r}}(t) - \ddot{\vec{R}}(t) \quad \Leftrightarrow \quad \vec{a}'(t) = \vec{a}(t) - \vec{a}_\mathrm{T}(t).
\end{aligned} \tag{4.41}$$

In K′ wird also zusätzlich die translatorische Trägheitsbeschleunigung gemessen, die nicht auf eingeprägte Kräfte, sondern auf die Bewegung von K′ gegenüber K zurückzuführen ist.

Experimentelle Prüfung des Zusammenhangs $\vec{a}'(t) = \vec{a}(t) - \vec{a}_\mathrm{T}(t)$

Für die betrachtete eindimensionale Bewegung gilt

$$a' = a - a_\mathrm{T} \quad \Rightarrow \quad a_\mathrm{T} = a - a'\,. \tag{4.42}$$

Einsetzen der Werte $a = 0$ und $a' = -0{,}31\,\mathrm{m/s}^2$ aus Aufgabenteil b in (4.42) ergibt $a_\mathrm{T} = 0{,}31\,\mathrm{m/s}^2$ (Abb. 4.20). Lineare Regression der $v(t)$-Messreihe des Koordinatenursprungs von K′ ergibt in Übereinstimmung mit dem berechneten Wert die Trägheitsbeschleunigung $a_\mathrm{T} = 0{,}31\,\mathrm{m/s}^2$.

Lösung zu Aufgabe 27: Effektive Gewichtskraft

a) Effektive Gewichtskraft $F_{\mathrm{G,eff}}$ im ruhenden Flugzeug

Im mitbewegten Koordinatensystem K′ der Erde mit Ursprung im Erdmittelpunkt wirkt auf den Reisenden die Gewichtskraft $\vec{F}_\mathrm{G}$ und die Bodenkraft $\vec{F}_\mathrm{B} = -\vec{F}_\mathrm{G}$ (in Abb. 4.21

Abb. 4.21 Kraftdiagramm des
ruhenden Flugzeugs in K′

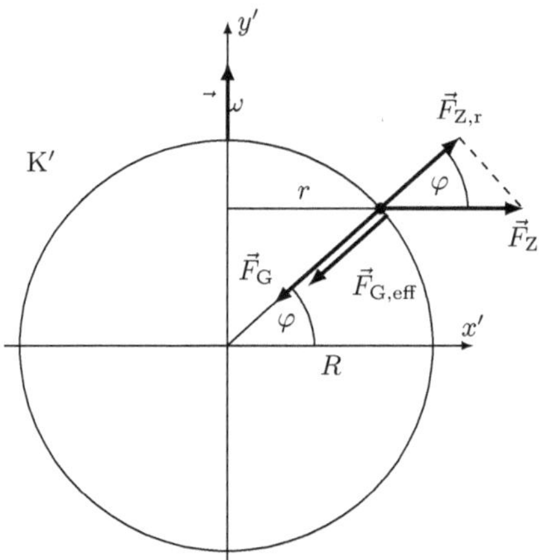

nicht dargestellt). Deshalb erfolgt keine Bewegung in radialer Richtung, jedoch bewegt
sich der Reisende auf einer Kreisbahn mit Radius r um die Erdachse. In K′ tritt wegen der
ständigen Ablenkung auf eine Kreisbahn die Zentrifugalkraft $\vec{F}_Z$ als Trägheitskraft auf
(Abb. 4.21). Der Zentrifugalkraftvektor liegt in der Kreisbahnebene und steht senkrecht
zur Erdachse. Für den in K′ festgestellten „Gewichtsverlust" von der Gewichtskraft $\vec{F}_G$
auf die effektive Gewichtskraft $\vec{F}_{G,eff}$ ist die radiale Komponente $\vec{F}_{Z,r}$ der Zentrifugalkraft
maßgebend:

$$
\begin{aligned}
F_Z &= m\omega^2 r = m\omega^2 R \cos\varphi, \\
F_{Z,r} &= F_Z \cos\varphi = m\omega^2 R \cos^2\varphi.
\end{aligned}
\tag{4.43}
$$

Mit (4.43) ist die effektive Gewichtskraft

$$
F_{G,eff} = mg - m\omega^2 R \cos^2\varphi.
\tag{4.44}
$$

Am Äquator ($\varphi = 0°$) ist $F_{G,eff}$ wegen des maximalen Abstands $r = R$ von der Drehachse
minimal, an den Polen ($\varphi = \pm 90°$) maximal. $F_{G,eff}$ ist längengradunabhängig.

Messbarkeit des Geschwindigkeitsverlusts mit einer Personenwaage
Für $\varphi = 0$ ist mit $\omega = 2\pi/T = 7{,}27 \cdot 10^{-5}\,\mathrm{s}^{-1}$ der maximale „Gewichtskraftverlust" am
Äquator $2{,}7\,\mathrm{N}$ bzw. $275\,\mathrm{g}$ und damit mit der Personenwaage messbar.

Winkelgeschwindigkeit ω für schwerelosen Reisenden
Die effektive Gewichtskraft nach (4.44) muss null werden:

$$
F_{G,eff} = mg - m\omega^2 R \cos^2\varphi = 0 \qquad \Rightarrow \qquad \omega = \sqrt{\frac{g}{R\cos^2\varphi}}.
\tag{4.45}
$$

Die benötigte Winkelgeschwindigkeit ist breitengradabhängig. Einsetzen der Werte in
(4.45) ergibt $\omega = 1{,}24 \cdot 10^{-3}\,\mathrm{s}^{-1}$. Die Erde müsste sich also 17-mal schneller drehen.

Abb. 4.22 Richtung der Corioliskraft $\vec{F}_\mathrm{C}$ in K' für Flugbewegungen entlang von Längengraden λ

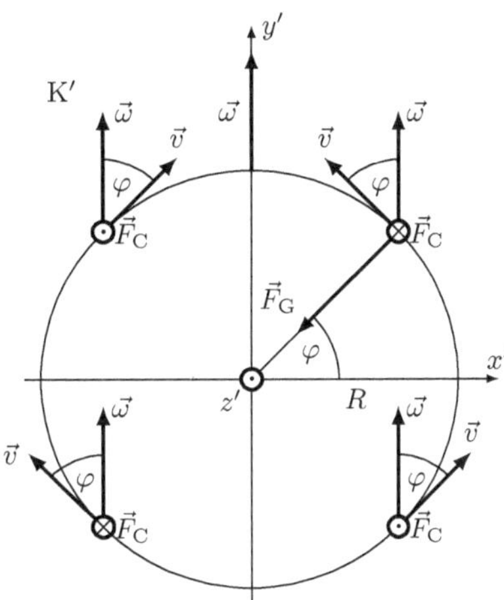

b) Effektive Gewichtskraft $F_\mathrm{G,eff}$ im bewegten Flugzeug

Auch während des Flugs wirkt auf den Reisenden die in Aufgabenteil a bestimmte Zentrifugalkraft, aber zusätzlich wegen der Fluggeschwindigkeit vom Betrag $v = v'$ in K' (Fluggeschwindigkeit über Grund) die Corioliskraft

$$\vec{F}_\mathrm{C} = 2m\left(\vec{v}' \times \vec{\omega}\right) . \tag{4.46}$$

Bewegung des Flugzeugs entlang der Längengraden λ

Die Corioliskraft hat für alle Breitengrade φ (nördliche Breite $\varphi > 0$, südliche Breite $\varphi < 0$) und Längengrade λ den Betrag

$$F_\mathrm{C} = 2mv'\omega|\sin\varphi| . \tag{4.47}$$

Abb. 4.22 zeigt die Richtung von $\vec{F}_\mathrm{C}$ für einen Flug in nördlicher Richtung. Bei Flug in südlicher Richtung mit entgegengesetztem Geschwindigkeitsvektor $\vec{v}'$ kehrt sich die Richtungen der Corioliskraft um. Da die Corioliskraft senkrecht zur Gewichtskraft steht, ist $F_\mathrm{G,eff} = F_\mathrm{G}$.

Bewegung des Flugzeugs entlang der Breitengraden φ

Geschwindigkeitsvektor $\vec{v}$ und Winkelgeschwindigkeitsvektoren $\vec{\omega}$ stehen bei Flug in östlicher und westlicher Richtung senkrecht aufeinander (Abb. 4.23). Die Corioliskraft hat den Betrag

$$F_\mathrm{C} = 2mv'\omega . \tag{4.48}$$

Beim Flug wird die Gewichtskraft $\vec{F}_\mathrm{G}$ um die radiale Komponente der Corioliskraft $\vec{F}_\mathrm{C,r}$ erhöht (Flug in Westrichtung) oder verringert (Flug in Ostrichtung):

$$F_\mathrm{C,r} = \pm 2mv'\omega\cos\varphi . \tag{4.49}$$

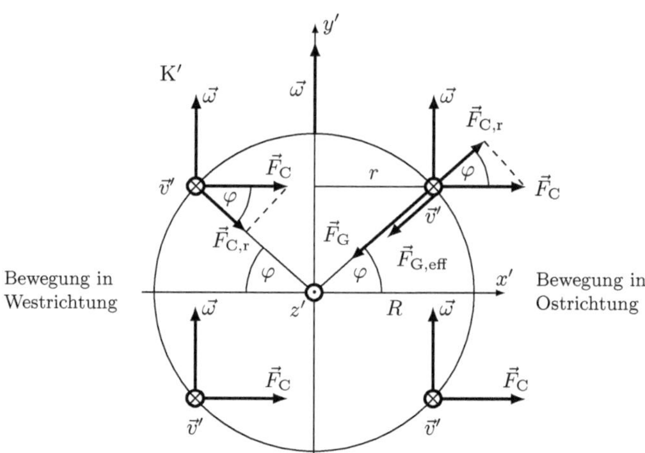

Abb. 4.23 Richtung der Corioliskraft $\vec{F}_\mathrm{C}$ in K' für Flugbewegungen entlang nördlicher und südlicher Breitengrade φ

Damit ist mit (4.49) die effektive Gewichtskraft

$$F_\mathrm{G,eff} = mg \pm 2mv'\omega \cos\varphi\,. \tag{4.50}$$

Für den Breitengrad $\varphi = 0°$ ist $F_\mathrm{C,r} = 2{,}6\,\mathrm{N}$ bzw. 263 g und damit mit der Personenwaage messbar.

Effektive Gewichtskraft $F_\mathrm{G,eff}$ des Reisenden
Im Flug ist die effektive Gewichtskraft nach (4.44) und (4.49)

$$F_\mathrm{G,eff} = mg - m\omega^2 R \cos^2\varphi \pm 2mv'\omega \cos\varphi\,. \tag{4.51}$$

Maximaler Gewichtsverlust ergibt sich beim Flug am Äquator ($\varphi = 0°$) in Ostrichtung (Minuszeichen in (4.51)). Zur Kompensation des Gewichtsverlusts mit der Zentrifugalkraft muss in Westrichtung (Pluszeichen in (4.51)) geflogen werden. Für den Breitengrad φ gilt dann

$$\begin{aligned}
F_\mathrm{G,eff} = mg - m\omega^2 R \cos^2\varphi + 2mv'\omega \cos\varphi &= mg \\
\Leftrightarrow \omega R \cos\varphi &= 2v' \\
\Rightarrow \varphi &= \arccos\left(\frac{2v'}{\omega R}\right)\,.
\end{aligned} \tag{4.52}$$

Einsetzen der Werte in (4.52) ergibt den Breitengrad $\varphi = 16{,}6°$.

Abb. 4.24 Kraftdiagramm der Kugel in K′

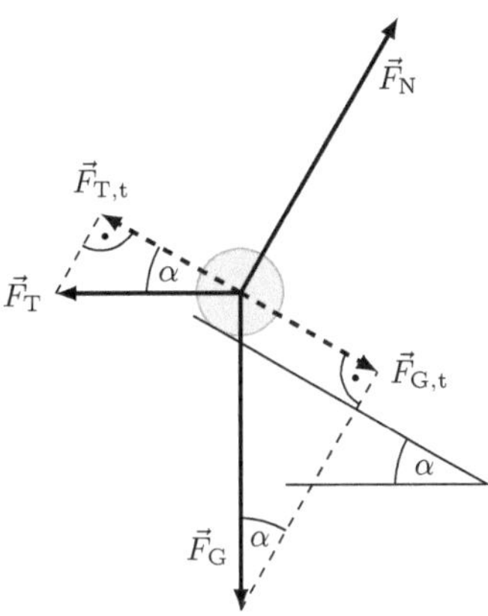

Lösung zu Aufgabe 28: Beschleunigungsmessung durch Trägheit

a) Erklärung der ruhenden Kugel in K

Die Rinne übt auf die Kugel eine beschleunigungsabhängige Kraft in x-Richtung aus. Nach dem Wechselwirkungsprinzip übt die Kugel entgegen der x-Richtung die gleich große entgegengesetzt gerichtete Kraft auf die Rinne aus. Da die Rinne in tangentialer Richtung keine Kraft aufnehmen kann, ist die Kugel in Ruhe, wenn die Tangentialkomponenten von Reaktionskraft und Gewichtskraft der Kugel gleich sind.

b) Formel für die Beschleunigung a des Experimentierwagens

Auf die Kugel wirkt im mit dem Experimentierwagen beschleunigten Koordinatensystem K′ die lineare Trägheitskraft F_{T} (Abb. 4.24). Damit die Kugel (Masse m) in K′ ruht, müssen die Tangentialkomponenten $F_{\mathrm{G,t}}$ und $F_{\mathrm{T,t}}$ von Gewichtskraft F_{G} und Trägheitskraft F_{T} den gleichen Betrag haben:

$$
\begin{aligned}
F_{\mathrm{G,t}} &= F_{\mathrm{T,t}}\,, \\
F_{\mathrm{T}}\cos\alpha &= F_{\mathrm{G}}\sin\alpha\,, \\
m a_{\mathrm{T}}\cos\alpha &= mg\sin\alpha\,, \\
a_{\mathrm{T}} &= g\tan\alpha\,.
\end{aligned}
\tag{4.53}
$$

Weil die Kugel in K′ nicht beschleunigt wird, sind die Beträge von Trägheitsbeschleunigung a_{T} und Beschleunigung a des Experimentierwagens gleich:

$$
a = a_{\mathrm{T}} = g\tan\alpha\,.
\tag{4.54}
$$

Die Messung des Neigungswinkels ergibt $\alpha = 4{,}8°$. Einsetzen der Werte in (4.54) ergibt die Beschleunigung $a = 0{,}82\,\mathrm{m/s}^2$.

Abb. 4.25 $v(t)$-Diagramm
des Experimentierwagens in K

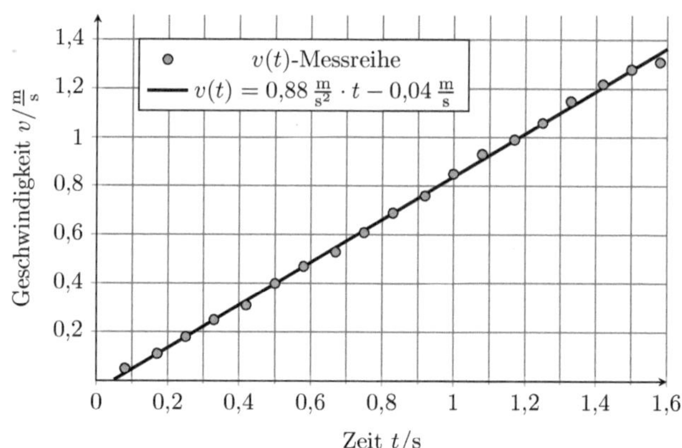

Vergleich von berechneter und gemessener Beschleunigung a

Lineare Regression der $v(t)$-Messreihe des Experimentierwagens ergibt in guter Übereinstimmung mit der berechneten Beschleunigung die Beschleunigung $a = 0{,}88\,\mathrm{m/s}^2$
(Abb. 4.25).

c) Formel für die Empfindlichkeit E des Beschleunigungsmessers

Auflösen von (4.54) nach α ergibt

$$\alpha(a) = \arctan\left(\frac{a}{g}\right). \tag{4.55}$$

Die Empfindlichkeit E ist die Ableitung von (4.55) nach a:

$$E = \frac{d\alpha}{da} = \frac{1}{g}\frac{1}{1 + \frac{a^2}{g^2}}. \tag{4.56}$$

Für $a \ll g$ bzw. kleine Beschleunigungen und Neigungswinkel α ist $E \approx 1/g$. Für
$a \gg g$ bzw. große Beschleunigungen und Neigungswinkel α ist $E \approx 0$.

d) Den Experimentierwagen beschleunigende Masse

Die beschleunigende Kraft ist die Gewichtskraft F_G der Masse m_G. Diese Kraft beschleunigt sowohl die Masse m_G als auch die Masse m_E des Experimentierwagens. Das zweite
Newton'sche Grundgesetz ergibt

$$m_G g = (m_E + m_G)a$$
$$\Rightarrow m_G = m_E\frac{a}{g - a}. \tag{4.57}$$

Einsetzen der Werte in (4.57) ergibt die Masse $m_G = 32\,\mathrm{g}$.

Abb. 4.26 Erklärung der Ostabweichung in K

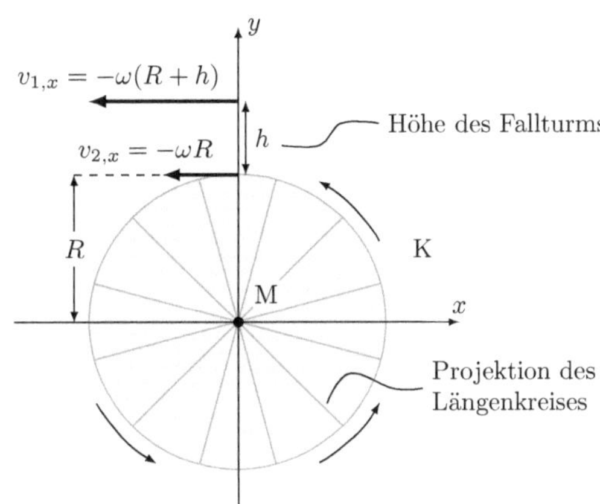

Lösung zu Aufgabe 29: Ostabweichung

a) Erklärung der Ostabweichung in K

Die Ostabweichung erscheint zunächst paradox, weil sich die Erde in Ostrichtung dreht.
Abb. 4.26 zeigt die Erdkugel (Radius R) mit Blick auf den Nordpol und einen Turm
(Höhe h) am Äquator (Breitengrad $\varphi = 0°$). Im ruhenden Koordinatensystem K mit dem
Erdmittelpunkt M als Ursprung hat die Kugel an der Turmspitze (Koordinaten $(0, R + h)$
zum Zeitpunkt $t = 0$) eine größere horizontale Abwurfgeschwindigkeit

$$v_{1,x} = -\omega(R + h) \tag{4.58}$$

als die Geschwindigkeit

$$v_{2,x} = -\omega R \tag{4.59}$$

des Turmfußpunkts (Koordinaten $(0, R)$ zum Zeitpunkt $t = 0$). Daher bewegt sich die
Kugel während des horizontalen Wurfs bzw. der Fallzeit t_F eine größere Strecke entgegen
der x-Richtung als der Turmfußpunkt. Zum Zeitpunkt $t = t_\mathrm{F}$ hat der Aufschlagort der
Kugel näherungsweise die Koordinaten $(v_{1,x} t_\mathrm{F}, R)$ und der Turmfußpunkt die Koordinaten
$(v_{2,x} t_\mathrm{F}, R)$. Wegen der höheren Abwurfgeschwindigkeit liegt der Auftreffpunkt der Kugel
weiter ostwärts als der Turmfußpunkt.

Erklärung der Breitengradabhängigkeit der Ostabweichung

Die Abwurfgeschwindigkeit v_1 der Kugel und die Geschwindigkeit v_2 des Turmfußpunkts
sind (Abb. 4.27):

$$v_1 = \omega r_1 = \omega(R + h) \cos\varphi, \tag{4.60}$$

$$v_2 = \omega r_2 = \omega R \cos\varphi. \tag{4.61}$$

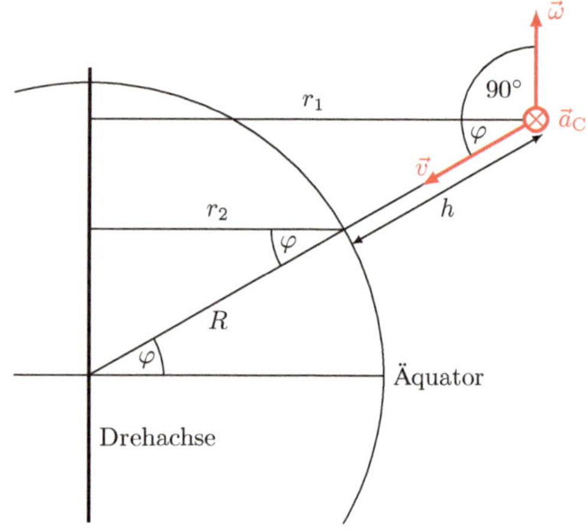

Abb. 4.27 Berechnung der Coriolisbeschleunigung $\vec{a}_\mathrm{C}$ für den Breitengrad φ

Der Geschwindigkeitsunterschied Δv ist mit (4.60) und (4.61)

$$\Delta v = v_1 - v_2 = \omega h \cos\varphi \tag{4.62}$$

und nimmt mit zunehmendem Breitengrad φ ab. Die Ostabweichung d ist daher am Äquator ($\varphi = 0°$) maximal und an den Polen ($\varphi = \pm 90°$) null. Wegen der Definition der Ostrichtung als Richtung der Erdrotation ist auf der Südhalbkugel auch eine Ost- und keine Westabweichung zu beobachten.

b) Berechnung der Ostabweichung d in K′

Die Coriolisbeschleunigung im mitrotierenden Koordinatensystem K′ ist

$$\vec{a}_\mathrm{C} = 2(\vec{v}\,' \times \vec{\omega})\,. \tag{4.63}$$

Die Coriolisbeschleunigung zeigt nach (4.63) und nach Abb. 4.27 in Richtung Osten. Der Betrag der Coriolisbeschleunigung ist

$$a_\mathrm{C} = 2|(\vec{v}\,' \times \vec{\omega})| = 2v'\omega \sin\left(\angle(\vec{v}\,',\vec{\omega})\right)\,. \tag{4.64}$$

Einsetzen von

$$\angle(\vec{v}\,',\vec{\omega}) = 90° + \varphi \tag{4.65}$$

und der Näherung

$$v'(t) \approx v(t) = gt \tag{4.66}$$

in (4.64) ergibt

$$a_\mathrm{c}(t) = 2gt\omega \sin(90° + \varphi) = 2gt\omega \cos\varphi\,. \tag{4.67}$$

Zweimaliges Integrieren von (4.67) ergibt die Ostabweichung

$$v_{\mathrm{C}}(t) = \int_0^t a_{\mathrm{C}}(t')\,\mathrm{d}t' = \int_0^t 2gt'\omega\cos\varphi\,\mathrm{d}t' = gt^2\omega\cos\varphi, \tag{4.68}$$

$$d = \int_0^{t_{\mathrm{F}}} gt^2\omega\cos\varphi\,\mathrm{d}t = \frac{1}{3}gt_{\mathrm{F}}^3\omega\cos\varphi. \tag{4.69}$$

Die Fallzeit t_{F} ist näherungsweise

$$h = \frac{1}{2}gt_{\mathrm{F}}^2 \quad\Rightarrow\quad t_{\mathrm{F}} = \sqrt{\frac{2h}{g}}. \tag{4.70}$$

Die Winkelgeschwindigkeit der Erde ist

$$\omega = \frac{2\pi}{T}. \tag{4.71}$$

Einsetzen von (4.70) und (4.71) in (4.69) liefert

$$d = \frac{2}{3}h\sqrt{\frac{2h}{g}}\,\frac{2\pi}{T}\cos\varphi. \tag{4.72}$$

Einsetzen der Werte in (4.72) ergibt die Ostabweichung $d = 1{,}3\,\mathrm{cm}$.

c) Nichtvernachlässigbare Zentrifugalbeschleunigung $a_{\mathrm{Zf,t}}$

Die Zentrifugalbeschleunigung a_{Zf} zeigt radial von der Erddrehachse weg und beträgt am Breitengrad φ mit dem Abstand r zur Erddrehachse

$$a_{\mathrm{Zf}} = \omega^2 r = \omega^2 R\cos\varphi. \tag{4.73}$$

Relevant für die Abweichung des Aufschlagpunkts der Stahlkugel vom Lotfußfunkt ist nur die Tangentialkomponente $a_{\mathrm{Zf,t}}$ der Zentrifugalbeschleunigung. Diese ist für $h \ll R$

$$a_{\mathrm{Zf,t}} = \omega^2 R\cos\varphi\sin\varphi = \frac{4\pi^2}{T^2}R\cos\varphi\sin\varphi \tag{4.74}$$

und bewirkt, dass die Kugel auf der Nordhalbkugel einen südlicheren und auf der Südhalbkugel einen nördlicheren Aufschlagpunkt hat. Nur für $\varphi = 0°$ in (4.74) trifft die Kugel exakt in Ostrichtung versetzt auf. Einsetzen der Werte in (4.74) ergibt die tangentiale Zentrifugalbeschleunigung $a_{\mathrm{Zf,t}} = 0{,}016\,\mathrm{m/s^2}$. Nach (4.67), (4.70) und (4.71) ist die Coriolisbeschleunigung

$$a_{\mathrm{C}} = \sqrt{2gh}\,\frac{4\pi}{T}\cos\varphi. \tag{4.75}$$

Einsetzen der Werte in (4.75) ergibt die Coriolisbeschleunigung $a_C = 0{,}0038\,\text{m/s}^2$. Die Zentrifugalbeschleunigung ist also nicht vernachlässigbar gegenüber der Coriolisbeschleunigung.

Lösung zu Aufgabe 30: Längenkontraktion im Minkowski-Diagramm

a) Berechnung des Längenverhältnis ℓ'/ℓ mit dem Minkowski-Diagramm
Aus Abb. 4.28 folgt:

$$\cos 30° = \frac{\ell'}{2\ell} \qquad \Rightarrow \qquad \frac{\ell'}{\ell} = 2\cos 30° = 1{,}37\,. \tag{4.76}$$

b) Berechnung des Längenverhältnis ℓ'/ℓ mit Lorentz-Transformation
Es ist

$$\frac{\ell'}{\ell} = \gamma = \frac{1}{\sqrt{1 - \frac{v^2}{c^2}}} = 1{,}25\,. \tag{4.77}$$

Das Ergebnis in Teilaufgabe b ist kleiner als das aus Teilaufgabe a, weil im Minkowski-Diagramm die Änderung der Maßstäbe nicht berücksichtigt wird.

c) Invarianz des Terms $(ct)^2 - x^2$
Definitionsgemäß ist

$$ct' = \frac{ct - \frac{v}{c}x}{\sqrt{1 - \frac{v^2}{c^2}}}, \qquad x' = \frac{x - \frac{v}{c}ct}{\sqrt{1 - \frac{v^2}{c^2}}}\,. \tag{4.78}$$

Abb. 4.28 Längen ℓ und ℓ' im Minkowski-Diagramm

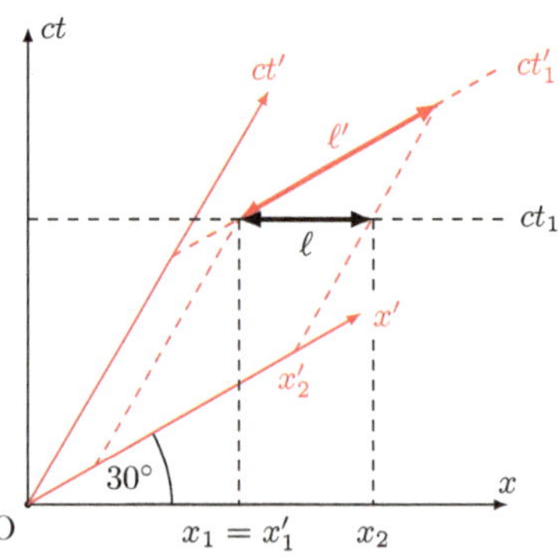

Einsetzen von (4.78) in den Ausdruck $(ct')^2 - x'^2$ ergibt

$$
\begin{aligned}
(ct')^2 - x'^2 &= \frac{\left(ct - \frac{v}{c}x\right)^2}{1 - \frac{v^2}{c^2}} - \frac{\left(x - \frac{v}{c}ct\right)^2}{1 - \frac{v^2}{c^2}} \\
&= \frac{c^2t^2 + \frac{v^2}{c^2}x^2 - 2ct\frac{v}{c}x - x^2 - \frac{v^2}{c^2}c^2t^2 + 2ct\frac{v}{c}x}{1 - \frac{v^2}{c^2}} \\
&= \frac{c^2t^2\left(1 - \frac{v^2}{c^2}\right) - x^2\left(1 - \frac{v^2}{c^2}\right)}{1 - \frac{v^2}{c^2}} = c^2t^2 - x^2,
\end{aligned}
\tag{4.79}
$$

womit die Invarianz des Terms bewiesen ist.

Lösung zu Aufgabe 31: Lebensdauer von Myonen

a) Klassische Berechnung der Strecke s der Myonen

Die Myonen legen in der Atmosphäre die Strecke $s = v\tau = 1500\,\mathrm{m}$ zurück. Danach dürften im Widerspruch zur Messung keine Myonen die Erdoberfläche erreichen.

b) Relativistische Berechnung der Strecke s der Myonen

Aufgrund der Zeitdilatation beträgt die Lebensdauer τ' des Myons

$$
\tau' = \frac{1}{\sqrt{1 - \frac{v^2}{c^2}}}\tau = 31{,}6\tau = 69{,}6\,\mu\mathrm{s}\,.
\tag{4.80}
$$

Die in K zurückgelegte Strecke beträgt nach (4.80) $s' = c\tau' = 20{,}9\,\mathrm{km}$, sodass Myonen die Erdoberfläche erreichen.

c) Streckenbetrachung aus Myonensicht

Von K$'$ aus sind Strecken in K um den Faktor $\gamma = 31{,}6$ kleiner. Die Strecke von $10\,\mathrm{km}$ ist für das Myon dann eine Strecke von $316\,\mathrm{m}$.

Lösung zu Aufgabe 32: Gleichzeitigkeit von Ereignissen

a) Geschwindigkeit v für gleichzeitige Ereignisse A und B

Aus

$$
\Delta t = \frac{\ell v}{c^2} \qquad \Rightarrow \qquad v = \frac{c^2 \Delta t}{\ell}
\tag{4.81}
$$

erhält man $v = 0{,}4c$.

b) Bedingung für Ereignis B vor A
Damit Ereignis B vor Ereignis A eintritt, muss nach (4.81) gelten:

$$\Delta t = \frac{\ell v}{c^2} > 0 \quad \Rightarrow \quad v > \frac{c^2 \Delta t}{\ell} \,. \tag{4.82}$$

Lösung zu Aufgabe 33: Lorentz-Transformation

a) Bestimmung der Geschwindigkeit $\vec{v}'$ mit Galilei-Transformation
Nach der Galilei-Transformation für Geschwindigkeiten ist

$$\vec{u}' = \vec{u} - \vec{v} = c \begin{pmatrix} \frac{1}{2} \\ 0{,}1 \\ 0 \end{pmatrix} - c \begin{pmatrix} \frac{1}{3} \\ 0 \\ 0 \end{pmatrix} = c \begin{pmatrix} \frac{1}{6} \\ 0{,}1 \\ 0 \end{pmatrix} \,. \tag{4.83}$$

Bestimmung der Geschwindigkeit $\vec{v}'$ mit Lorentz-Transformation
Die Geschwindigkeitskomponenten berechnen sich unter Berücksichtigung der Relativ-bewegungsrichtung der Koordinatensysteme entlang der x-Achse gemäß der Lorentz-Transformation wie folgt:

$$u'_x = \frac{u_x - v_x}{1 - \frac{v u_x}{c^2}} \,, \qquad u'_y = \frac{u_y - v_y}{\gamma \left(1 - \frac{v u_x}{c^2}\right)} \,, \qquad u'_z = \frac{u_z - v_z}{\gamma \left(1 - \frac{v u_x}{c^2}\right)} \tag{4.84}$$

mit

$$\gamma = \frac{1}{\sqrt{1 - \frac{v^2}{c^2}}} \,. \tag{4.85}$$

Einsetzen der Werte in (4.84) ergibt

$$u'_x = \frac{c}{5}, \qquad u'_y = 0{,}113c, \qquad u'_z = 0 \,. \tag{4.86}$$

b) Relativer Fehler f durch Galilei-Transformation
Die Geschwindigkeitsbeträge sind

$$\begin{aligned} u'_{\text{Galilei}} &= 0{,}194c, \\ u'_{\text{Lorentz}} &= 0{,}229c \,. \end{aligned} \tag{4.87}$$

Der relative Fehler des Geschwindigkeitsbetrags ist

$$f = \frac{u'_{\text{Galilei}} - u'_{\text{Lorentz}}}{u'_{\text{Lorentz}}} = -0{,}15 \equiv 15\,\% \,. \tag{4.88}$$

5.1 Zentrale Stöße

Aufgabe 34: Zentraler elastischer und inelastischer Stoß (VA)

Schauen Sie sich das Videoexperiment und Abb. 5.1 an.

a. Leiten Sie die Formeln für die Geschwindigkeiten zweier Körper (Masse m_1 und m_2, Geschwindigkeit v_1 und v_2 vor dem Stoß) nach einem zentralen elastischen und nach einem zentralen inelastischen Stoß her.
b. Überprüfen Sie experimentell die Formeln aus Teilaufgabe a anhand der Bewegung der drei Gleiter.
c. Zeigen Sie experimentell, dass die Bewegung des Schwerpunkts der drei Gleiter gleichförmig ist.

Abb. 5.1 Drei Gleiter unterschiedlicher Masse stoßen auf einer Luftkissenfahrbahn

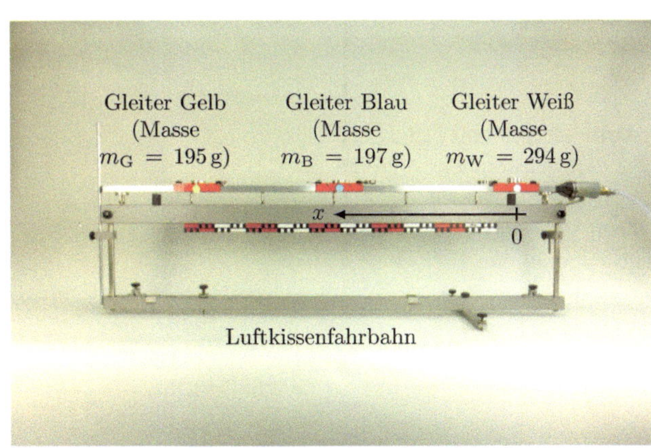

© Springer-Verlag GmbH Deutschland 2017
S. Gröber et al., *Smarte Aufgaben zur Mechanik und Wärme*,
https://doi.org/10.1007/978-3-662-54479-2_5

http://tiny.cc/oifzly

Aufgabe 35: Elastische Stöße mit Murmeln (mVA)

Videografieren Sie den zentralen elastischen Stoß zweier Murmeln unterschiedlicher Masse, von denen die schwerere vor dem Stoß ruht.

a. Leiten Sie eine Formel zur Bestimmung des Massenverhältnisses der beiden Murmeln aus den Geschwindigkeiten nach dem Stoß her und berechnen Sie dieses anhand von Messreihen.
b. Überprüfen Sie das Ergebnis aus Teilaufgabe a durch Wiegen der beiden Murmeln. Geben Sie den systematischen Fehler an, wenn das Messergebnis von dem in Teilaufgabe a berechneten Wert abweicht.

Aufgabe 36: Astroblaster

Der einfachste Astroblaster besteht aus zwei idealelastischen übereinander positionierten Flummis 1 und 2 (Massenverhältnis $k = m_2/m_1 > 0$). Werden diese unter Vernachlässigung der Luftreibung zeitgleich fallen gelassen, erreicht Flummi 1 nach dem Aufprall auf dem Boden erstaunlicherweise eine Höhe h', die größer als die Fallhöhe h ist (Höhenverstärkung $V = h'/h > 1$) (Abb. 5.2).

a. Zerlegen Sie den Aufprall der als Punktmassen betrachteten Flummis in zwei zeitlich unmittelbar aufeinanderfolgende Stöße zwischen Körpern. Geben Sie offensichtliche Geschwindigkeiten der Körper vor und nach dem Stoß nach Betrag und Richtung in Bezug zur y-Achsenrichtung an. Erklären Sie qualitativ die Höhenverstärkung beim Astroblaster.

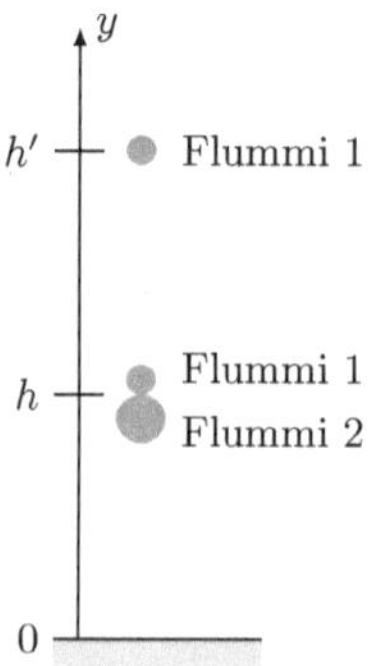

Abb. 5.2 Flummi 1 und 2 werden aus der Höhe h gleichzeitig fallen gelassen. Nach dem Aufprall auf dem Boden erreicht Flummi 1 die Höhe h'

b. Zeigen Sie, dass für die Höhenverstärkungsfunktion gilt:

$$V(k) = \left(\frac{3k - 1}{k + 1}\right)^2 .$$

c. Für welche Massenverhältnisse k ist die Höhenverstärkung $V > 1$? Welche maximale Höhenverstärkung kann erreicht werden? Wie kann die Höhenverstärkung weiter gesteigert werden?

Aufgabe 37: Zentraler inelastischer Stoß   (VA)

Schauen Sie sich das Videoexperiment und Abb. 5.3 an.

a. Leiten Sie die Formel für die Geschwindigkeit v' zweier Körper (Masse m_1 und m_2, Geschwindigkeit v_1 und v_2 vor dem Stoß) nach einem zentralen inelastischen Stoß her. Überprüfen Sie die Formel experimentell.
b. Leiten Sie eine Formel für den beim inelastischen Stoß zweier Körper erzeugten Anteil an Wärmeenergie Q her. Berechnen Sie diesen für den Stoß der Gleiter.
c. Bestätigen oder widerlegen Sie folgende Aussagen zum inelastischen Stoß zweier Körper durch Anwendung der Formeln aus Teilaufgabe a und b:
    1. Mit gleicher Geschwindigkeit sich aufeinander zu bewegende Körper bewegen sich nach dem Stoß in die Bewegungsrichtung des Körpers mit der größeren Masse.
    2. Die Geschwindigkeit der Körper nach dem Stoß stimmt umso besser mit einem der Körper überein, je größer das Massenverhältnis der Körper ist.
    3. Zwei Körper mit gleicher Bewegungsrichtung stoßen. Stoßen die Körper unter Beibehaltung der Geschwindigkeitsbeträge mit entgegengesetzten Bewegungsrichtungen, dann wird mehr Wärmeenergie wie zuvor erzeugt.

http://tiny.cc/2ifzly

Abb. 5.3 Zwei Gleiter stoßen inelastisch auf einer Luftkissenfahrbahn

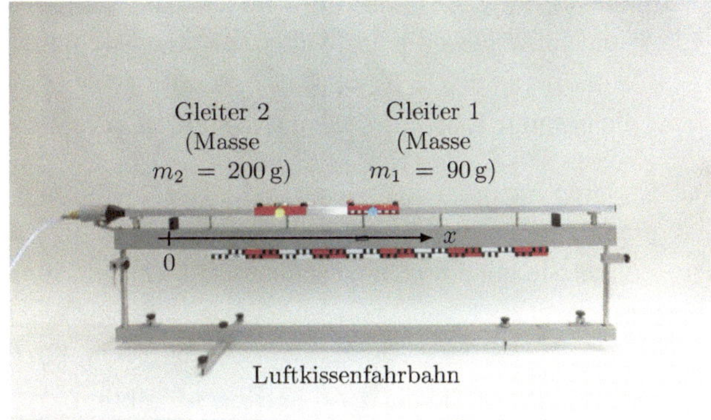

Abb. 5.4 Ein Luftgewehr
schießt ein Geschoss auf einen
Knetklumpen

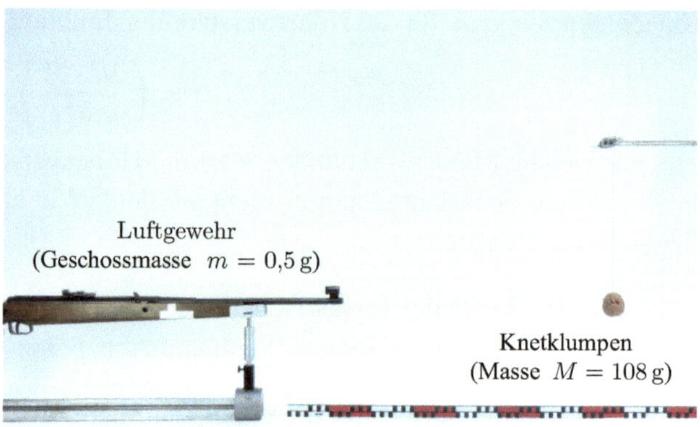

Aufgabe 38: Ballistisches Fadenpendel   **(VA)**
Schauen Sie sich das Videoexperiment und Abb. 5.4 an.

a. Leiten Sie eine Formel zur Bestimmung der Geschossgeschwindigkeit v her und berechnen Sie diese.
b. Wie groß müsste die Geschossgeschwindigkeit v für eine volle Umdrehung des Pendels mindestens sein?

http://tiny.cc/4ifzly

5.2   Beliebige Stöße

Aufgabe 39: Waggonbefüllung während der Fahrt
Ein reibungsfrei beweglicher Waggon (Masse m_0, Länge ℓ, Ortskoordinate $x(t = 0) = 0$, Geschwindigkeit $v(t = 0) = v_0 > 0$) wird für $t \geq 0$ aus einem ruhenden Vorratsbehälter über die gesamte Länge mit Sand (Massenrate $\mu = $ konst.) befüllt (Abb. 5.5).

a. Erklären Sie qualitativ, weshalb die Geschwindigkeit des Waggons beim Befüllen abnimmt.
b. Zeigen Sie mit einem begründeten Ansatz, dass für $t \geq 0$ die Geschwindigkeit

$$v(t) = v_0 \frac{m_0}{m_0 + \mu t}$$

ist. Bestimmen Sie die $a(t)$- und $x(t)$-Funktion.

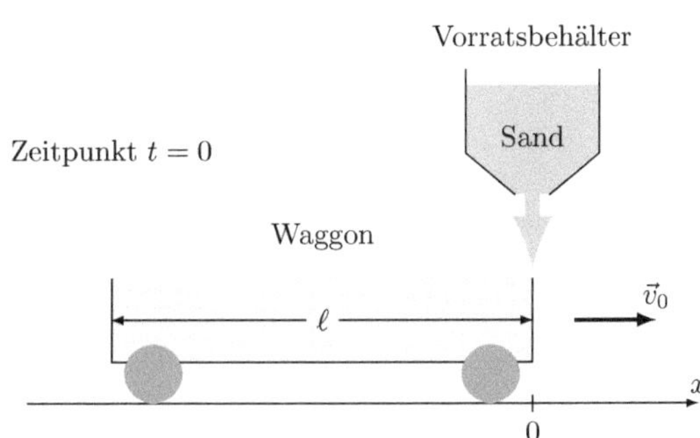

Abb. 5.5 Ab dem Zeitpunkt $t = 0$ wird ein Waggon mit Sand konstanter Massenrate μ befüllt

Hinweis:

$$\int \frac{1}{ax + 1}\, \mathrm{d}x = \frac{1}{a} \ln(ax + 1) + C$$

c. Die Geschwindigkeit des Waggons beim Befüllen soll $v_0 = $ konst. sein. Leiten Sie eine Formel für die notwendige Kraft F auf den Waggon her.

d. Leiten Sie eine Formel für die Geschwindigkeitsabnahme des Waggons zwischen Beginn und Ende des Befüllens her. Wie kann diese maximiert werden?

Aufgabe 40: Teilchenstreuung   (VA)

Schauen Sie sich das Videoexperiment und Abb. 5.6 an.

a. Das Teilchen wird durch eine magnetische Kraft

$$\vec{F}(\vec{r}) = \frac{k}{r^3} \frac{\vec{r}}{r}$$

mit Konstante $k > 0$ am Streuzentrum gestreut. Zeigen Sie, dass der Drehimpuls $\vec{L}$ des Teilchens bezüglich des Streuzentrums konstant ist, und geben Sie die Richtung von $\vec{L}$ an.

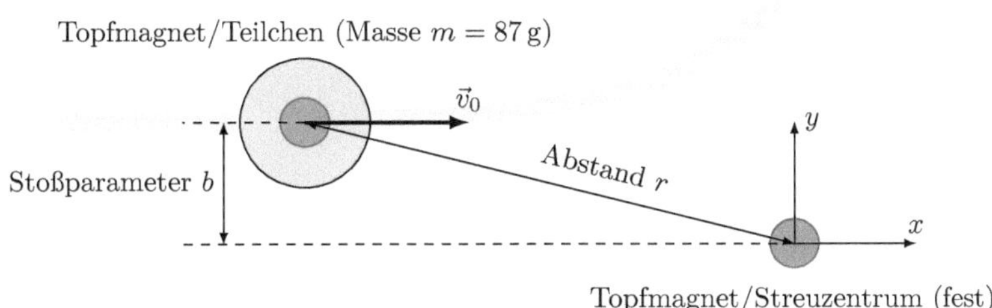

Abb. 5.6 Versuchsaufbau zur magnetischen Ablenkung des Teilchens

b. Zeigen Sie, dass

$$\vec{L} = m \begin{pmatrix} 0 \\ 0 \\ x v_y - y v_x \end{pmatrix}$$

der Drehimpuls des Teilchens bezüglich des Streuzentrums ist. Überprüfen Sie damit experimentell das Ergebnis aus Teilaufgabe a.

c. Zeigen Sie, dass $L = m v_0 b$ der Drehimpulsbetrag des Teilchens bezüglich des Streuzentrums ist.

d. Erzeugen Sie das $v(t)$-Diagramm. Erklären Sie den zeitlichen Verlauf von v durch Betrachtung von Energien und Kräften.

e. Bestimmen Sie die Konstante k experimentell.

f. Warum wird für den Stoßparameter $b = 0$ der minimale Abstand $r_{\min}$ zwischen Teilchen und Streuzentrum erreicht? Berechnen Sie die Konstante k für $r_{\min} = 7{,}2\,\mathrm{cm}$.

http://tiny.cc/uifzly

Aufgabe 41: Bewegung mit Massenänderung   (mVA)

Videografieren Sie einen Spielzeugwagen, der sich mit konstanter Geschwindigkeit in x-Richtung bewegt und auf dem während der Fahrt zum Zeitpunkt $t = t_0$ plötzlich

(i)   senkrecht von oben (aus y-Richtung) eine Masse abgelegt wird,

(ii)   eine Masse nach oben hin weggenommen wird,

(iii) eine mit zuvor gleicher Geschwindigkeit mitgeführte Masse abgelegt wird (Abb. 5.7).

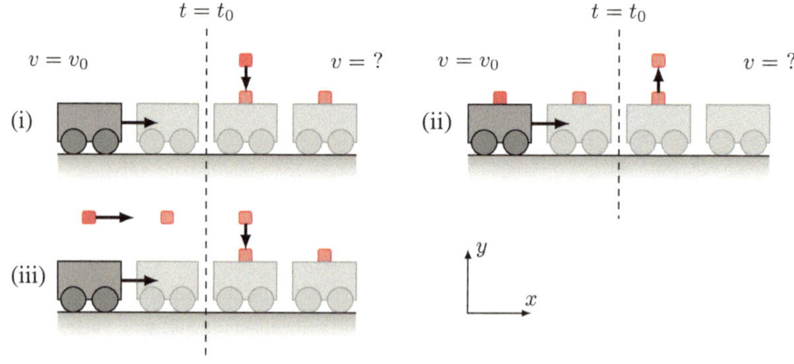

Abb. 5.7 Massenänderung eines Wagens während der Fahrt für die Fälle (i), (ii) und (iii)

a. Formulieren Sie begründete Hypothesen, ob und, falls ja, wie sich für die Fälle (i), (ii) und (iii) die Geschwindigkeit des Wagens während der Massenänderung gemäß den drei Fällen ändert.
b. Werten Sie die drei Videoexperimente mit Blick auf die Fragestellung in Teilaufgabe a aus und überprüfen Sie Ihre Hypothesen.

5.3 Lösungen

Lösung zu Aufgabe 34: Zentraler elastischer und inelastischer Stoß

a) Formeln für die Geschwindigkeiten v_1' und v_2' nach einem elastischen Stoß
Nach dem Impulserhaltungssatz gilt

$$
\begin{aligned}
m_1 v_1 + m_2 v_2 &= m_1 v_1' + m_2 v_2' \\
\Leftrightarrow m_1 \left(v_1 - v_1' \right) &= m_2 \left(v_2' - v_2 \right) .
\end{aligned}
\tag{5.1}
$$

Da der Stoß elastisch ist, gilt der Energieerhaltungssatz:

$$
\begin{aligned}
\frac{1}{2} m_1 v_1^2 + \frac{1}{2} m_2 v_2^2 &= \frac{1}{2} m_1 v_1'^{\,2} + \frac{1}{2} m_2 v_2'^{\,2} \\
\Leftrightarrow m_1 \left(v_1^2 - v_1'^{\,2} \right) &= m_2 \left(v_2'^{\,2} - v_2^2 \right) \\
\Leftrightarrow m_1 \left(v_1 - v_1' \right) \left(v_1 + v_1' \right) &= m_2 \left(v_2' - v_2 \right) \left(v_2' + v_2 \right) .
\end{aligned}
\tag{5.2}
$$

Division von (5.2) durch (5.1) ergibt

$$
\begin{aligned}
v_1 + v_1' &= v_2' + v_2 \\
\Leftrightarrow v_1' &= v_2' + v_2 - v_1 .
\end{aligned}
\tag{5.3}
$$

Einsetzen von (5.3) in (5.1) ergibt

$$
v_2' = \frac{m_2 v_2 + m_1 (2 v_1 - v_2)}{m_1 + m_2} .
\tag{5.4}
$$

Einsetzen von (5.4) in (5.3) ergibt

$$
v_1' = \frac{m_1 v_1 + m_2 (2 v_2 - v_1)}{m_1 + m_2} .
\tag{5.5}
$$

Formel für die Geschwindigkeit v' nach einem inelastischen Stoß
Nach dem Impulserhaltungssatz gilt

$$
m_1 v_1 + m_2 v_2 = (m_1 + m_2) v' \qquad \Leftrightarrow \qquad v' = \frac{m_1 v_1 + m_2 v_2}{m_1 + m_2} .
\tag{5.6}
$$

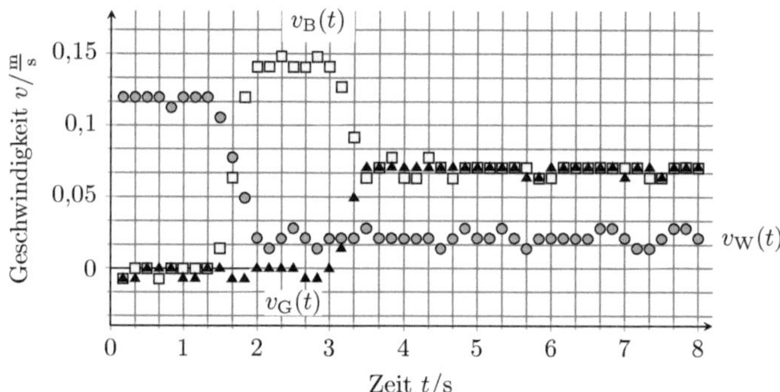

Abb. 5.8 $v(t)$-Diagramm der drei Gleiter

b) Experimentelle Prüfung von (5.4) und (5.5)

Nach dem $v(t)$-Diagramm (Abb. 5.8) ist beim elastischen Stoß von Gleiter Weiß und Gleiter Blau $v_\mathrm{W} = 0{,}12\,\mathrm{m/s}$, $v_\mathrm{B} = 0\,\mathrm{m/s}$, $v_\mathrm{W}' = 0{,}02\,\mathrm{m/s}$ und $v_\mathrm{B}' = 0{,}14\,\mathrm{m/s}$. Einsetzen der Massen und Geschwindigkeiten vor dem Stoß in (5.4) und (5.5) ergibt die Geschwindigkeiten $v_\mathrm{W}' = 0{,}024\,\mathrm{m/s}$ und $v_\mathrm{B}' = 0{,}144\,\mathrm{m/s}$ nach dem Stoß, die gut mit den gemessenen Geschwindigkeiten übereinstimmen.

Experimentelle Prüfung von (5.6)

Nach dem $v(t)$-Diagramm (Abb. 5.8) ist beim inelastischen Stoß von Gleiter Blau und Gleiter Gelb $v_\mathrm{B} = 0{,}14\,\mathrm{m/s}$, $v_\mathrm{G} = 0\,\mathrm{m/s}$ und $v_\mathrm{B}' = v_\mathrm{G}' = 0{,}07\,\mathrm{m/s}$. Einsetzen der Massen und Geschwindigkeiten vor dem Stoß in (5.6) ergibt die Geschwindigkeit $v_\mathrm{W}' = v_\mathrm{G}' = 0{,}07\,\mathrm{m/s}$ nach dem Stoß, die gut mit der gemessenen Geschwindigkeit übereinstimmt.

c) Experimentelle Prüfung des Schwerpunktsatzes

Die Schwerpunktskoordinate

$$x_\mathrm{S}(t) = \frac{m_\mathrm{W} x_\mathrm{W}(t) + m_\mathrm{B} x_\mathrm{B}(t) + m_\mathrm{G} x_\mathrm{G}(t)}{m_\mathrm{w} + m_\mathrm{B} + m_\mathrm{G}} \tag{5.7}$$

Abb. 5.9 $x_\mathrm{S}(t)$-Diagramm der Schwerpunktskoordinate der drei Gleiter

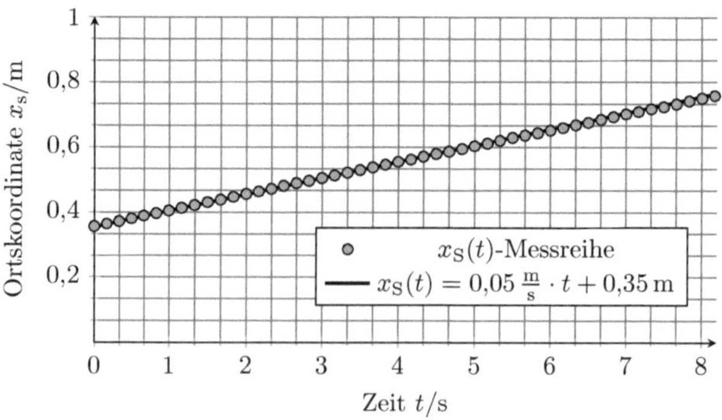

wird im Videoanalyseprogramm berechnet. Der $x_S(t)$-Graph ist eine Gerade (Abb. 5.9). Die Geschwindigkeit des Schwerpunkts ist also konstant und beträgt $v_S = 0{,}05\,\text{m/s}$.

Lösung zu Aufgabe 35: Elastische Stöße mit Murmeln

Versuchsmaterial und Durchführung des Experiments

Um einen möglichst zentralen Stoß zu realisieren, ist es hilfreich, die Bewegung beider Murmeln mit geeignetem Material (z. B. Büchern) seitlich zu begrenzen oder eine Führungsrinne zu nutzen (z. B. einen Spalt zwischen zwei eng nebeneinander liegenden Büchern) (Abb. 5.10). Im Experiment ruht die schwerere Murmel 2 (Masse m_2) vor dem Stoß ($v_2 = 0$), und die leichtere Murmel 1 (Masse m_1) bewegt sich mit konstanter Geschwindigkeit v_1 in x-Richtung auf Murmel 2 zu.

a) Bestimmung des Massenverhältnisses m_2/m_1 aus den Geschwindigkeiten nach dem Stoß

Für die Geschwindigkeiten v_1' und v_2' der Stoßpartner nach einem elastischen Stoß gilt

$$
\begin{aligned}
v_1' &= \frac{m_1 v_1 + m_2(2v_2 - v_1)}{m_1 + m_2}\,, \\[2mm]
v_2' &= \frac{m_2 v_2 + m_1(2v_1 - v_2)}{m_1 + m_2}\,.
\end{aligned}
\tag{5.8}
$$

Mit $v_2 = 0$ vereinfacht sich (5.8) zu

$$
\begin{aligned}
v_1' &= \frac{v_1(m_1 - m_2)}{m_1 + m_2}\,, \\[2mm]
v_2' &= \frac{2m_1 v_1}{m_1 + m_2}\,.
\end{aligned}
\tag{5.9}
$$

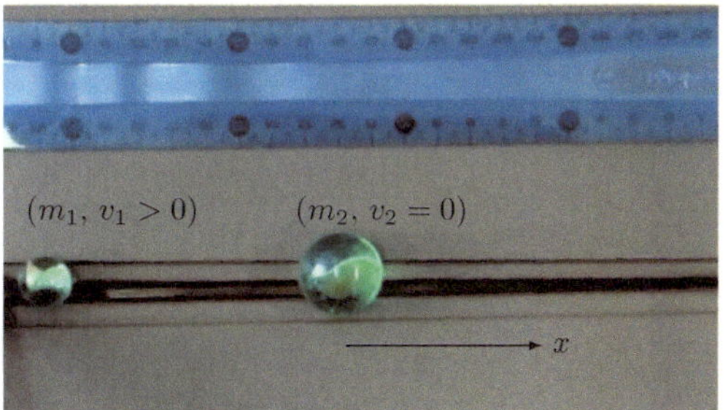

Abb. 5.10 Zwei Murmeln stoßen elastisch auf einem Spalt zwischen zwei Buchrücken

Abb. 5.11 $x(t)$-Diagramm
der beiden Murmeln nach
dem Stoß

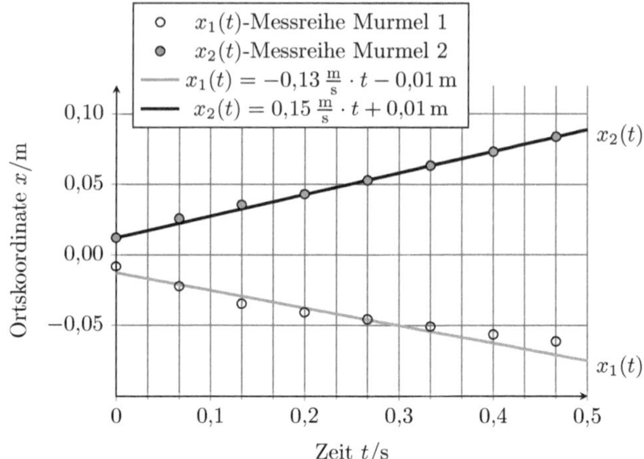

Division der Gln. (5.9) ergibt

$$\frac{v_1'}{v_2'} = \frac{m_1 - m_2}{2m_1} \tag{5.10}$$

und damit das Massenverhältnis

$$\frac{m_2}{m_1} = \frac{v_2' - 2v_1'}{v_2'}. \tag{5.11}$$

Experimentelle Berechnung des Massenverhältnisses m_2/m_1

Die Geschwindigkeiten v_1' und v_2' der Murmeln nach dem Stoß werden mit linearer Regression der $x_1(t)$- und $x_2(t)$-Messreihe (Abb. 5.11) zu $v_1' = -0{,}13\,\text{m/s}$ und $v_2' = 0{,}15\,\text{m/s}$ bestimmt. Aus Abb. 5.11 ergibt sich $v_1' = -0{,}13\,\text{m/s}$ und $v_2' = 0{,}15\,\text{m/s}$. Das negative Vorzeichen gibt an, dass Murmel 1 nach dem Stoß die Bewegungsrichtung umkehrt. Einsetzen der Werte in (5.11) ergibt $m_2/m_1 = 2{,}7$.

b) Gemessenes Massenverhältnis m_2/m_1

Das durch Wiegen beider Murmeln ermittelte Massenverhältnis beträgt 3,33. Bei Anwenden der Gleichungen aus (5.8) wurde der systematische Fehler begangen, die Rotationen der beiden Stoßpartner zu vernachlässigen und ausschließlich translatorische Bewegungen zu betrachten. Bei beiden Murmeln wird ein Teil der kinetischen Energie nach dem Stoß in Rotationsenergie überführt, was (5.11) nicht beschreibt.

Lösung zu Aufgabe 36: Astroblaster

a) Formel für die Geschwindigkeit der Flummis und der Erde

Nach dem Energieerhaltungssatz gilt für Körper, welche aus der Ruhe die Strecke h durchfallen:

$$\frac{1}{2}mv^2 = mgh \qquad \Rightarrow \qquad v = \sqrt{2gh}. \tag{5.12}$$

Erster Stoß des unteren, bodennahen Flummis 2 mit der Erde:

- Flummi 2 hat die Geschwindigkeit $-\sqrt{2gh}$ vor dem Stoß.
- Flummi 2 hat die Geschwindigkeit $\sqrt{2gh}$ nach dem Stoß wegen der Masse $m_2 \ll$ Erdmasse.
- Die Erde hat die Geschwindigkeit null vor und nach dem Stoß wegen der großen Erdmasse.

Zweiter Stoß von Flummi 2 mit Flummi 1:

- Flummi 2 hat die Geschwindigkeit $\sqrt{2gh}$ vor dem Stoß.
- Flummi 2 hat eine unbekannte, für die Fragestellung irrelevante Geschwindigkeit nach dem Stoß.
- Flummi 1 hat die Geschwindigkeit $-\sqrt{2gh}$ vor dem Stoß wegen gleicher Fallhöhe wie Flummi 2.
- Flummi 1 hat eine positive, unbekannte und zu bestimmende Geschwindigkeit nach dem Stoß.

Der Verstärkungseffekt beruht darauf, dass beim zweiten Stoß die Flummis mit Massen $m_2 > m_1$ und entgegengesetzten, betragsgleichen Geschwindigkeiten elastisch stoßen. Unter diesen Bedingungen ist die Geschwindigkeit des leichteren Flummi 1 nach dem Stoß immer größer als vor dem Stoß. Nach dem Energieerhaltungssatz ist daher die Höhe h' größer als die Höhe h.

b) Formel für die Höhenverstärkung $V(k)$

Für den idealelastischen zentralen Stoß zweier Massen m_1 und m_2 mit den Geschwindigkeiten v_1 und v_2 gilt für die Geschwindigkeiten v_1' der Masse m_1 nach dem Stoß:

$$v_1' = \frac{m_1 v_1 + m_2(2v_2 - v_1)}{m_1 + m_2}. \tag{5.13}$$

Nach Teilaufgabe a ist

$$v_1 = -v_2. \tag{5.14}$$

Einsetzen von (5.14) in (5.13) und Verwendung des Massenverhältnisses k ergibt

$$v_1' = \frac{m_1 v_1 - 3m_2 v_1}{m_1 + m_2} = v_1 \frac{m_1 - 3m_2}{m_1 + m_2} = v_1 \frac{1 - 3\frac{m_2}{m_1}}{1 + \frac{m_2}{m_1}} = v_1 \frac{1 - 3k}{1 + k}. \tag{5.15}$$

Nach Teilaufgabe a ist

$$v_1 = -\sqrt{2gh}, \tag{5.16}$$

und nach dem Energieerhaltungssatz ist

$$v_1' = \sqrt{2gh'}. \tag{5.17}$$

Einsetzen von (5.16) und (5.17) in (5.15) und Verwendung der Höhenverstärkung V ergibt

$$\sqrt{2gh'} = -\sqrt{2gh}\,\frac{1-3k}{1+k} \;\Rightarrow\; \sqrt{\frac{h'}{h}} = \frac{3k-1}{k+1} \;\Rightarrow\; V(k) = \frac{h'}{h} = \left(\frac{3k-1}{k+1}\right)^2. \tag{5.18}$$

c) Massenverhältnis k für die Höhenverstärkung $V(k) > 1$
Verwendung von (5.18) und Auflösen nach dem Massenverhältnis k ergibt

$$
\begin{aligned}
V(k) &= \left(\frac{3k-1}{k+1}\right)^2 > 1 \\[2mm]
&\Leftrightarrow \quad \frac{3k-1}{k+1} > 1 \quad \text{oder} \quad \frac{3k-1}{k+1} < 1 \\[2mm]
&\Leftrightarrow \quad 3k-1 > k+1 \Leftrightarrow k > 1 \quad \text{oder} \quad 3k-1 < -k-1 \Leftrightarrow 4k < 0.
\end{aligned}
\tag{5.19}
$$

Nach (5.19) muss das Massenverhältnis $k > 1$ für eine Höhenverstärkung $V > 1$ sein.

Bestimmung der maximalen Höhenverstärkung $V(k)$
Die Funktion $V(k)$ ist für $k > 0$ streng monoton steigend. Grenzwertbildung ergibt

$$V_{\text{max}} = \lim_{k\to\infty} V(k) = \lim_{k\to\infty}\left(\frac{3k-1}{k+1}\right)^2 = \lim_{k\to\infty}\left(\frac{3-\frac{1}{k}}{1+\frac{1}{k}}\right)^2 = 9. \tag{5.20}$$

Flummi 1 erreicht also maximal die neunfache Ausgangshöhe.

Möglichkeit einer weiteren Höhenverstärkung
Eine weitere Höhenverstärkung ist mit mehr als zwei Flummis abnehmender Masse möglich. Insbesondere können dadurch Reibungs- und Elastizitätsverluste für einen maximalen Effekt ausgeglichen werden.

Lösung zu Aufgabe 37: Zentraler inelastischer Stoß

a) Formel für die Geschwindigkeit v' nach dem inelastischem Stoß
Anwendung des Impulserhaltungssatzes ergibt

$$m_1 v_1 + m_2 v_2 = (m_1 + m_2)v' \qquad \Leftrightarrow \qquad v' = \frac{m_1 v_1 + m_2 v_2}{m_1 + m_2}. \tag{5.21}$$

Experimentelle Prüfung von (5.21)
Aufnahme des $x(t)$-Diagramms von Gleiter Gelb ergibt die Messreihe in Abb. 5.12. Lineare Regression von $x(t)$ vor dem Stoß ergibt die Geschwindigkeit $v_{\text{G}} = 2,16\,\text{m/s}$ von Gleiter Gelb vor dem Stoß. Lineare Regression von $x(t)$ nach dem Stoß ergibt die Ge-

Abb. 5.12 $x(t)$-Diagramm des Gleiters Gelb

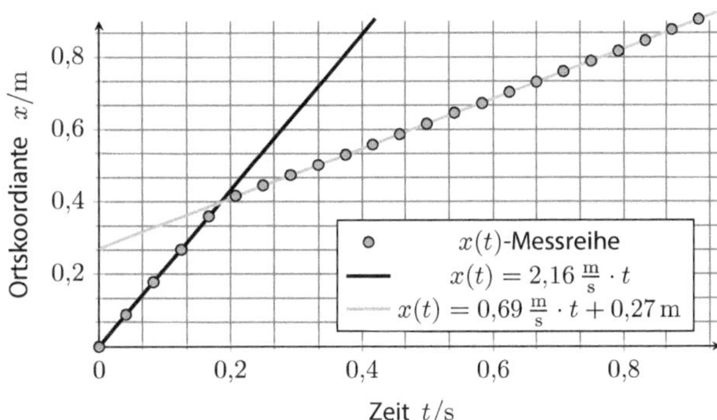

schwindigkeit $v' = 0{,}69\,\mathrm{m/s}$ von Gleiter Blau und Gelb nach dem Stoß. Einsetzen der Massen und gemessenen Geschwindigkeiten vor dem Stoß in (5.21) ergibt die Geschwindigkeit $v' = 0{,}68\,\mathrm{m/s}$ in guter Übereinstimmung mit der Messung.

b) Bestimmung der erzeugten Wärmeenergie Q

Die kinetische Energie E_{kin} vor dem Stoß ist

$$E_{\mathrm{kin}} = \frac{1}{2}m_1 v_1^2 + \frac{1}{2}m_2 v_2^2 \,. \tag{5.22}$$

Die kinetische Energie E_{kin}' nach dem Stoß ist unter Verwendung von (5.21)

$$\begin{aligned}
E_{\mathrm{kin}}' &= \frac{1}{2}(m_1 + m_2)v'^2 \\
&= \frac{1}{2}(m_1 + m_2)\frac{(m_1 v_1 + m_2 v_2)^2}{(m_1 + m_2)^2} \\
&= \frac{1}{2}\frac{(m_1 v_1 + m_2 v_2)^2}{m_1 + m_2} \,.
\end{aligned} \tag{5.23}$$

Nach dem Energieerhaltungssatz gilt für die erzeugte Wärmeenergie

$$Q = E_{\mathrm{kin}} - E_{\mathrm{kin}}' \,. \tag{5.24}$$

Einsetzen von (5.22) und (5.23) in (5.24) und Vereinfachen ergibt

$$\begin{aligned}
Q &= \frac{1}{2}\left(m_1 v_1^2 + m_2 v_2^2 - \frac{(m_1 v_1 + m_2 v_2)^2}{m_1 + m_2}\right) \\
&= \frac{1}{2}\frac{m_1^2 v_1^2 + m_1 m_2 v_1^2 + m_2^2 v_2^2 + m_1 m_2 v_2^2 - m_1^2 v_1^2 - 2m_1 m_2 v_1 v_2 - m_2^2 v_2^2}{m_1 + m_2} \\
&= \frac{1}{2}\frac{m_1 m_2 v_1^2 + m_1 m_2 v_2^2 - 2m_1 m_2 v_1 v_2}{m_1 + m_2} \\
&= \frac{1}{2}\frac{m_1 m_2}{m_1 + m_2}(v_1 - v_2)^2 \,.
\end{aligned} \tag{5.25}$$

Der Anteil erzeugter Wärmeenergie ist unter Verwendung von (5.24)

$$\frac{Q}{E_{\text{kin}}} = 1 - \frac{E'_{\text{kin}}}{E_{\text{kin}}} \, . \tag{5.26}$$

Einsetzen von (5.22) und (5.23) in (5.26) ergibt

$$\frac{Q}{E_{\text{kin}}} = 1 - \frac{\frac{1}{2}\frac{(m_1 v_1 + m_2 v_2)^2}{m_1 + m_2}}{\frac{1}{2}m_1 v_1^2 + \frac{1}{2}m_2 v_2^2} = 1 - \frac{(m_1 v_1 + m_2 v_2)^2}{\left(m_1 v_1^2 + m_2 v_2^2\right)(m_1 + m_2)} \, . \tag{5.27}$$

Einsetzen von $v_2 = 0$ in (5.27) ergibt

$$\frac{Q}{E_{\text{kin}}} = 1 - \frac{m_1}{m_1 + m_2} = \frac{m_2}{m_1 + m_2} \, . \tag{5.28}$$

Einsetzen der Werte in (5.28) ergibt $Q/E_{\text{kin}} = 0{,}689 = 68{,}9\,\%$.

c) Prüfung der Aussagen zum inelastischen Stoß

1. Einsetzen von $v_1 = v$ und $v_2 = -v$ in (5.21) ergibt

$$v' = \frac{m_1 v - m_2 v}{m_1 + m_2} = v\frac{m_1 - m_2}{m_1 + m_2} \, . \tag{5.29}$$

Für $m_1 > m_2$ ist $v' > 0$, für $m_1 < m_2$ ist $v' < 0$. Also ist die Aussage richtig.
2. Nach (5.21) ist mit $m_1/m_2 = k$

$$v' = \frac{\frac{m_1}{m_2}v_1 + v_2}{\frac{m_1}{m_2} + 1} = \frac{k v_1 + v_2}{k + 1} \, . \tag{5.30}$$

Für $k \gg 1$ ist $k v_1 \gg v_2$ und damit $v' \approx v_1$. Also ist die Aussage richtig.
3. Nach (5.25) ist für $v_1 > 0$ und $v_2 > 0$ die erzeugte Wärmeenergie kleiner als für $v_1 < 0$ und $v_2 > 0$ oder $v_1 > 0$ und $v_2 < 0$. Also ist die Aussage richtig.

Lösung zu Aufgabe 38: Ballistisches Fadenpendel

a) Bestimmung der Geschossgeschwindigkeit v

Das Geschoss stößt inelastisch mit dem Knetklumpen. Der Impulserhaltungssatz liefert einen Zusammenhang zwischen der Geschossgeschwindigkeit v und der Geschwindigkeit v' von Knetklumpen und Geschoss nach dem Stoß:

$$mv = (m + M)v' \qquad \Leftrightarrow \qquad v' = v\frac{m}{m + M} \, . \tag{5.31}$$

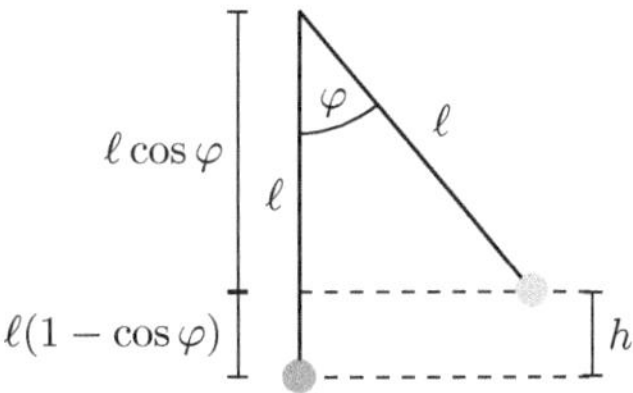

Abb. 5.13 Berechnung der Höhe h aus der Pendellänge ℓ und dem Auslenkwinkel φ

Nach dem inelastischen Stoß wird die kinetische Energie von Knetklumpen und Geschoss in Lageenergie umgewandelt. Hierbei wird der Knetklumpen und das Geschoss um die Strecke h angehoben. Nach dem Energieerhaltungssatz ist

$$\frac{1}{2}(M + m)v'^2 = (M + m)gh. \tag{5.32}$$

Einsetzen von (5.31) in (5.32) und Auflösen nach v ergibt

$$\frac{1}{2}v^2\frac{m^2}{M + m} = (M + m)gh \qquad \Leftrightarrow \qquad v = \frac{M + m}{m}\sqrt{2gh}. \tag{5.33}$$

Die Strecke h kann aus dem Auslenkwinkel φ des Pendels und der Pendellänge ℓ nach Abb. 5.13 zu

$$h = \ell(1 - \cos\varphi) \tag{5.34}$$

bestimmt werden. Einsetzen von (5.34) in (5.33) ergibt

$$v = \frac{M + m}{m}\sqrt{2g\ell(1 - \cos\varphi)}. \tag{5.35}$$

Einsetzen der gegebenen Massen und des gemessenen Auslenkwinkels $\varphi = 24{,}5°$ und der gemessenen Länge $\ell = 39\,\text{cm}$ des Pendels in (5.35) ergibt die Geschwindigkeit $v = 180\,\text{m/s} = 648\,\text{km/h}$.

b) Bestimmung der Mindestgeschossgeschwindigkeit v_min für Überschlag des Fadenpendels

Für einen Überschlag des Fadenpendels muss die Geschwindigkeit v_o des Knetklumpens im obersten Bahnpunkt gerade so groß sein, dass die Gewichtskraft gleich der Zentripetalkraft der Kreisbewegung ist:

$$F_\text{G} = F_\text{Z},$$
$$(m + M)g = (m + M)\frac{v_\text{o}^2}{\ell} \qquad \Rightarrow \qquad v_\text{o} = \sqrt{g\ell}. \tag{5.36}$$

Nach dem Energieerhaltungssatz ist

$$\frac{1}{2}(m + M)v'^2 = (m + M)gh + \frac{1}{2}(m + M)v_\text{o}^2. \tag{5.37}$$

Einsetzen von

$$h = 2\ell \tag{5.38}$$

und von (5.36) in (5.37) sowie Auflösen nach v' ergibt

$$\frac{1}{2}(m + M)v'^2 = 2(m + M)g\ell + \frac{1}{2}(m + M)g\ell$$
$$\Rightarrow v' = \sqrt{5g\ell}. \tag{5.39}$$

Einsetzen von (5.39) in (5.31) und Auflösen nach v ergibt

$$v = \frac{M + m}{m}\sqrt{5g\ell} = v_{\min}. \tag{5.40}$$

Einsetzen der Werte in (5.40) ergibt die Mindestgeschwindigkeit $v_{\min} = 949\,\text{m/s} = 3417\,\text{km/h}$. Diese Geschossgeschwindigkeit ist mit einem Luftgewehr nicht realisierbar.

Lösung zu Aufgabe 39: Waggonbefüllung während der Fahrt

a) Erklärung der Geschwindigkeitsabnahme während der Waggonbefüllung
Wenn Sand in den Waggon fällt, wird dieser durch eine Reibungskraft des Waggons in horizontaler Richtung beschleunigt. Nach dem Wechselwirkungsgesetz übt der Sand auf den Waggon eine entgegengesetzt gleich große Reibungskraft aus, die den Waggon verzögert.

b) Herleitung der $v(t)$-Funktion des Waggons
Der Füllvorgang kann als kontinuierlicher, horizontaler inelastischer Stoß zwischen Sand und Waggon beschrieben werden. Nach dem Impulserhaltungssatz bleibt der Gesamtimpuls der Stoßpartner Sand und Waggon in x- und y-Richtung erhalten. Der Gesamtimpuls in x-Richtung vor dem Befüllen muss gleich dem Gesamtimpuls beim Befüllen sein:

$$\underbrace{0}_{\text{Impuls Sand}} + \underbrace{m_0 v_0}_{\text{Impuls Waggon}} = \underbrace{(m_0 + \mu t)\, v}_{\text{Impuls Sand + Waggon}}. \tag{5.41}$$

Auflösen von (5.41) nach v ergibt

$$v(t) = v_0 \frac{m_0}{m_0 + \mu t}. \tag{5.42}$$

Herleitung der $a(t)$- und $x(t)$-Funktion
Ableiten von (5.42) nach t gemäß der Kettenregel ergibt

$$a(t) = \dot{v}(t) = -v_0 m_0 (m_0 + \mu t)^{-2}\mu = -\frac{v_0 m_0 \mu}{(m_0 + \mu t)^2}. \tag{5.43}$$

Integration von (5.42) nach t ergibt unter Verwendung des Hinweises

$$
\begin{aligned}
x(t) = \int_0^t v(t')\, \mathrm{d}t' &= \int_0^t v_0 \frac{m_0}{m_0 + \mu t'}\, \mathrm{d}t' \\
&= v_0 \int_0^t \frac{1}{\frac{\mu}{m_0}t' + 1}\, \mathrm{d}t' \\
&= \frac{v_0 m_0}{\mu} \ln\left(\frac{\mu}{m_0}t + 1\right).
\end{aligned} \tag{5.44}
$$

c) Erforderliche Kraft F zur Waggonbewegung mit konstanter Geschwindigkeit v_0
Anwendung des Newton'schen Grundgesetzes

$$
\vec{F}_{\mathrm{res}} = m(t)\dot{\vec{v}}(t) - \left[\vec{u}(t) - \vec{v}(t)\right]\dot{m}(t) \tag{5.45}
$$

für masseveränderliche Bewegungen auf die horizontale Waggonbewegung ergibt

$$
F_{\mathrm{res}} = F = m(t)0 - (0 - v_0)\mu = 0 + v_0\mu = v_0\mu. \tag{5.46}
$$

d) Formel für die Geschwindigkeitsabnahme Δv zwischen Beginn und Ende der Waggonbefüllung
Für die Füllzeit t^* gilt

$$
x(t^*) = \ell. \tag{5.47}
$$

Einsetzen von (5.47) in (5.44) ergibt

$$
x(t^*) = \ell = \frac{v_0 m_0}{\mu} \ln\left(\frac{\mu}{m_0}t^* + 1\right). \tag{5.48}
$$

Auflösen von (5.48) nach t^* ergibt

$$
t^* = \frac{m_0}{\mu}\left(\mathrm{e}^{\frac{\mu\ell}{m_0 v_0}} - 1\right). \tag{5.49}
$$

Die Geschwindigkeitsabnahme ist mit (5.42)

$$
\Delta v = v(0) - v(t^*) = v_0 - v_0 \frac{m_0}{m_0 + \mu t^*} = v_0\left(1 - \frac{m_0}{m_0 + \mu t^*}\right). \tag{5.50}
$$

Einsetzen von (5.49) in (5.50) ergibt

$$
\Delta v = v_0\left(1 - \mathrm{e}^{-\frac{\mu\ell}{m_0 v_0}}\right). \tag{5.51}
$$

Nach (5.51) müssen für eine möglichst große Geschwindigkeitsänderung Δv, die Massenrate μ und die Länge ℓ des Waggons möglichst groß sowie die Anfangsmasse m_0 und Anfangsgeschwindigkeit v_0 möglichst klein sein.

Lösung zu Aufgabe 40: Teilchenstreuung

a) Konstanz und Richtung des Drehimpulsvektors $\vec{L}$

Da das Kraftfeld radialsymmetrisch ist, zeigen Ortsvektor $\vec{r}$ und Kraftvektor $\vec{F}$ immer in radialer Richtung vom Streuzentrum weg. Für das Drehmoment gilt damit

$$\vec{M} = \vec{r} \times \vec{F} = \vec{0}. \tag{5.52}$$

Wegen

$$\vec{M} = \frac{d\vec{L}}{dt} = \vec{0} \Rightarrow \vec{L} = \text{konst.} \tag{5.53}$$

ist der Drehimpulsvektor konstant. Nach der Rechte-Hand-Regel zeigt $\vec{L}$ entgegen der z-Richtung, d. h.

$$L_x = L_y = 0, \qquad L_z < 0. \tag{5.54}$$

b) Prüfung der Formel für Drehimpuls $\vec{L}$ einer zweidimensionalen Bewegung

Aufgrund der zweidimensionalen Teilchenbewegung in der x-y-Koordinatenebene ist

$$\vec{L} = m(\vec{r} \times \vec{v}) = m \left[\begin{pmatrix} x \\ y \\ 0 \end{pmatrix} \times \begin{pmatrix} v_x \\ v_y \\ 0 \end{pmatrix} \right] = m \begin{pmatrix} 0 \\ 0 \\ x v_y - y v_x \end{pmatrix}. \tag{5.55}$$

Prüfung der Konstanz von L durch $L(t)$-Messreihe

Nach (5.54) gilt $x v_y - y v_x < 0$ und somit $L = m(y v_x - x v_y)$. Der Drehimpulsbetrag $L = 0{,}016\,\text{Nms}$ ist unter Betrachung der $L(t)$-Messreihe näherungsweise konstant (Abb. 5.14).

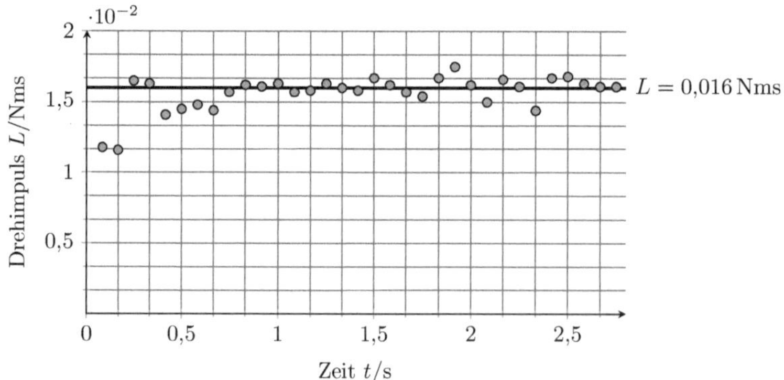

Abb. 5.14 $L(t)$-Diagramm der Teilchenbewegung

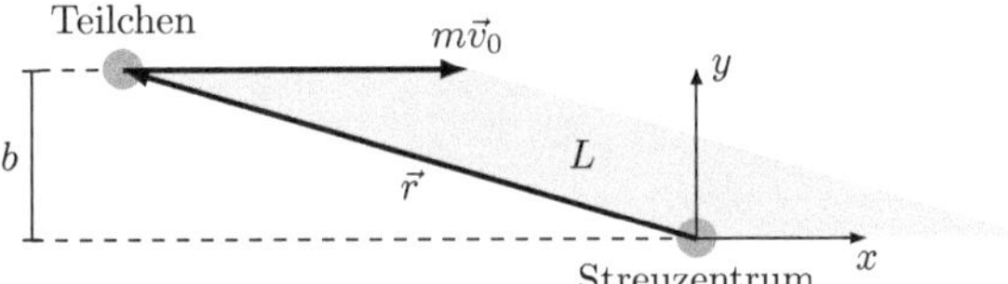

Abb. 5.15 Berechnung des Drehimpulsbetrags L als Flächeninhalt des durch $m\vec{v}_0$ und $\vec{r}$ aufgespannten Parallelogramms

c) Formel für den Drehimpulsbetrag L

Wegen $\vec{L} = \vec{r} \times m\vec{v}_0$ ist nach Definition des Kreuzprodukts der Drehimpuls L gerade die Fläche des von $\vec{r}$ und $m\vec{v}_0$ aufgespannten Parallelogramms. Nach Abb. 5.15 ist $L = mbv_0$. Alternativ ist

$$L = m\,r\,v_0 \sin(\angle(\vec{r}, \vec{v}_0)) = m\,r\,v_0 \sin\varphi = m\,r\,v_0 \sin(180° - \varphi) = mbv_0 . \qquad (5.56)$$

d) Erklärung des $v(t)$-Graphen durch Kräfte

- Für $|t - 1{,}4\,\text{s}| > 0{,}4\,\text{s}$ ist die magnetische Kraft so klein, dass die Bahngeschwindigkeit des Teilchens in Betrag und Richtung konstant ist (Abb. 5.16).
- Für $1{,}0 < t < 1{,}4$ s gibt es eine Kraftkomponente der magnetischen Kraft in Gegenrichtung zur Bewegungsrichtung des Teilchens, und die Bahngeschwindigkeit des Teilchens wird kleiner.
- Für $1{,}4 < t < 1{,}8$ s gibt es eine Kraftkomponente der magnetischen Kraft in Richtung der Bewegungsrichtung des Teilchens, und die Bahngeschwindigkeit des Teilchens wird wieder größer.

Aufgrund des radialsymmetrischen Kraftfelds ergibt sich eine zur Winkelhalbierenden der Ein- und Ausflugrichtung achsensymmetrische Bahnkurve und eine gleich große Ab- und Zunahme der Bahngeschwindigkeit.

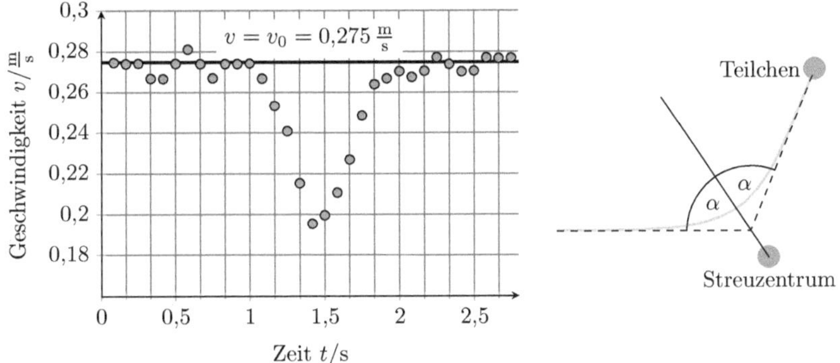

Abb. 5.16 $v(t)$-Diagramm der Teilchenbewegung (*links*) und Bahnkurve der Teilchenbewegung (*rechts*)

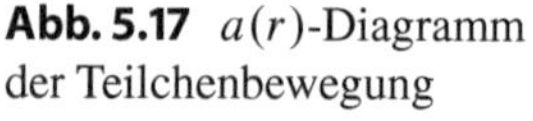

Abb. 5.17 $a(r)$-Diagramm der Teilchenbewegung

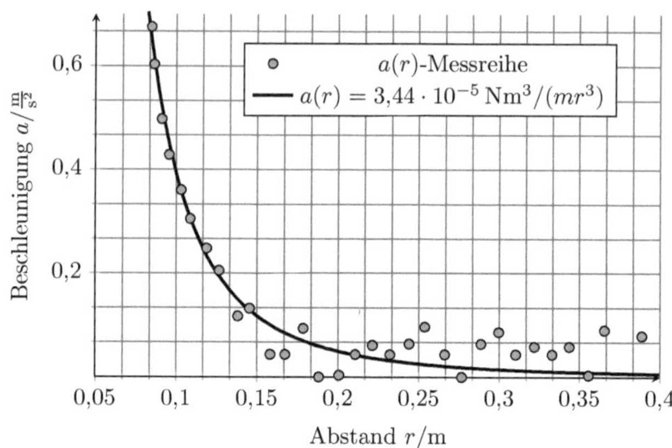

Erklärung des $v(t)$-Graphen durch Energien

Die potenzielle Energie des Teilchens im Unendlichen ist konstant und wird zu null gewählt. Daher ist nach dem Energieerhaltungssatz die kinetische Energie des Teilchens und die Bahngeschwindigkeit bei der Hin- und Wegbewegung zum Streuzentrum gleich (Abb. 5.16).

Bei der Hinbewegung wird ein Teil der kinetischen Energie in potenzielle Energie umgewandelt (Geschwindigkeitsabnahme); bei der Wegbewegung wird der gleiche Anteil potenzieller Energie wieder in kinetische Energie umgewandelt (Geschwindigkeitszunahme).

e) Bestimmung der Konstanten k

Mit einer $x(t)$- und $y(t)$-Messreihe wird im Videoanalyseprogramm der Abstand

$$r(t) = \sqrt{x^2(t) + y^2(t)} \tag{5.57}$$

des Teilchens zum Streuzentrum berechnet. Weiterhin wird im Videoanalyseprogramm

$$a(r) = \sqrt{a_x^2(r) + a_y^2(r)} \tag{5.58}$$

berechnet. Eine Anpassung der Funktion

$$a(r) = \frac{k}{m\,r^3} \tag{5.59}$$

an die $a(r)$-Messreihe für $m = 0{,}087\,\mathrm{kg}$ ergibt $k = 3{,}44 \cdot 10^{-5}\,\mathrm{Nm^3}$ (Abb. 5.17).

f) Begründung des minimalen Abstands für Stoßparameter $b = 0$

Nur für $b = 0$ wird die Bahngeschwindigkeit in einem Bahnpunkt null und damit die gesamte kinetische Energie E_{kin} des Teilchens in die maximale potenzielle Energie E_{pot} umgesetzt. Da $E_{\text{pot}} \propto r^{-2}$, wird der Abstand r minimal.

Berechnung der Konstante k

Die Änderung der potenziellen Energie des Teilchens ist

$$\Delta E_{\text{pot}} = E_{\text{pot},2} - E_{\text{pot},1} = \int_{P_1}^{P_2} \vec{F}(\vec{r}\,') \cdot \mathrm{d}\vec{r}\,' = \int_{-\infty}^{r} \frac{k}{r'^3} \frac{\vec{r}\,'}{r'} \cdot \mathrm{d}\vec{r}\,'$$

$$= -k \int_{-\infty}^{r} \frac{1}{r'^3}\, \mathrm{d}r' = \frac{k}{2}\left[\frac{1}{r'^2}\right]_{-\infty}^{r} = \frac{k}{2r^2}\,. \tag{5.60}$$

Nach dem Energieerhaltungssatz ist mit (5.60)

$$E_{\text{kin},1} + E_{\text{pot},1} = E_{\text{kin},2} + E_{\text{pot},2}\,,$$

$$\frac{1}{2}m_0^2 + 0 = 0 + \frac{k}{2r_{\text{min}}^2} \quad\Rightarrow\quad k = mv_0^2 r_{\text{min}}^2\,. \tag{5.61}$$

Einsetzen der gegebenen Werte und der Geschwindigkeit $v_0 = 0{,}275\,\mathrm{m/s}$ aus Teilaufgabe d in (5.61) ergibt die Konstante $k = 3{,}40 \cdot 10^{-5}\,\mathrm{Nm^3}$.

Lösung zu Aufgabe 41: Bewegung mit Massenänderung

Versuchsmaterial und Durchführung des Experiments

Sie nehmen drei Videoexperimente auf, die die beschriebenen Szenarien (i) bis (iii) zeigen. Als Wagen eignet sich ein Spielzeugauto mit einer Ladefläche, die ggf. aus Pappkarton angefertigt wird, oder ein Skateboard. Die zusätzliche Masse sollte solche Abmessungen besitzen, dass sie ohne Berührung des Wagens problemlos nach oben weggenommen werden kann (Szenario ii). Schnüre, die an der Masse befestigt werden, können das Wegnehmen nach oben erleichtern. Beim Absetzen der Masse in den Szenarien (i) und (iii) ist darauf zu achten, dem Wagen keinen zusätzlichen Impuls in oder gegen die Bewegungsrichtung zu geben.

a) Hypothesen zu den drei Szenarien

(i)   Die Geschwindigkeit des Wagens wird sich verringern. Die zusätzliche Masse m startet aus der Ruhe ($t < t_0$) und wird sich nach dem Absetzen auf den Wagen mit diesem mitbewegen. Die Änderung der Geschwindigkeit (von $v_m = 0$ auf $v_m \neq 0$) bewirkt eine Beschleunigung der Zusatzmasse, die mit einer Kraftwirkung in Bewegungsrichtung verbunden ist. Nach dem Wechselwirkungsprinzip erfährt der Wagen eine gleich große entgegengesetzte Kraft, die den Wagen verzögert. Die Situation ist identisch zu der eines inelastischen Stoßes zwischen ruhender Masse m und mit v bewegter Masse M. Impulserhaltung für den Stoßvorgang ergibt

$$M v_0 = (M + m)v'\,, \tag{5.62}$$

woraus folgt, dass sich die Geschwindigkeit nach dem Stoß v' für $t > t_0$ verringert:

$$v' = v_0 \frac{M}{M + m} \, . \tag{5.63}$$

Bemerkung: Der Energieerhaltungssatz kann nicht angewendet werden, da die notwendige Wechselwirkung zwischen Wagen und Zusatzmasse durch eine Reibungskraft hervorgerufen wird, die in der Energiebilanz nicht quantitativ berücksichtigt werden kann.

(ii) Die Geschwindigkeit des Wagens verändert sich nicht. Das System Wagen und Zusatzmasse wird entkoppelt, der Impuls und die kinetische Energie beider Teilsysteme bleiben erhalten: Die nach oben weggenommene Masse bewegt sich gemäß dem Impulssatz mit gleicher Geschwindigkeit weiter. Dies wird im Experiment allerdings nicht beobachtet, da der Impuls der Zusatzmasse von der Hand, die die Zusatzmasse ergreift und nach oben führt, kompensiert wird. Gemäß Impulserhaltung für das System „Wagen und Zusatzmasse" ändert sich auch die Geschwindigkeit des Wagens nicht:

$$\left. \begin{array}{l} p = (M + m)v_0 \\ p' = M v' + m v' \end{array} \right\} \quad \Rightarrow \quad v_0 = v' \, ,$$

$$E = \frac{1}{2}(M + m)v_0^2 = \frac{1}{2} M v_0^2 + \frac{1}{2} m v_0^2 = E' \, . \tag{5.64}$$

(iii) Die Geschwindigkeit des Wagens ändert sich nicht. Wird die Zusatzmasse vor dem Absetzen mitbewegt, besitzt sie bereits den Impuls $m v_0$. Beim Absetzen muss sie demnach nicht weiter beschleunigt werden, sodass es zu keiner Kraftwirkung kommt (vgl. Begründung zu Szenario i). Die Impulsbilanz ergibt

$$M v + m v = (M + m)v' \quad \Rightarrow \quad v = v' \, . \tag{5.65}$$

b) Experimentelle Prüfung der Hypothesen

Abb. 5.18 zeigt für die drei Szenarien die Position des Wagens über die Zeit, wobei jeweils zum Zeitpunkt $t = t_0 = 1{,}3\,\mathrm{s}$ das Absetzen bzw. Wegnehmen der Masse m erfolgt. Die Diagramme bestätigen die Hypothesen aus Teilaufgabe a, denn nur in Szenario (i) änderte sich die Geschwindigkeit des Wagens. Die Geschwindigkeitsänderung wird durch unterschiedliche Geradensteigungen für $t < t_0$ bzw. $t > t_0$ sichtbar. Die Gültigkeit des hergeleiteten Zusammenhangs

$$v' = v_0 \frac{M}{M + m} \tag{5.66}$$

kann durch Wiegen der Massen verifiziert werden.

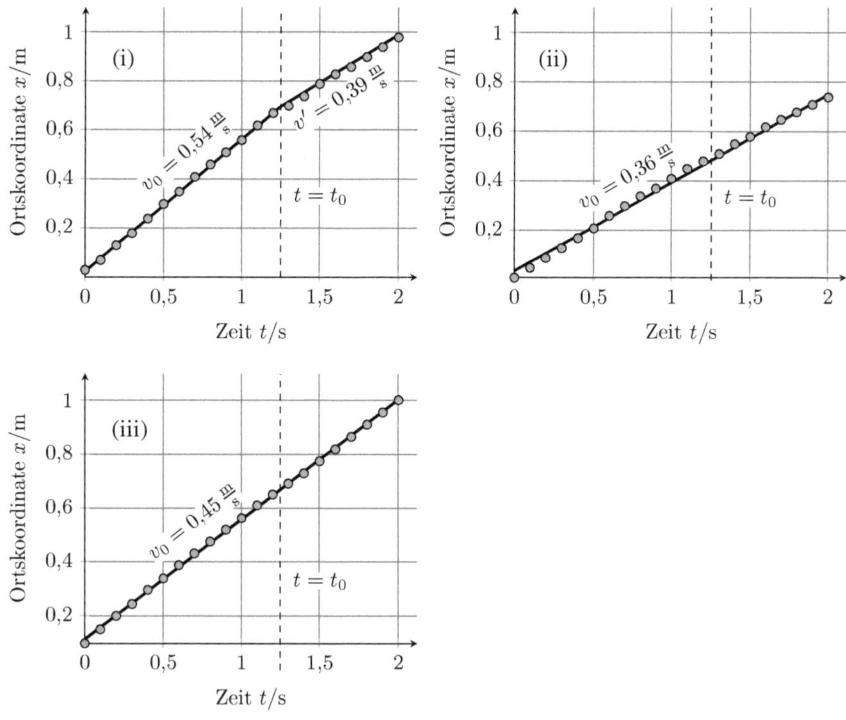

Abb. 5.18 $x(t)$-Diagramme für die Szenarien (i), (ii) und (iii)

6.1 Massenschwerpunkt ausgedehnter Körper

Aufgabe 42: Schwerpunkt einer auslaufenden Getränkedose

Eine zylindrische Getränkedose (Masse m_G, Höhe $h = 10\,\text{cm}$, Radius r) konstanter Wandstärke ist zunächst vollständig mit Eistee (Masse $m_{E,0} = m_G = m$, Dichte ρ) gefüllt. Durch ein Loch (Durchmesser $d \ll r$) im Boden der Getränkedose kann der Eistee auslaufen (Abb. 6.1).

a. Leiten Sie eine Formel für die Schwerpunktskoordinate $x_S(x)$ der auslaufenden Getränkedose her.
b. Bestimmen Sie die minimale Schwerpunktskoordinate $x_{S,\min}$.

Abb. 6.1 Auslaufende Getränkedose mit momentaner Füllhöhe x

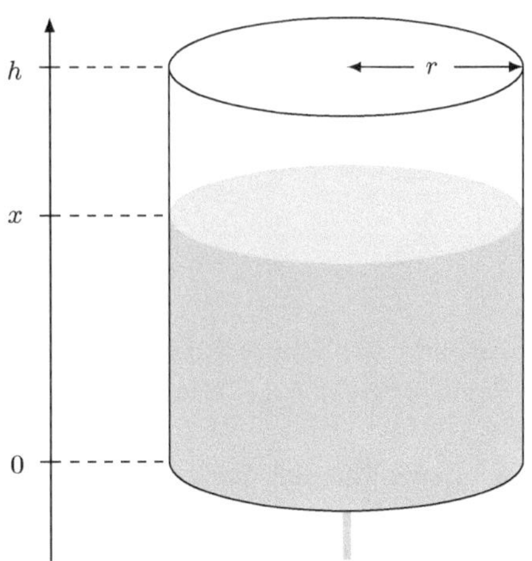

© Springer-Verlag GmbH Deutschland 2017
S. Gröber et al., *Smarte Aufgaben zur Mechanik und Wärme*,
https://doi.org/10.1007/978-3-662-54479-2_6

6.2 Trägheitsmoment und Erhaltungsgrößen

Aufgabe 43: Abwurf rollender Kugel   (VA)
Schauen Sie sich das Videoexperiment und Abb. 6.2 an.

a. Leiten Sie die Formel für das Trägheitsmoment I_K einer Kugel bezüglich einer Achse durch den Kugelmittelpunkt her und berechnen Sie dieses.
b. Leiten Sie eine Formel für die Abwurfgeschwindigkeit v der Kugel im Punkt A her und berechnen Sie diese. Überprüfen Sie das Ergebnis experimentell und erklären Sie Abweichungen.
c. Leiten Sie eine Formel für den Abstand x_w des Auftreffpunkts der Kugel vom Punkt B her. Überprüfen Sie das Ergebnis experimentell und erklären Sie Abweichungen.

Abb. 6.2 Eine Kugel beschleunigt auf einer Rampe und springt im Punkt A ab

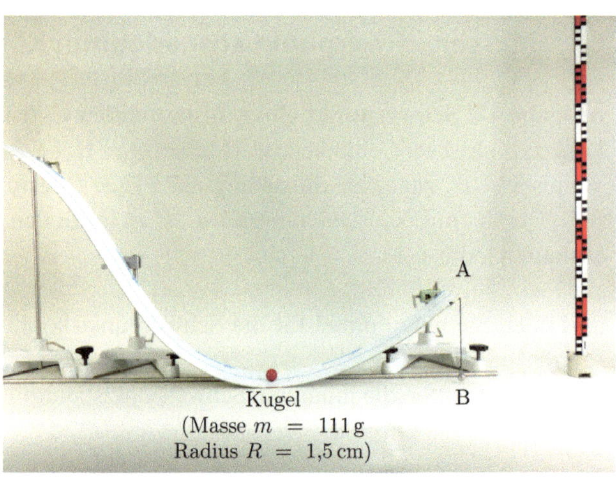

http://tiny.cc/ejfzly

Aufgabe 44: Schuss auf drehbare Platte   (VA)
Schauen Sie sich das Videoexperiment und Abb. 6.3 an.

a. Leiten Sie eine Formel zur Berechnung des Trägheitsmoments I_P der Platte her und berechnen Sie dieses.
b. Der Knetklumpen hat die Platte in Rotation versetzt. Leiten Sie eine Formel zur Bestimmung der Geschwindigkeit v des Knetklumpens her und berechnen Sie diese. Kontrollieren Sie das Ergebnis experimentell.

Abb. 6.3 Eine drehbare Platte wird durch einen Knetklumpen in Rotation versetzt

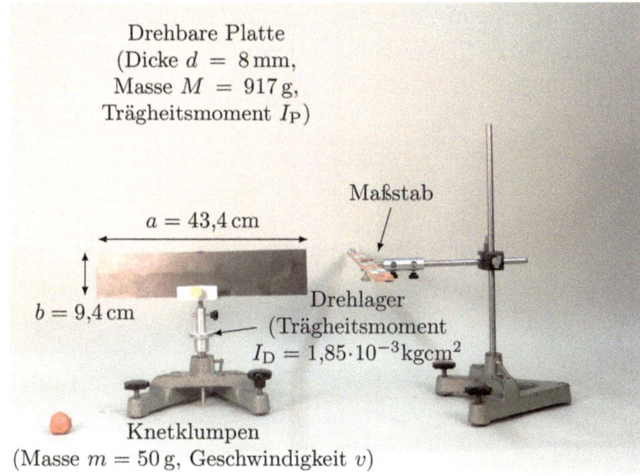

http://tiny.cc/cjfzly

Aufgabe 45: Stoß von Puck mit Hantel

Auf einem reibungsfreien Luftkissentisch stößt ein zylindrischer Puck (Masse m, Geschwindigkeit v in x-Richtung) idealelastisch und zentrisch mit einer der Massen einer ruhenden symmetrischen Hantel (Schwerpunkt S_H, Trägheitsmoment $J_\mathrm{S,H}$ bezüglich S_H, zylindrische Hantelmassen m, Schwerpunktabstand d, masselose Hantelstange) (Abb. 6.4). Nach dem Stoß hat der Puck die Geschwindigkeit v', der Hantelschwerpunkt S_H hat die Geschwindigkeit $v_\mathrm{S,H}$, und die symmetrische Hantel rotiert mit der Winkelgeschwindigkeit ω.

Abb. 6.4 Ein Puck stößt elastisch mit einer der Massen einer Hantel und versetzt diese in Translation und Rotation

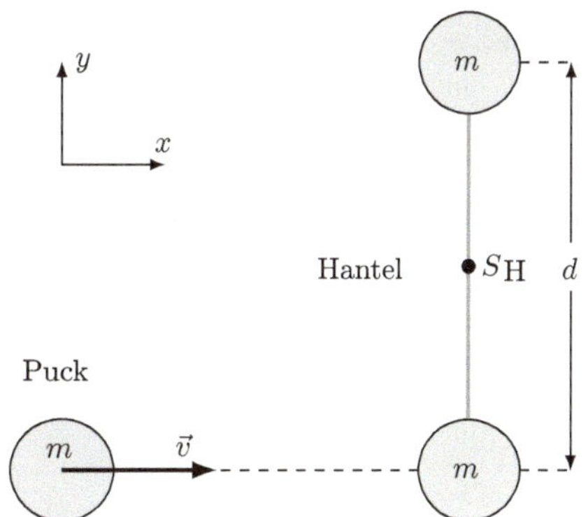

a. Zeigen Sie mit dem Schwerpunktsatz, dass sich der Hantelschwerpunkt S_H nach dem
Stoß in x-Richtung und mit der Geschwindigkeit

$$v_{S,H} = \frac{1}{2}(v - v')$$

bewegt.

b. Zeigen Sie mit dem Drehimpulserhaltungssatz (Bezugspunkt S_H), dem Energieerhaltungssatz und dem Ergebnis aus Teilaufgabe a, dass gilt:

$$v' = v\,\frac{a - 1}{a + 1}, \qquad v_{S,H} = \frac{v}{a + 1}, \qquad \omega = \frac{v}{d}\,\frac{4a - 2}{a + 1}$$

mit

$$a = \frac{md^2}{4J_{S,H}} + \frac{1}{2}.$$

c. Nach dem Stoß soll die Puckgeschwindigkeit $v' = 0$ sein. Welche Massenverteilung
hat die Hantel? Bestimmen Sie dafür das Verhältnis von Translations- und Rotationsenergie für diese Massenverteilung.

Aufgabe 46: Rollende Getränkedosen   (mVA)
Videografieren Sie das Rollen von Getränkedosen auf einer schiefen Ebene (z. B. einem
schräg gestellten Tisch). Dose 1 ist leer, Dose 2 ist flüssigkeitsgefüllt, und Dose 3 ist
flüssigkeitsgefüllt, und gefroren. Alle Dosen starten von der gleichen Ausgangsposition
und legen die gleiche Rollstrecke zurück.

a. Formulieren Sie vor der Versuchsdurchführung eine begründete Hypothese, welche
der beiden Dosen 2 und 3 zuerst am Streckenende ankommt.

b. Leiten Sie eine Formel für die Schwerpunktbeschleunigung einer rollenden Dose her
und bestimmen Sie diese für die drei genannten Fälle, indem Sie die Geometrie und
die Massen der Dosen bestimmen.
Hinweis: Die Trägheitsmomente eines Voll- bzw. Hohlzylinders mit Masse m, Außen-
radius R und Wanddicke d bezüglich der Zylinderachse sind

$$I_{VZ} = \frac{1}{2}mR^2, \tag{6.1}$$

$$I_{HZ} = m\left(R^2 - Rd + \frac{1}{2}d^2\right).$$

c. Bestimmen Sie die Schwerpunktbeschleunigungen der Dosen experimentell und vergleichen Sie die Ergebnisse mit den Berechnungen aus Teilaufgabe b.

Abb. 6.5 Eine Drehscheibe
wird durch eine aufgewickelte
Schnur in Rotation versetzt

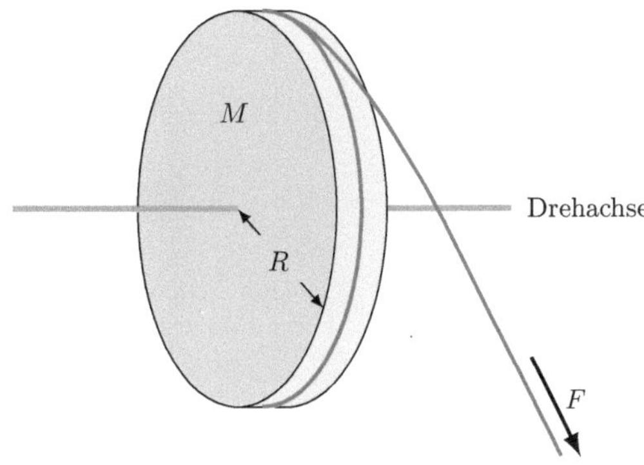

6.3 Bewegungsgleichung der Rotation

Aufgabe 47: Newtons Grundgesetz der Rotation

Eine homogene Drehscheibe (Masse $M = 5\,$kg, Radius $R = 0{,}1\,$m) kann reibungsfrei um
eine zur Drehscheibe senkrecht stehende und durch den Schwerpunkt gehende masselose
Achse rotieren. Mit einer aufgewickelten Schnur wird auf die zunächst ruhende Scheibe
für Zeiten $t \geq 0\,$s eine Kraft $F = 20\,$N ausgeübt (Abb. 6.5).

a. Leiten Sie durch Integration die Formel zur Berechnung des Trägheitsmoments I der
Drehscheibe bezüglich der Drehachse her und berechnen Sie dieses.
b. Ermitteln Sie die Winkelbeschleunigung α der Scheibe.
c. Berechnen Sie Drehimpuls L, Rotationsenergie E_{rot} und Winkelgeschwindigkeit ω der
Scheibe zum Zeitpunkt $t = 5\,$s.

Aufgabe 48: Falltür   (mVA)

Videografieren Sie die Bewegung eines Lineals (Länge ℓ, Trägheitsmoment I) als gegen-
ständliches Modell einer Falltür. Befestigen Sie dazu das Lineal mit einem Klebestreifen als Scharnier an einer Tischkante, halten es in der Horizontalen und lassen es los
(Abb. 6.6).

a. Wenden Sie das zweite Newton'sche Axiom für Rotationsbewegungen

$$\vec{M} = I\,\frac{\mathrm{d}\vec{\omega}}{\mathrm{d}t}$$

auf die Falltür an. Zeigen Sie, dass für die Winkelbeschleunigung gilt:

$$\ddot{\varphi} = \frac{3}{2}\frac{g}{\ell}\cos\varphi\,.$$

b. Bestimmen Sie für kleine Winkel φ theoretisch und experimentell die Beschleunigung
des Falltürendes zum Beginn der Bewegung.

Abb. 6.6 Ein Lineal ist an einem Tischende befestigt und wird aus der Horizontalen fallen gelassen

6.4   Translation und Rotation

Aufgabe 49: Maxwell'sches Rad   (VA)

Schauen Sie sich das Videoexperiment und Abb. 6.7 an.

a. Leiten Sie eine Formel zur Berechnung der Beschleunigung a des Maxwell'schen Rads her und berechnen Sie diese.
b. Überprüfen Sie das Ergebnis aus Teilaufgabe a experimentell. Erklären und korrigieren Sie die Abweichung.
c. Ermitteln Sie experimentell die Winkelbeschleunigung α der Rotationsbewegung. Überprüfen Sie den Zusammenhang zwischen Beschleunigung a und Winkelbeschleunigung α.

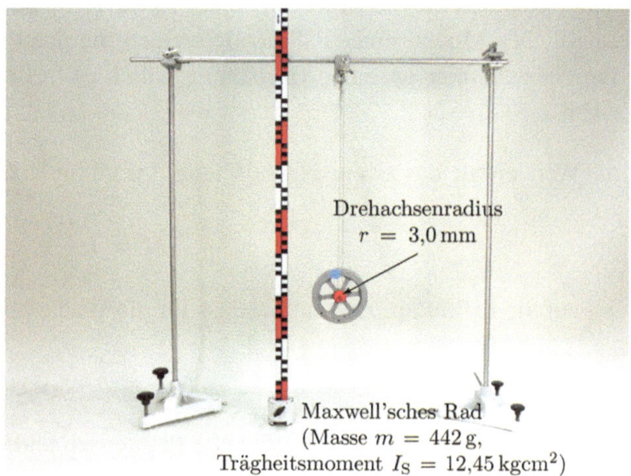

Abb. 6.7 Durch Abwickeln einer Schnur von der Drehachse des Maxwell'schen Rads wird dieses in Rotation und Translation versetzt

d. Erklären Sie qualitativ, warum während der Fallbewegung die Kraft F_S in den beiden Schnüren kleiner als die halbe Gewichtskraft des Maxwell'schen Rads ist. Berechnen Sie die Kraft F_S.

http://tiny.cc/ijfzly

6.5 Lösungen

Lösung zu Aufgabe 42: Schwerpunkt einer auslaufenden Getränkedose

a) Formel für die Schwerpunktskoordinate x_S

Da die Wandstärke der Getränkedose konstant ist, gilt für die Schwerpunktskoordinate der Getränkedose

$$x_{G,S} = \frac{h}{2}. \tag{6.2}$$

Bezeichnet x die Koordinate des Füllstands in der Getränkedose, dann ist die Schwerpunktskoordinate des Eistees

$$x_{E,S} = \frac{x}{2}. \tag{6.3}$$

Da die Dichte des Eistees konstant ist, gilt für die veränderliche Masse m_E des Eistees die Proportion

$$\frac{m_E}{m_{E,0}} = \frac{x}{h} \qquad \Leftrightarrow \qquad m_E = \frac{x}{h}m_{E,0} = \frac{x}{h}m. \tag{6.4}$$

Die Schwerpunktskoordinate von Getränkedose und Eistee ist dann

$$x_S = \frac{m_G + x_{G,S} + m_E x_{E,S}}{m_G + m_E}. \tag{6.5}$$

Einsetzen von (6.2), (6.3) und (6.4) in (6.5) ergibt mit $m_G = m$

$$x_S(x) = \frac{m_G + x_{G,S} + m_E x_{E,S}}{m_G + m_E} = \frac{m\frac{h}{2} + \frac{x}{h}m\frac{x}{2}}{m + \frac{x}{h}m} = \frac{\frac{h}{2} + \frac{x^2}{2h}}{1 + \frac{x}{h}} = \frac{h}{2}\frac{1 + \left(\frac{x}{h}\right)^2}{1 + \frac{x}{h}}. \tag{6.6}$$

b) Bestimmung der minimalen Schwerpunktskoordinate $x_{\mathrm{S,min}}$

Es muss das Minimum von (6.6) bestimmt werden. Setze $x/h = k$ und suche k mit

$$\frac{\mathrm{d}}{\mathrm{d}k}\left(\frac{1+k^2}{1+k}\right) = 0. \tag{6.7}$$

Anwendung der Quotientenregel ergibt

$$\frac{\mathrm{d}}{\mathrm{d}k}\left(\frac{1+k^2}{1+k}\right) = \frac{1k(1+k) - 1(1+k^2)}{(1+k)^2} = \frac{k^2 + 2k - 1}{(1+k)^2} = 0 \Rightarrow k^2 + 2k - 1 = 0. \tag{6.8}$$

Die Lösungen von (6.8) sind

$$k_{1,2} = -1 \pm \sqrt{2}. \tag{6.9}$$

Wegen $x/h = k > 0$ ist $k = 0{,}414$ und die minimale Schwerpunktskoordinate $x_{\mathrm{S,min}} = 0{,}414h = 4{,}14\,\mathrm{cm}$.

Lösung zu Aufgabe 43: Abwurf rollender Kugel

a) Formel für das Trägheitsmoment I_{K} einer Kugel

Das Trägheitsmoment für einen Körper homogener Dichte ρ ist

$$I = \int_V r_\perp^2 \,\mathrm{d}m = \int_V r_\perp^2 \rho \,\mathrm{d}V = \rho \int_V r_\perp^2 \,\mathrm{d}V, \tag{6.10}$$

wobei $r_\perp$ der Abstand zur Drehachse ist. Da es sich um eine Kugel handelt, werden Kugelkoordinaten verwendet. Das Volumenelement in Kugelkoordinaten lautet

$$\mathrm{d}V = r^2 \sin\vartheta \,\mathrm{d}r\mathrm{d}\vartheta\mathrm{d}\varphi. \tag{6.11}$$

Weiter gilt

$$r_\perp = r\sin\vartheta. \tag{6.12}$$

Einsetzen von (6.11) und (6.12) in (6.10) ergibt

$$\begin{aligned}
I_{\mathrm{K}} &= \rho \int_0^{2\pi}\int_0^{\pi}\int_0^{R} r^4 \sin^3\vartheta \,\mathrm{d}\varphi\mathrm{d}\vartheta\mathrm{d}r \\
&= \rho\,\frac{2\pi R^5}{5} \int_0^{pi} \sin^3\vartheta \,\mathrm{d}\vartheta \\
&= \rho\,\frac{2\pi R^5}{5}\left[-\frac{3}{4}\cos\vartheta + \frac{1}{12}\cos 3\vartheta\right]_0^{\pi} \\
&= \rho\,\frac{2\pi R^5}{5}\cdot\frac{4}{3}.
\end{aligned} \tag{6.13}$$

Abb. 6.8 $v(t)$-Diagramm der Kugelbewegung mit Abwurfzeitpunkt $t = 0$

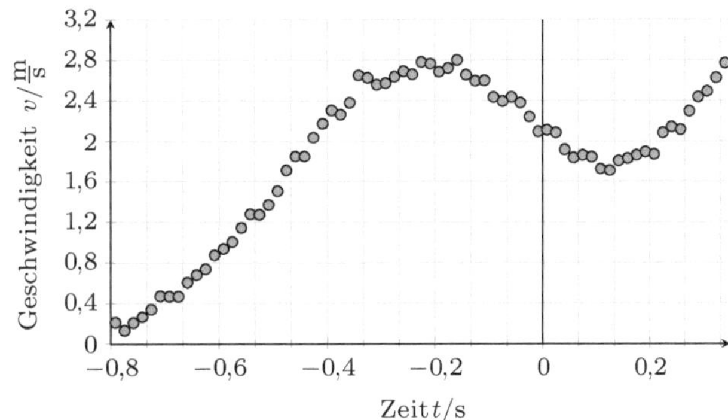

Einsetzen der Kugelmasse

$$m = \rho \frac{4}{3}\pi R^3 \tag{6.14}$$

in (6.13) ergibt

$$I_K = \frac{2}{5}mR^2 . \tag{6.15}$$

Einsetzen der Werte in (6.15) ergibt das Trägheitsmoment $I_K = 10^{-5}\,\text{kgm}^2$.

b) Bestimmung der Abwurfgeschwindigkeit v_0 der Kugel

Die Anwendung des Energieerhaltungssatzes für Zeitpunkt t_1 des Kugelstarts in der Höhe H und Zeitpunkt t_2 des Kugelabwurfs in der Höhe h im Punkt A ergibt

$$E_{\text{ges}}(t_1) = E_{\text{ges}}(t_2) ,$$

$$mgH = mgh + \frac{1}{2}mv_0^2 + \frac{1}{2}I_K\omega^2 = mgh + \frac{1}{2}mv_0^2 + \frac{1}{2}\frac{2}{5}mR^2\frac{v_0^2}{R^2} \tag{6.16}$$

$$\Leftrightarrow \quad gH = gh + \frac{7}{10}v_0^2 \quad \Leftrightarrow \quad v_0 = \sqrt{\frac{10}{7}g(H - h)} .$$

Einsetzen der Messwerte $H = 60{,}7\,\text{cm}$ und $h = 23{,}0\,\text{cm}$ in (6.16) ergibt eine Abwurfgeschwindigkeit $v_0 = 2{,}30\,\text{m/s}$. Bei der Aufnahme der $v(t)$-Messreihe in Abb. 6.8 wurde der Abwurfzeitpunkt im Punkt A als Zeitpunkt $t = 0$ gewählt. Die gemessene Abwurfgeschwindigkeit $v_0 = 2{,}1\,\text{m/s}$ ist aufgrund der Roll- und Luftreibung während der Kugelbewegung um $0{,}2\,\text{m/s}$ ($8{,}7\,\%$) kleiner als die zuvor berechnete Abwurfgeschwindigkeit.

c) Bestimmung der Wurfweite x_{W}

Liegt der Koordinatenursprung im Punkt B (Abb. 6.2), dann gilt für ein rechtshändiges, rechtwinkliges Koordinatensystem mit der y-Achse in Richtung Punkt A

$$x(t) = v_0 t \cos\alpha \,, \tag{6.17}$$

$$y(t) = -\frac{1}{2}gt^2 + v_0 t \sin\alpha + h \,. \tag{6.18}$$

Die Bedingung $y(t) = 0$ in (6.18) ergibt eine quadratische Gleichung zur Berechnung der Wurfdauer t_{W}:

$$-\frac{1}{2}gt^2 + v_0 t \sin\alpha + h = 0 \qquad \Leftrightarrow \qquad t^2 - \frac{2v_0 \sin\alpha}{g}t - \frac{2h}{g} = 0 \,. \tag{6.19}$$

Die Lösungen von (6.19) sind

$$\begin{aligned}
t_{1/2} &= \frac{v_0 \sin\alpha}{g} \pm \sqrt{\frac{v_0^2 \sin^2\alpha}{g^2} + \frac{2hg}{g^2}} \\
&= \frac{v_0 \sin\alpha}{g} \pm \sqrt{\frac{v_0^2 \sin^2\alpha + 2gh}{g}} \\
&= \frac{v_0 \sin\alpha \pm \sqrt{v_0^2 \sin^2\alpha + 2gh}}{g} \,.
\end{aligned} \tag{6.20}$$

Einsetzen von (6.20) mit positivem Rechenzeichen (negatives Rechenzeichen resultiert in negativer Wurfdauer) in (6.17) ergibt für die Wurfweite

$$x_{\mathrm{W}} = x(t_{\mathrm{W}}) = v_0 t_{\mathrm{W}} \cos\alpha \,. \tag{6.21}$$

Eine Winkelmessung ergibt den Abwurfwinkel $\alpha = 39{,}5°$. Um systematische Fehler nicht zu summieren, wird der experimentelle Wert $v_0 = 2{,}10\,\mathrm{m/s}$ zur Bestimmung von x_{W} verwendet. Einsetzen der Werte in (6.20) ergibt $t_{\mathrm{W}} = 0{,}392\,\mathrm{s}$, und Einsetzen der Werte in (6.21) ergibt die berechnete Wurfweite $x_{\mathrm{W}} = 63{,}5\,\mathrm{cm}$. Dieser Wert liegt um $1\,\mathrm{cm}$ ($1{,}6\,\%$) unter dem gemessenen Wert $x_{\mathrm{W}} = 64{,}5\,\mathrm{cm}$. Dies zeigt insgesamt mit dem Ergebnis auf Teilaufgabe a, dass die Rollreibung zwischen Kugel und Bahn einen größeren Einfluss auf die Kugelbewegung als die Luftreibung hat.

Lösung zu Aufgabe 44: Schuss auf drehbare Platte

a) Formel für das Trägheitsmoment I_{P} einer Platte

Das Trägheitsmoment für einen Körper homogener Dichte ρ ist

$$I = \int\limits_V r_\perp^2 \, \mathrm{d}m = \int\limits_V r_\perp^2 \rho \, \mathrm{d}V = \rho \int\limits_V r_\perp^2 \, \mathrm{d}V \,, \tag{6.22}$$

wobei $r_\perp$ der Abstand zur Drehachse ist. In kartesischen Koordinaten lautet das Volumenelement

$$dV = dx\,dy\,dz\,. \tag{6.23}$$

Für einen Körper, der um die y-Achse als Schwerpunktachse rotiert, gilt

$$r_\perp = \sqrt{x^2 + z^2}\,. \tag{6.24}$$

Im Falle einer Platte der Masse m und Kantenlängen a, b und c parallel zur x, y und z-Achse gilt nach Einsetzen von (6.23) und (6.24) in (6.22):

$$
\begin{aligned}
I_\mathrm{P} &= \rho \int\limits_{-\frac{a}{2}}^{\frac{a}{2}} \int\limits_{-\frac{b}{2}}^{\frac{b}{2}} \int\limits_{-\frac{c}{2}}^{\frac{c}{2}} (x^2 + z^2)\,dx\,dy\,dz \\
&= \rho b \int\limits_{-\frac{a}{2}}^{\frac{a}{2}} \int\limits_{-\frac{c}{2}}^{\frac{c}{2}} (x^2 + z^2)\,dx\,dz \\
&= \rho b \int\limits_{-\frac{a}{2}}^{\frac{a}{2}} \left[x^2 z + \frac{z^3}{3} \right]_{-\frac{c}{2}}^{\frac{c}{2}} dx \\
&= \rho b \int\limits_{-\frac{a}{2}}^{\frac{a}{2}} \left(x^2 c + \frac{c^3}{12} \right) dx \\
&= \rho b c \left[\frac{x^3}{3} + \frac{c^2}{12x} \right]_{-\frac{a}{2}}^{\frac{a}{2}} \\
&= \rho a b c \left(\frac{a^2}{12} + \frac{c^2}{12} \right)\,. \tag{6.25}
\end{aligned}
$$

Einsetzen von

$$m = \rho a b c \tag{6.26}$$

in (6.25) ergibt

$$I_\mathrm{P} = \frac{1}{12} m (a^2 + c^2)\,. \tag{6.27}$$

Einsetzen der gegebenen Werte in (6.27) ergibt das Trägheitsmoment $I_\mathrm{P} = 0{,}0144\,\mathrm{kgm}^2$.

b) Bestimmung der Geschwindigkeit v des Knetklumpens

Aufgrund des inelastischen Stoßes des Knetklumpens mit der Platte kann nicht der Energieerhaltungssatz, aber der Drehimpulserhaltungssatz verwendet werden. Der Drehimpuls

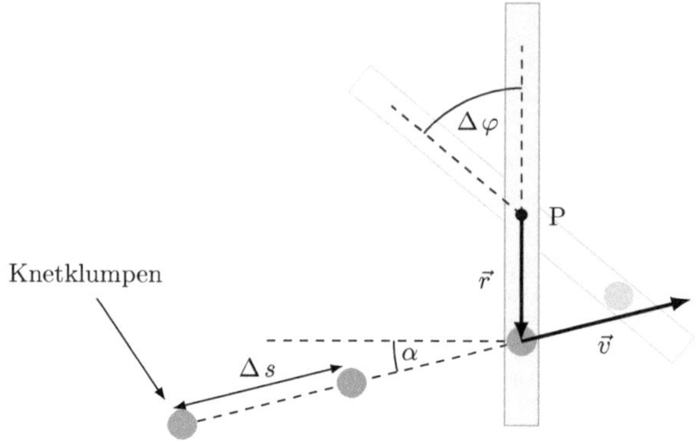

Abb. 6.9 Größen zur Berechnung der Drehimpulse L_1 und L_2, der Winkelgeschwindigkeit ω der Platte und der Geschwindigkeit v des Knetklumpens

des Systems Knetklumpen-Platte ist in Richtung und Betrag vor und nach dem Stoß gleich:

$$L_1 = L_2 \,. \tag{6.28}$$

Da die Platte vor dem Stoß ruht, hat nur der unter dem Winkel α auftreffende Knetklumpen einen Drehimpuls L_1 bezüglich des Punkts P (Abb. 6.9):

$$L_1 = |m(\vec{r} \times \vec{v})| = m\,r\,v \sin(90° + \alpha) = m\,r\,v \cos\alpha \,. \tag{6.29}$$

Nach dem inelastischen Stoß rotieren Platte (Trägheitsmoment I_P), Drehlager (Trägheitsmoment I_D) und Knetklumpen (Trägheitsmoment I_K) gemeinsam als starrer Körper mit der Winkelgeschwindigkeit ω um die Drehachse durch den Punkt P. Der Drehimpuls ist

$$L_2 = I\omega = (I_\mathrm{P} + I_\mathrm{D} + I_\mathrm{K})\omega \,. \tag{6.30}$$

Der Knetklumpen kann als Punktmasse mit dem Trägheitsmoment

$$I_\mathrm{K} = m\,r^2 \tag{6.31}$$

beschrieben werden. Einsetzen von (6.29), (6.30) und (6.31) in (6.28) und Auflösen nach v ergibt

$$v = \frac{(I_\mathrm{P} + I_\mathrm{D} + m\,r^2)\omega}{m\,r\cos\alpha} \,. \tag{6.32}$$

Im Videoexperiment können der Auftreffwinkel $\alpha = 8°$, der Abstand $r = 0{,}123$ m des an der Platte klebenden Knetklumpens von der Drehachse und die Winkelgeschwindigkeit $\omega = \Delta\varphi/\Delta t = 2{,}79$ s^{-1} der Platte unmittelbar nach dem Auftreffen des Knetklumpens gemessen werden. Einsetzen aller Werte in (6.32) ergibt die Geschwindigkeit $v = 7{,}78$ m/s.

Experimentelle Prüfung der Geschwindigkeit v durch Geschwindigkeitsmessung
Durch Strecken- und Zeitmessung des Knetklumpens vor dem Stoß erhält man in Übereinstimmung mit dem zuvor bestimmten Wert die Geschwindigkeit $v = \Delta s/\Delta t = 7{,}8$ m/s.

Lösung zu Aufgabe 45: Stoß von Puck mit Hantel

a) Formel für die Geschwindigkeit $v_{S,H}$ des Hantelschwerpunkts nach dem Stoß

Allgemein ist der Schwerpunktgeschwindigkeitsvektor für drei Massen

$$\vec{v}_S = \frac{m_1 \vec{v}_1 + m_2 \vec{v}_2 + m_3 \vec{v}_3}{m_1 + m_2 + m_3} . \tag{6.33}$$

Anwendung von (6.33) auf das gegebene System vor dem Stoß ergibt

$$\vec{v}_{S,\text{vorher}} = \frac{m\vec{0} + m\vec{0} + m\vec{v}}{m + m + m} = \frac{1}{3}\vec{v} = \frac{1}{3}\begin{pmatrix} v \\ 0 \end{pmatrix} . \tag{6.34}$$

Hierbei wurde verwendet, dass sich der Puck in x-Richtung bewegt. Nach dem Impulserhaltungs- bzw. Schwerpunktsatz ist der Schwerpunktgeschwindigkeitsvektor eines abgeschlossenen Systems konstant, d. h.

$$\vec{v}_{S,\text{vorher}} = \vec{v}_{S,\text{nachher}} . \tag{6.35}$$

Der Schwerpunktgeschwindigkeitsvektor nach dem Stoß ist

$$\vec{v}_{S,\text{nachher}} = \frac{2m\vec{v}_{S,H} + m\vec{v}'}{2m + m} = \frac{2}{3}\vec{v}_{S,H} + \frac{1}{3}\vec{v}' = \frac{2}{3}\begin{pmatrix} v_{S,H,x} \\ v_{S,H,y} \end{pmatrix} + \frac{1}{3}\begin{pmatrix} v' \\ 0 \end{pmatrix} . \tag{6.36}$$

Hierbei wurde verwendet, dass der Puck die Hantelmasse zentral stößt und daher die Geschwindigkeit nur eine x-Komponente hat. Einsetzen von (6.34) und (6.36) in (6.35) ergibt

$$\frac{1}{3}\begin{pmatrix} v \\ 0 \end{pmatrix} = \frac{2}{3}\vec{v}_{S,H} + \frac{1}{3}\vec{v}' = \frac{2}{3}\begin{pmatrix} v_{S,H,x} \\ v_{S,H,y} \end{pmatrix} + \frac{1}{3}\begin{pmatrix} v' \\ 0 \end{pmatrix} . \tag{6.37}$$

Die Komponentengleichungen nach (6.37) ergeben

$$v_{S,H,x} = v_{S,H} = \frac{1}{2}\left(v - v'\right) , \tag{6.38}$$

$$v_{S,H,y} = 0 \tag{6.39}$$

Der Hantelschwerpunkt bewegt sich also nach (6.38) und (6.39) mit konstanter Geschwindigkeit in x-Richtung.

b) Formel für die Geschwindigkeit v' des Pucks nach dem Stoß

Im Folgenden wird die Geschwindigkeit v' des Pucks nach dem Stoß mithilfe der Drehimpulserhaltung sowie der Energieerhaltung berechnet.

Anwendung der Drehimpulserhaltung

Da der Puck als nicht punktförmige Masse sich geradlinig bewegt, kann zur Berechnung des Bahndrehimpulses des Pucks die Definition des Drehimpulses eines Massepunkts verwendet werden:

$$\vec{L} = m(\vec{r} \times \vec{v})\,. \tag{6.40}$$

Anwendung von (6.40) auf das System kurz vor dem Stoß mit noch ruhender Hantel und Bezugspunkt S_H ergibt

$$\vec{L}_\mathrm{vorher} = m(\vec{r} \times \vec{v}) = m\left[\begin{pmatrix} 0 \\ -\frac{d}{2} \\ 0 \end{pmatrix} \times \begin{pmatrix} v \\ 0 \\ 0 \end{pmatrix}\right] = \begin{pmatrix} 0 \\ 0 \\ \frac{mvd}{2} \end{pmatrix}\,. \tag{6.41}$$

Der Drehimpulsvektor nach (6.41) zeigt also aus der Blattebene heraus in z-Richtung. Nach dem Stoß hat der Puck analog zu (6.41) einen Bahndrehimpuls bezüglich S_H. Die Hantel hat keinen Bahndrehimpuls bezüglich S_H, da die Bewegungsrichtung des Hantelschwerpunkts durch S_H geht. Die Hantel hat einen Eigendrehimpuls bezüglich des Hantelschwerpunkts S_H:

$$\vec{L}_\mathrm{nachher} = \begin{pmatrix} 0 \\ 0 \\ \frac{mv'd}{2} \end{pmatrix} + J_\mathrm{S,H}\begin{pmatrix} 0 \\ 0 \\ \omega \end{pmatrix}\,. \tag{6.42}$$

Nach dem Drehimpulserhaltungssatz ist

$$\vec{L}_\mathrm{vorher} = \vec{L}_\mathrm{nachher}\,. \tag{6.43}$$

Einsetzen von (6.41) und (6.42) in (6.43) und Vereinfachen ergibt

$$mv\frac{d}{2} = mv'\frac{d}{2} + J_\mathrm{S,H}\omega$$
$$\Leftrightarrow J_\mathrm{S,H}\omega = m\frac{d}{2}\left(v - v'\right)\,. \tag{6.44}$$

Anwendung der Energieerhaltung

Vor dem Stoß hat das System nur Translationsenergie, nach dem Stoß Translationsenergie des Pucks, Translationsenergie des Hantelschwerpunkts und Rotationsenergie der Hantel. Nach dem Energieerhaltungssatz gilt

$$\frac{1}{2}mv^2 = \frac{1}{2}mv'^2 + \frac{1}{2}2mv_\mathrm{S,H}^2 + \frac{1}{2}J_\mathrm{S,H}\omega^2$$
$$\Leftrightarrow mv^2 = mv'^2 + 2mv_\mathrm{S,H}^2 + J_\mathrm{S,H}\omega^2\,. \tag{6.45}$$

Die drei Gleichungen (6.38), (6.44) und (6.45) bilden ein Gleichungssystem mit drei gesuchten unbekannten Größen. Einsetzen von (6.38) und (6.44) in (6.45) und Vereinfachen ergibt

$$mv^2 = mv'^2 + 2m\frac{(v-v')^2}{4} + \frac{m^2\left(\frac{d}{2}\right)^2(v-v')^2}{J_{S,H}}$$
$$\Leftrightarrow v^2 = v'^2 + \frac{(v-v')}{2} + \frac{md^2(v-v')^2}{4_{S,H}}. \tag{6.46}$$

Weitere Vereinfachung von (6.46) ergibt

$$v^2 = v'^2 + \left(\frac{md^2}{4J_{S,H}} + \frac{1}{2}\right)(v-v')^2 = v'^2 + a\left(v-v'\right)^2$$
$$\Leftrightarrow v^2 - v'^2 = a\left(v-v'\right)^2 \tag{6.47}$$
$$\leftrightarrow \left(v-v'\right)\left(v+v'\right) = a\left(v-v'\right)^2$$
$$\Leftrightarrow \left(v-v'\right)\left(v+v'-a\left(v-v'\right)\right) = 0.$$

(6.47) hat die erste triviale Lösung $v = v'$, wenn Puck und Hantel nicht stoßen. Die zweite und relevante Lösung von (6.47) ist

$$v + v' - a\left(v-v'\right) = 0 \qquad \Leftrightarrow \qquad v' = v\frac{a-1}{a+1}. \tag{6.48}$$

Formel für die Geschwindigkeit $v_{S,H}$ des Hantelschwerpunkts und die Winkelgeschwindigkeit ω der Hantel nach dem Stoß
Einsetzen von (6.48) in (6.38) und Vereinfachen ergibt

$$v_{S,H} = \frac{v}{a+1}. \tag{6.49}$$

Auflösen von (6.44) nach der Winkelgeschwindigkeit ω, Einsetzen von (6.48) und Verwendung der Konstanten a ergibt

$$\omega = \frac{m}{J_{S,H}}\frac{d}{2}(v-v') = \frac{2}{d}\left(a-\frac{1}{2}\right)\frac{2v}{a+1} = \frac{v}{d}\frac{4a-2}{a+1}. \tag{6.50}$$

c) Massenverteilung der Hantel für die Geschwindigkeit $v' = 0$
Nach (6.48) gilt

$$v' = 0 \quad \Rightarrow \quad a = \frac{d^2m}{4J_{S,H}} + \frac{1}{2} = 1 \quad \Leftrightarrow \quad J_{S,H} = \frac{1}{2}md^2 = 2m\left(\frac{d}{2}\right)^2. \tag{6.51}$$

Dies ist das Trägheitsmoment einer Hantel mit punktförmigen Hantelmassen.

Verhältnis von Translationsenergie E_{trans} und Rotationsenergie E_{rot} der Hantel nach dem Stoß

Es ist

$$\frac{E_{\text{trans}}}{E_{\text{rot}}} = \frac{\frac{1}{2}2mv_{\text{S,H}}^2}{\frac{1}{2}J_{\text{S,H}}\omega^2}. \tag{6.52}$$

Einsetzen von (6.49) und (6.50) für Konstante $a = 1$ und von $J_{\text{S,H}}$ aus (6.51) in (6.52) ergibt

$$\frac{E_{\text{trans}}}{E_{\text{rot}}} = \frac{\frac{1}{2}2m\left(\frac{1}{2}v\right)^2}{\frac{1}{2}\frac{1}{2}md^2\left(\frac{v}{d}\right)^2} = 1. \tag{6.53}$$

Lösung zu Aufgabe 46: Rollende Getränkedosen

Versuchsmaterial und Durchführung des Experiments

Zur Versuchsdurchführung bieten sich handelsübliche Getränkedosen und ein schief gestellter Tisch an. Der Neigungswinkel sollte so gewählt und die Tischoberfläche so beschaffen sein, dass ein Rollen der Dosen ohne zeitweises Rutschen gewährleistet ist.

a) Hypothese zum Wettrennen zwischen Dose 2 und 3

Die flüssigkeitsgefüllte Dose wird schneller am Streckenende ankommen als die gefrorene Dose. Begründung: Der gefrorene Doseninhalt rotiert zusammen mit dem Dosenmantel beim Hinunterrollen mit, wohingegen der flüssige Inhalt nicht bzw. nur teilweise in Rotation versetzt wird. Während des Hinunterrollens gilt Energieerhaltung,

$$E_{\text{pot}} = E_{\text{rot}} + E_{\text{trans}}, \tag{6.54}$$

d. h., die zur Verfügung stehende potenzielle Energie wird in kinetische Energie der Rotation und der Translation umgewandelt. Bei der gefrorenen Dose wird nach obiger Argumentation ein größerer Teil der potenziellen Energie in Rotationsenergie umgewandelt als bei der ungefrorenen Dose, sodass die kinetische Energie der Translation kleiner ist. Da beide Dosen identische Massen haben, bewegt sich der Schwerpunkt der ungefrorenen Dose schneller.

b) Bestimmung der Schwerpunktbeschleunigung a der Dosen

Die Gesamtenergie E_{ges} der Dose zu einem Zeitpunkt t beträgt

$$E_{\text{ges}}(t) = \frac{1}{2}mv^2(t) + \frac{1}{2}I_{\text{S}}\omega^2(t) - mgx(t)\sin\alpha \tag{6.55}$$

und ist zeitlich konstant, d. h.

$$\frac{\mathrm{d}E}{\mathrm{d}t} = 0 = mv(t)\dot{v} + I_{\text{S}}v(t)\frac{\dot{v}}{R^2} - mgv(t)\sin\alpha, \tag{6.56}$$

wobei die Abrollbedingung $\omega = v/R$ ausgenutzt wurde. Daraus folgt für die Schwerpunktbeschleunigung ($v(t) \neq 0$)

$$a = \dot{v} = g \sin \alpha \left(1 + \frac{I_S}{mR^2} \right)^{-1} . \tag{6.57}$$

Die Getränkedosen (Volumen $V = 0{,}33\,l$) im Experiment haben folgende Abmessungen:

$$\begin{aligned} R &= 2{,}75 \text{ cm,} \\ m_{\text{Dose}} &= 26{,}5 \text{ g,} \\ m_{\text{Dose+Inhalt}} &= 370{,}5 \text{ g,} \\ d &< 0{,}2 \text{ cm.} \end{aligned} \tag{6.58}$$

Da $d \ll R$, kann die Wanddicke vernachlässigt werden. Der Neigungswinkel des Tischs beträgt $\alpha = 13°$.

Trägheitsmoment Dose 1 (leer; nur Dosenmantel rotiert)

$$I_S = I_{\text{HZ}} = m_{\text{Dose}}(R^2 - Rd + 0{,}5d^2) \approx m_{\text{Dose}} R^2 \, (= 200{,}4 \text{ gcm}^2)$$

$$\Rightarrow \quad a_{\text{theo}} = \frac{1}{2} g \sin \alpha = 1{,}10 \, \frac{\text{m}}{\text{s}^2} \tag{6.59}$$

Trägheitsmoment Dose 2 (flüssigkeitsgefüllt; Annahme, dass nur Dosenmantel rotiert)

$$I_S = I_{\text{HZ}} \approx m_{\text{Dose}} R^2$$

$$\Rightarrow \quad a_{\text{theo}} = g \sin \alpha \left(1 + \frac{m_{\text{Dose}} R^2}{m_{\text{Dose+Inhalt}} R^2} \right)^{-1} = 2{,}21 \, \frac{\text{m}}{\text{s}^2} \tag{6.60}$$

Trägheitsmoment Dose 3 (flüssigkeitsgefüllt und gefroren; Annahme, dass gefrorene Flüssigkeit mit Dosenmantel mitrotiert)

$$I_S = I_{\text{HZ(Dose)}} + I_{\text{VZ(Inhalt)}} \approx m_{\text{Dose}} R^2 + \frac{1}{2} m_{\text{Inhalt}} (R - d)^2 = (200{,}4 + 1300) \text{ gcm}^2$$

$$\Rightarrow \quad a_{\text{theo}} = g \sin \alpha \left(1 + \frac{I_S}{m_{\text{Dose+Inhalt}} R^2} \right)^{-1} = 1{,}44 \, \frac{\text{m}}{\text{s}^2} \tag{6.61}$$

c) Experimentelle Prüfung der Schwerpunktbeschleunigung a

Die Messdaten der drei Versuche sind in Abb. 6.10 aufgeführt. Ein Vergleich der experimentellen Schwerpunktbeschleunigungen mit den theoretischen Werten aus Teilaufgabe b ergibt eine Abweichung von 8 % (leere Dose), 7 % (volle gefrorene Dose) und 11,3 % (volle Dose). Die gemessenen Beschleunigungen sind wegen Reibung etwas geringer als die berechneten Beschleunigungswerte.

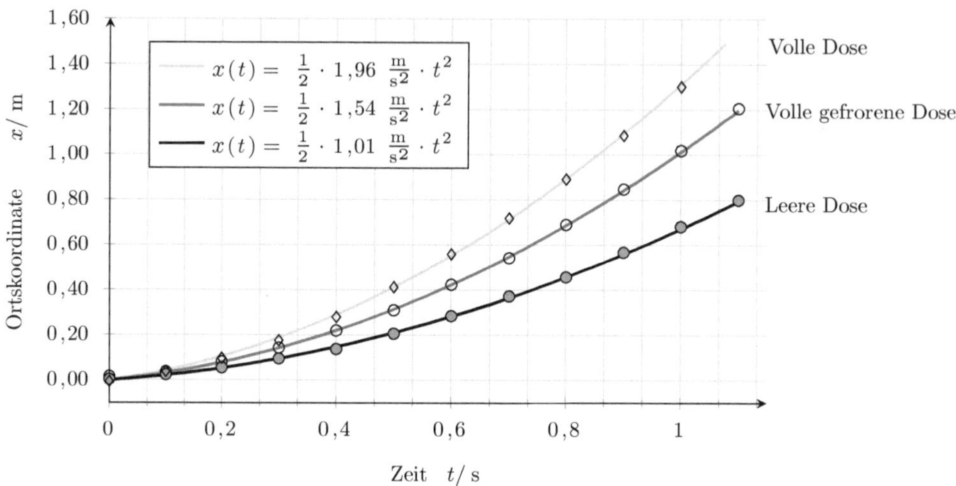

Abb. 6.10 $x(t)$-Diagramm der leeren, der vollen gefrorenen sowie der vollen Dose

Lösung zu Aufgabe 47: Newtons Grundgesetz der Rotation

a) Bestimmung des Trägheitsmoments I der Drehscheibe

Das Trägheitsmoment I der Drehscheibe ist

$$
I = \int r_\perp^2 \, \mathrm{d}m = \rho \int_V r_\perp^2 \, \mathrm{d}V = \rho \int_0^R r^2 2\pi r h \, \mathrm{d}r
$$

$$
= 2\pi\rho h \int_0^R r^3 \, \mathrm{d}r = 2\pi\rho h \frac{R^4}{4} = \frac{1}{2} M R^2 \, .
$$

(6.62)

Einsetzen der Werte in (6.62) liefert das Trägheitsmoment $I = 0{,}025 \, \mathrm{kg}\,\mathrm{m}^2$.

b) Bestimmung der Winkelbeschleunigung α der Drehscheibe

Nach dem Newton'schen Grundgesetz der Rotation ist

$$
M = I\alpha \Rightarrow \alpha = \frac{M}{I} = \frac{FR}{I} \, .
$$

(6.63)

Einsetzen der Werte in (6.63) ergibt die Winkelbeschleunigung $\alpha = 80 \, \mathrm{s}^{-2}$.

c) Bestimmung von Drehimpuls L, Rotationsenergie E_{rot} und Winkelgeschwindigkeit ω zum Zeitpunkt $t = 5\,\mathrm{s}$

Nach (6.63) ist die Winkelbeschleunigung α konstant. Damit ist

$$
\omega(t) = \alpha t + \omega_0 \, .
$$

(6.64)

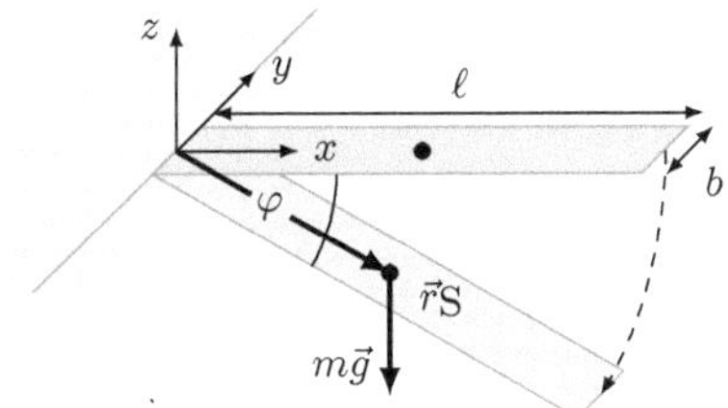

Abb. 6.11 Berechnung des Drehmoments $\vec{M}$ auf das Lineal

Einsetzen der Werte in (6.64) ergibt mit $\omega(0) = \omega_0 = 0$ den Wert $\omega(5\,\mathrm{s}) = 400\,\mathrm{s}^{-1}$. Der Drehimpuls ist

$$L = I\omega\,. \tag{6.65}$$

Einsetzen der Werte in (6.65) ergibt den Drehimpuls $L = 10\,\mathrm{kg\,m^2/s}$. Die Rotationsenergie ist

$$E_{\mathrm{rot}} = \frac{1}{2}I\omega^2\,. \tag{6.66}$$

Einsetzen der Werte in (6.66) ergibt die Rotationsenergie $E_{\mathrm{rot}} = 2000\,\mathrm{J}$.

Lösung zu Aufgabe 48: Falltür

Versuchsmaterial und Durchführung des Experiments

Zur Versuchsdurchführung wird ein dünnes Holzbrett oder ein langes Lineal mit Klebestreifen an der Kante eines Tischs derart befestigt, dass es um die Tischkante als raumfeste Achse rotieren kann. Das freie Ende des Lineals wird in horizontaler Position gehalten und anschließend losgelassen. Dadurch entsteht eine beschleunigte Rotationsbewegung. Um den schnellen Bewegungsvorgang zur Analyse auf Video aufnehmen zu können, muss auf eine ausreichende Beleuchtung der Versuchsanordnung geachtet werden (am besten Tageslicht). Optional bietet sich die Verwendung von Slow-Motion-Aufnahmen an (hohe Bildrate der Kamera).

a) Herleitung der Differenzialgleichung der Rotationsbewegung

Auf das Lineal wirkt das Drehmoment

$$\vec{M} = \vec{r}_{\mathrm{S}} \times \vec{F} = \vec{r}_{\mathrm{S}} \times (-m\vec{g})\,, \tag{6.67}$$

welches eine Rotation um die (raumfeste) y-Achse mit Winkelgeschwindigkeit $\omega(t)$ bewirkt (Abb. 6.11). Der Schwerpunkt bewegt sich auf einem Kreis mit Radius $\ell/2$, weshalb sich für dessen Koordinaten ergibt:

$$\vec{r}_{\mathrm{S}} = \frac{\ell}{2}\begin{pmatrix} \cos\varphi \\ 0 \\ -\sin\varphi \end{pmatrix}\,. \tag{6.68}$$

In vektorieller Schreibweise lautet das zweite Newton'sche Grundgesetz für Rotationsbewegungen demnach

$$\vec{r}_{\mathrm{S}} \times \vec{F} = I \frac{\mathrm{d}\vec{\omega}(t)}{\mathrm{d}t} \qquad \Leftrightarrow \qquad \frac{\ell}{2} \begin{pmatrix} \cos\varphi \\ 0 \\ -\sin\varphi \end{pmatrix} \times \begin{pmatrix} 0 \\ 0 \\ -mg \end{pmatrix} = I \begin{pmatrix} 0 \\ \frac{\mathrm{d}\omega}{\mathrm{d}t} \\ 0 \end{pmatrix}. \tag{6.69}$$

Die x- und z-Komponenten dieses Gleichungssystems verschwinden; für die y-Komponente ergibt sich eine nichtlineare Differenzialgleichung zweiter Ordnung für φ:

$$\frac{\ell}{2} mg \cos\varphi = I\, \ddot{\varphi}. \tag{6.70}$$

Das Trägheitsmoment einer dünnen Platte (Länge ℓ, Breite b), die um ein Ende rotiert, ist

$$I_y = \int\limits_V r_\perp^2 \, \mathrm{d}V = \rho \int\limits_{-\frac{b}{2}}^{\frac{b}{2}} \int\limits_0^\ell x^2 \, \mathrm{d}x\, \mathrm{d}z = \frac{1}{3} m\ell^2. \tag{6.71}$$

Einsetzen von (6.71) in (6.70) ergibt die in der Aufgabenstellung angegebene Differenzialgleichung

$$\ddot{\varphi} = \frac{3}{\ell} \frac{g}{\ell} \cos\varphi. \tag{6.72}$$

b) Bestimmung der Bahnbeschleunigung a_z

Durch Verwenden der Kleinwinkelnäherung

$$\cos\varphi \approx 1 - \frac{\varphi^2}{2} \tag{6.73}$$

lässt sich (6.72) nähern zu

$$\ddot{\varphi} \approx \frac{3}{2} \frac{g}{\ell}. \tag{6.74}$$

Die Bahnbeschleunigung eines äußeren Punkts der Platte erfolgt für kleine Winkel fast ausschließlich in negative z-Richtung und kann durch die Tangentialkomponente der beschleunigten Kreisbewegung mit (6.74) ausgedrückt werden:

$$a_z = -\ddot{\varphi}\ell \approx -\frac{3}{2} g. \tag{6.75}$$

Eine lineare Anpassung der $v_z(t)$-Messreihe über die erste Bewegungsphase ($0 \leq t \leq 0{,}06\,\mathrm{s}$) ergibt eine Beschleunigung von $|a_z| = 15{,}6\,\mathrm{m/s^2}$ (Abb. 6.12), die mit der nach (6.75) berechneten Beschleunigung $|a_z| = 14{,}7\,\mathrm{m/s^2}$ gut übereinstimmt.

Abb. 6.12 $|v_z|$-Diagramm des Linealendpunkts

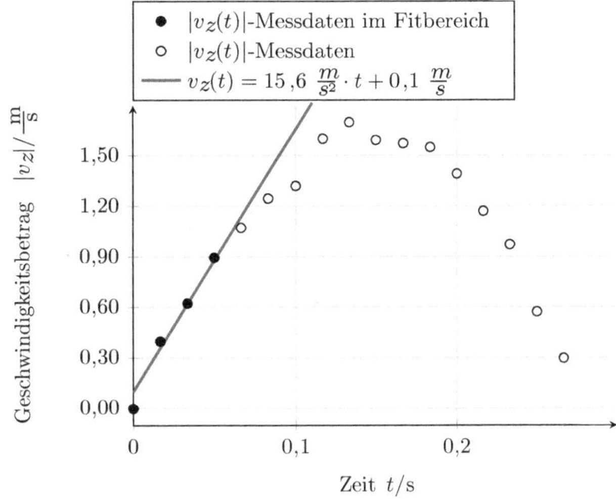

Lösung zu Aufgabe 49: Maxwell'sches Rad

a) Bestimmung der Schwerpunktbeschleunigung a

Die Rotation des Maxwell'schen Rads erfolgt um die Drehachse D im Abstand r von der Schwerpunktachse S (Abb. 6.13). Nach der Newton'schen Bewegungsgleichung für Rotationsbewegungen gilt für das Drehmoment M_D und das Trägheitsmoment I_D bezüglich der Drehachse D sowie für die Winkelbeschleunigung α, dass

$$M_\mathrm{D} = I_\mathrm{D} \cdot \alpha\,. \tag{6.76}$$

Das Drehmoment M_D wird durch die im Schwerpunkt S angreifende Gewichtskraft des Maxwell'schen Rads erzeugt:

$$M_\mathrm{D} = mgr\,. \tag{6.77}$$

Abb. 6.13 Vorderansicht (*links*) und Seitenansicht (*rechts*) des Maxwell'schen Rads

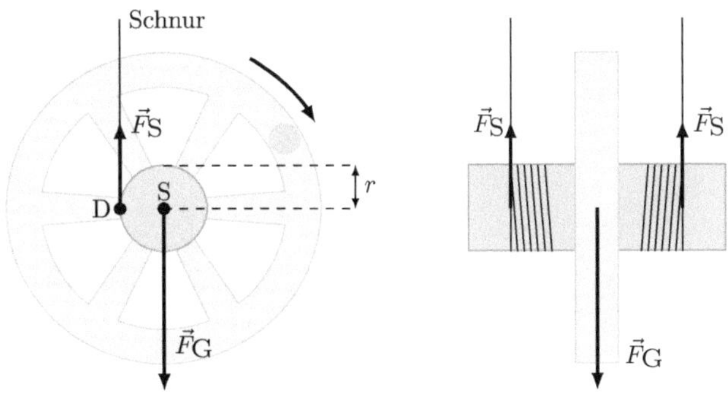

Für die Winkelbeschleunigung gilt

$$\alpha = \frac{a}{r} \, , \tag{6.78}$$

und nach dem Satz von Steiner ist

$$I_{\mathrm{D}} = I_{\mathrm{S}} + m\,r^2 \, . \tag{6.79}$$

Einsetzen von (6.77), (6.78) und (6.79) in (6.76) und Auflösen nach der Beschleunigung a ergibt

$$a = g\,\frac{m\,r^2}{I_{\mathrm{S}} + m\,r^2} = g\,\frac{1}{1 + \frac{I_{\mathrm{S}}}{m\,r^2}} \, . \tag{6.80}$$

Einsetzen der Werte in (6.80) ergibt für $r = 3\,\mathrm{mm}$ die Beschleunigung $a = 0{,}031\,\mathrm{m/s^2}$.

b) Experimentelle Bestimmung der Schwerpunktbeschleunigung a

Lineare Regression der $v(t)$-Messwerte (Abb. 6.14) ergibt die konstante Schwerpunktbeschleunigung $a = 0{,}038\,\mathrm{m/s^2}$.

Erklärung der Abweichung zwischen berechneter und gemessener Schwerpunktbeschleunigung a

Der Radius r in (6.80) ist wegen der Dicke der Schnur größer als der Drehachsenradius. Bezeichnet s die Fallstrecke des Maxwell'schen Rads für n Umdrehungen, dann kann r mit

$$s = 2\pi r n \qquad \Rightarrow \qquad r = \frac{s}{2\pi n} \tag{6.81}$$

bestimmt werden. Für die Strecke $s = 35{,}34\,\mathrm{cm}$ und $n = 17$ Umdrehungen ist nach (6.81) der Drehachsenradius $r = 3{,}31\,\mathrm{mm}$. Einsetzen dieses Werts in (6.80) ergibt $a = 0{,}038\,\mathrm{m/s^2}$ in besserer Übereinstimmung mit dem experimentellen Wert.

Abb. 6.14 $v(t)$-Diagramm des Schwerpunkts des Maxwell'schen Rads

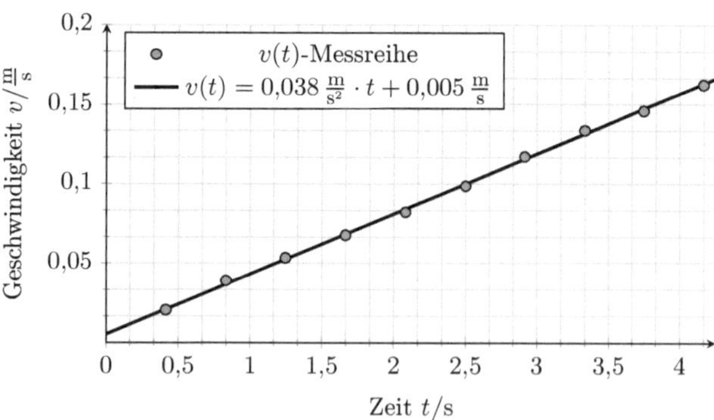

c) Bestimmung der Winkelbeschleunigung α und der Schwerpunktbeschleunigung a

Eine Messung der mittleren Winkelgeschwindigkeit $\omega = \Delta\varphi/\Delta t$ für fünf Zeitpunkte t ergibt:

t/s	0,00	1,00	2,00	3,00	4,00
$\Delta\varphi/^\circ$	0	38,5	71,4	105,4	135,3
$\Delta\varphi/\text{rad}$	0	0,67	1,25	1,84	2,36
$\Delta t/\text{s}$	0,05	0,05	0,05	0,05	0,05
$\omega = \frac{\Delta\varphi}{\Delta t}/\text{s}^{-1}$	0	13,4	25,0	36,8	47,2

Lineare Regression der $\omega(t)$-Messreihe (Abb. 6.15) ergibt die Winkelbeschleunigung $\alpha = 11{,}78\,\text{s}^{-2}$. Einsetzen der Winkelbeschleunigung $\alpha = 11{,}78\,\text{s}^{-2}$ und des Abrollradius $r = 3{,}31\,\text{mm}$ in (6.78) ergibt in Übereinstimmung mit den bisherigen Ergebnissen die Schwerpunktbeschleunigung $a = 0{,}039\,\text{m/s}^2$.

d) Bestimmung der Haltekraft F_S

Die Haltekraft ist wegen der Trägheit des Maxwell'schen Rads kleiner als dessen Gewichtskraft. Nach Abb. 6.13 (rechts) und dem Newton'schen Grundgesetz gilt

$$ma = F_\text{G} - 2F_\text{S} \Leftrightarrow F_\text{S} = \frac{1}{2}m(g - a)\,. \tag{6.82}$$

Einsetzen von (6.80) in (6.82) ergibt

$$F_\text{S} = \frac{1}{2}mg\left(1 - \frac{1}{1 + \frac{I_\text{S}}{mr^2}}\right)\,. \tag{6.83}$$

Einsetzen der Werte in (6.83) ergibt die Haltekraft $F_\text{S} = 2{,}16\,\text{N}$, die wegen der kleinen Beschleunigung a nur geringfügig kleiner als die halbe Gewichtskraft $F_\text{G}/2 = 2{,}17\,\text{N}$ ist.

Abb. 6.15 $\omega(t)$-Diagramm des rotierenden Maxwell'schen Rads

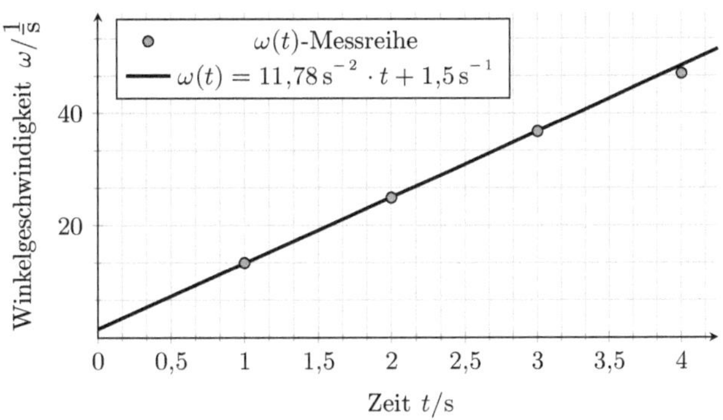

7.1 Deformierbare feste Körper

Aufgabe 50: Torsionspendel (VA)

Schauen Sie sich das Videoexperiment und Abb. 7.1 an.

a. Der Torsionsmodul G von Stahl soll aus der Verdrillung des Stahldrahts bestimmt werden. Leiten Sie dazu eine Formel für den Torsionsmodul G her und bestimmen Sie experimentell das Direktionsmoment D des Drahts. Bestimmen Sie den Elastizitätsmodul E von Stahl.
b. Leiten Sie eine Formel für die Arbeit W zum Verdrillen des Torsionspendels her und berechnen Sie diese.
c. Das Trägheitsmoment I des Pendels soll aus der Torsionsschwingung bestimmt werden. Leiten Sie dazu eine Formel her und berechnen Sie I.

Abb. 7.1 Ein Stahldraht wird durch Drehen eines Stabes verdrillt. Ein Kraftsensor misst die Kraft, die senkrecht zum Stab und parallel zur Winkelscheibe auf das Stabende wirkt

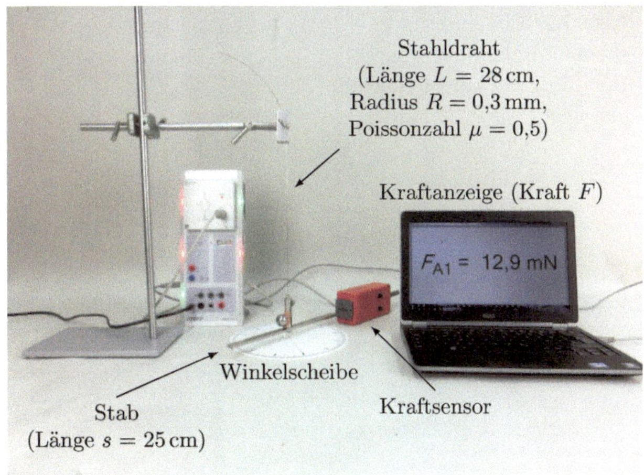

© Springer-Verlag GmbH Deutschland 2017
S. Gröber et al., *Smarte Aufgaben zur Mechanik und Wärme*,
https://doi.org/10.1007/978-3-662-54479-2_7

http://tiny.cc/zjfzly

Aufgabe 51: Belastung der Tragseile einer Hängebrücke

Die Fahrbahn einer Hängebrücke (z. B. Akashi-Kaikyo-Brücke) wird von vertikalen, an den Haupttragseilen befestigten Stahlseilen (Elastizitätsmodul $E_S = 200 \cdot 10^9\,\text{N/m}^2$, Dichte $\rho_S = 7{,}85\,\text{g/cm}^3$, Länge $L = 200\,\text{m}$, Durchmesser $d = 8\,\text{cm}$, Poissonzahl $\mu = 2{,}28$) getragen.

a. Berechnen Sie die Verlängerung $\Delta\ell$ und die Durchmesserabnahme Δd des Stahlseils aufgrund des Eigengewichts.
b. Die Elastizitätsgrenze von Stahl liegt bei ca. $300\,\text{N/mm}^2$. Welche maximale Last kann ein Stahlseil tragen?

Aufgabe 52: Balkenbiegung (VA)

Schauen Sie sich das Videoexperiment und Abb. 7.2 an.

a. Nehmen Sie eine $F(s)$-Messreihe des quadratischen Aluminiumbalkens auf. Bestimmen Sie den Elastizitätsmodul E von Aluminium.
b. Nehmen Sie die Biegelinie $y(x)$ für $F = 20{,}67\,\text{N}$ im Bild mit dem quadratischen Aluminiumbalken auf. Vergleichen Sie theoretische und gemessene Biegelinie in einem $y(x)$-Diagramm.
c. Leiten Sie eine Formel für das Flächenträgheitsmomente I_F des quadratischen und des Doppel-T-Aluminiumbalkens her und berechnen Sie dieses. Weshalb werden in

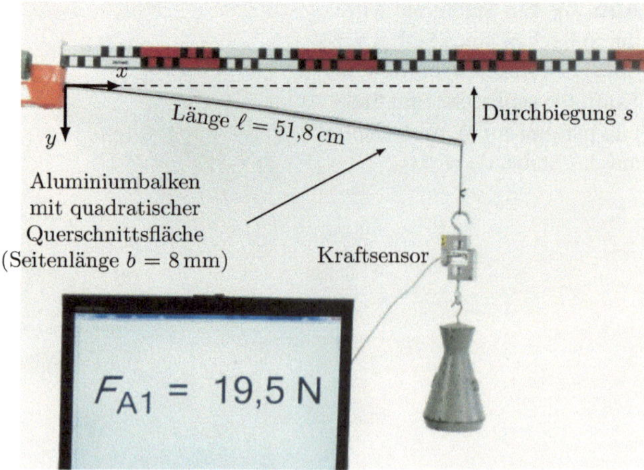

Abb. 7.2 Ein einseitig gespannter Balken wird durch Belastung mit einem Gewicht gebogen

der Bautechnik bei gleicher Länge und Querschnittsfläche Doppel-T-Träger und keine quadratischen Träger eingesetzt?

d. Im Bild mit zwei gleichen Doppel-T-Aluminiumbalken ist die Durchbiegung s eines Balkens bei gleicher Kraft F größer. Erklären Sie diese Beobachtung qualitativ.

http://tiny.cc/tjfzly

7.2 Ruhende Flüssigkeiten, Hydrostatik

Aufgabe 53: Rotierende Flüssigkeit

Eine Küvette (Höhe $h_K = 32$ cm, Breite $b = 32$ cm) ist bis zu einer Höhe $h = 14{,}2$ cm mit Wasser gefüllt. Bei Rotation der Küvette mit konstanter Winkelgeschwindigkeit ω entsteht eine paraboloidförmige Wasseroberfläche (Abb. 7.3).

a. Welche Kräfte wirken im ruhenden Koordinatensystem K und im mitrotierenden Koordinatensystem K′ auf ein Wasserteilchen der Masse m? Machen Sie jeweils Aussagen zur resultierenden Kraft.

b. Leiten Sie die Querschnittsfunktion $y(x)$ des Paraboloids her.

c. Bis zu welcher maximalen Drehzahl ω_{max} in Umdrehungen pro Minute tritt kein Wasser aus der Küvette?

Aufgabe 54: Heißluftballon in Atmosphäre konstanter Dichte

Ein Heißluftballon (kugelförmige Ballonhülle mit Radius r, Masse m_B und Massenbelegung $\mu = 60$ g/m^2, konstante Luftdichte $\rho_{L,B} = 0{,}88$ kg/m^3 in Ballonhülle bei Temperatur 125 °C, Masse $M = 250$ kg von Korb und Brenner, Masse $m_F = 80$ kg pro Fahrgast) steigt in der Atmosphäre (konstante Luftdichte $\rho_L = 1{,}29$ kg/m^3) auf.

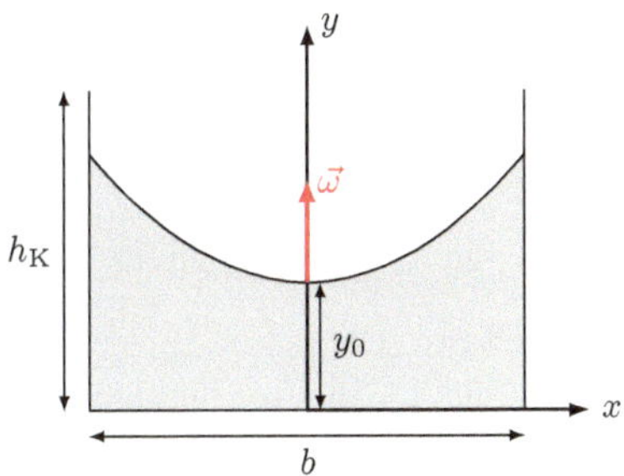

Abb. 7.3 In einer mit Wasser gefüllten rotierenden Küvette bildet sich eine paraboloidförmige Wasseroberfläche aus

a. Ist bei Heißluftballonfahrten die Annahme einer konstanten Luftdichte der Erdatmosphäre sinnvoll?

b. Leiten Sie eine Formel für die maximale Anzahl n an Fahrgästen in Abhängigkeit vom Radius r her. Stellen Sie die $n_{\max}(r)$-Funktion für $r \in [0\,\text{m}, 15\,\text{m}]$ als Diagramm dar. Stellen Sie Bezüge zu Angaben über Heißluftballonfahrten her.

c. Es ist $n = 3$. Leiten Sie eine Formel für die Beschleunigung a_0 beim Abheben des Heißluftballons vom Boden in Abhängigkeit vom Radius r her.

d. Es ist $n = 3$. Leiten Sie eine Formel für die Endgeschwindigkeit v_∞ des Heißluftballons in Abhängigkeit vom Radius r her.

Aufgabe 55: Wasserdruck am Meeresboden

Der Wasserdruck in der Meerestiefe $z > 0$ ist unter Vernachlässigung der Kompressibilität $\kappa = 5 \cdot 10^{-10}\,\text{m}^2/\text{N}$ von Meerwasser gegeben durch $p(z) = p_0 + \rho_0 g z$ (Luftdruck $p_0 = 1{,}01 \cdot 10^5\,\text{N/m}^2$, Wasserdichte $\rho_0 = 1025\,\text{kg/m}^3$ an der Meeresoberfläche bei $z = 0$).

a. Geben Sie begründet an, ob der Wasserdruck für $\kappa = 0$ zu groß oder zu klein berechnet wird.

b. Leiten Sie $p(z)$ für $\kappa > 0$ her. Zeigen Sie dazu zunächst, dass $\mathrm{d}V/V = -\mathrm{d}\rho/\rho$ und $\mathrm{d}\rho/\rho^2 = \kappa g\,\mathrm{d}z$ ist.

c. Leiten Sie eine Formel für den relativen Fehler $f(z)$ der Druckberechnung mit $p(z) = p_0 + \rho_0 g z$ her. Wie groß ist der maximale relative Fehler für unsere Weltmeere?

Aufgabe 56: Stabangeln   (VA)

Schauen Sie sich das Videoexperiment und Abb. 7.4 an.

a. Nehmen Sie $d \ll \ell$ an. Leiten Sie für $\alpha \in\,]0°, 90°[$ eine Formel für die Eintauchstrecke x des Stabs im Wasser her und berechnen Sie diese.

Abb. 7.4 Ein Kraftsensor misst die statische Haltekraft beim einseitigen Herausziehen eines Stabes aus dem Wasser

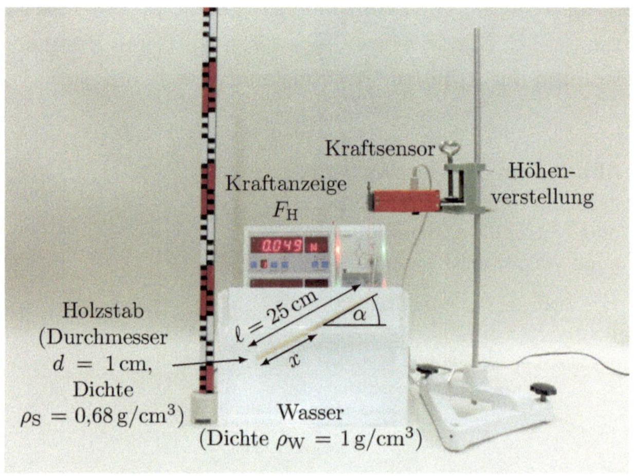

b. Leiten Sie unter der Annahme $d \ll \ell$ eine Formel für die Haltekraft F_H her und berechnen Sie diese.

c. Der Stab werde vollständig aus dem Wasser gezogen. Zeichnen Sie für Winkel $\alpha \in [0°, 90°]$ ein $F_\mathrm{H}(\alpha)$-Diagramm mit angegebenen Kraftwerten.

d. Vergleichen Sie Messungen von x und F_H für kleine Winkel α mit den Ergebnissen in Teilaufgabe a und b. Erklären Sie die systematische Abweichung durch Überlegungen zu Kräften, Angriffspunkten und Drehmomenten.

http://tiny.cc/ojfzly

7.3 Phänomene an Flüssigkeitsgrenzflächen

Aufgabe 57: Bestimmung der Oberflächenspannung (VA)

Schauen Sie sich das Videoexperiment und Abb. 7.5 an.

a. Nehmen Sie eine $F(t)$-Messreihe der Haltekraft auf. Nummerieren Sie in einem $F(t)$-Diagramm fortlaufend Zeitintervalle konstanter Kraft sowie Maxima und Minima. Erklären Sie diese anhand eingeführter und bezeichneter Kräfte.

b. Leiten Sie eine Formel zur Bestimmung der Oberflächenspannung σ_W her. Bestimmen Sie die Oberflächenspannung des verwendeten Leitungswassers.

Abb. 7.5 Ein Aluminiumring wird langsam in Wasser eingetaucht und dann wieder langsam aus dem Wasser gezogen. Hierbei wird die Kraft F zum Halten des Aluminiumrings gemessen

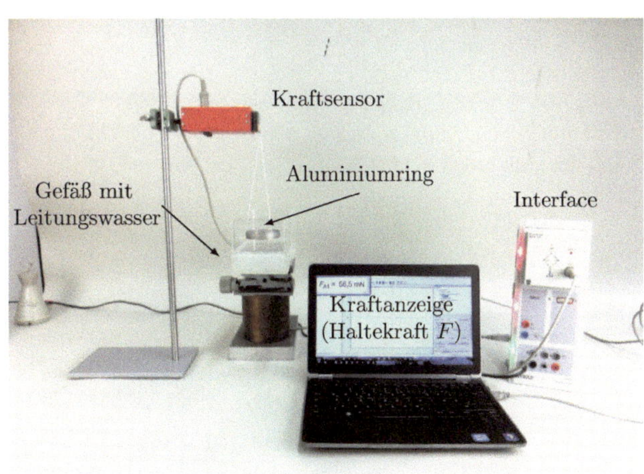

http://tiny.cc/9jfzly

Aufgabe 58: Steighöhe von Flüssigkeiten in Kapillaren

In einem Kapillarröhrchen (Radius $r = 0{,}4\,\text{mm}$) aus Glas steigen Wasser (Dichte $\rho_\text{W} = 1{,}0\,\text{g/cm}^3$, Oberflächenspannung $\sigma_\text{W} = 0{,}072\,\text{N/m}$, Randwinkel $\varphi_\text{W} = 0°$) und Quecksilber (Dichte $\rho_\text{Hg} = 13{,}5\,\text{g/cm}^3$, Oberflächenspannung $\sigma_\text{Hg} = 0{,}475\,\text{N/m}$, Randwinkel $\varphi_\text{Hg} = 138°$) bis zur Steighöhe h.

a. Leiten Sie eine Formel für die Steighöhe h her. Berechnen Sie die Steighöhen von Wasser und Quecksilber.
b. Skizzieren und erklären Sie das Verhalten von Flüssigkeiten in Kapillarröhrchen für eine vollständig, teilweise und nicht benetzende Flüssigkeit.

7.4 Reibung zwischen festen Körpern

Aufgabe 59: Haften und Gleiten am Hang (VA)

Schauen Sie sich das Videoexperiment und Abb. 7.6 an.

a. Begründen Sie, warum sich die Massen erst ab einem Grenzwinkel $\alpha_\text{G} > 0$ in Bewegung setzen. Leiten Sie eine Formel für den Haftreibungskoeffizienten μ_H her und bestimmen Sie diesen.
b. Erklären Sie, warum für Hangwinkel $\alpha \geq \alpha_\text{G}$ eine gleichmäßig beschleunigte Bewegung vorliegt. Bestimmen Sie experimentell die Beschleunigung a für $\alpha = \alpha_\text{G}$.

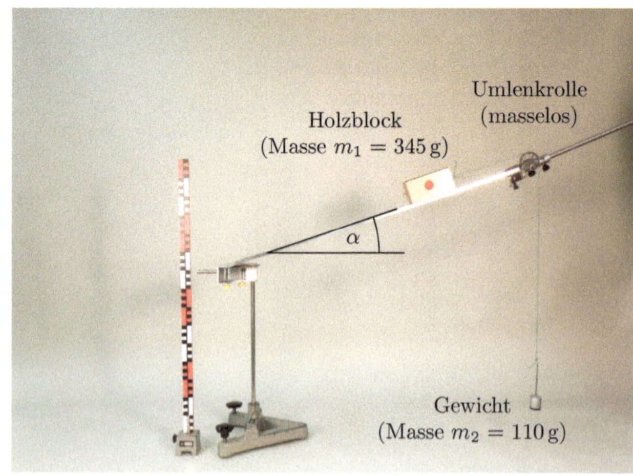

Abb. 7.6 Eine schiefe Ebene wird zunehmend geneigt, bis sich der Holzblock in Bewegung setzt

c. Leiten Sie eine Formel für den Gleitreibungskoeffizienten μ_G her und überprüfen Sie diese an einem Spezialfall. Berechnen Sie μ_G.

http://tiny.cc/5jfzly

Aufgabe 60: Beschleunigen durch Reibung

Ein Gewicht (Masse $m_G = 50\,\text{g}$) und ein Klotz (Masse $m_K = 152\,\text{g}$) auf einem Experimentierwagen (Masse $m_W = 405\,\text{g}$) sind über ein masseloses Seil und eine masselose, reibungsfreie Umlenkrolle miteinander verbunden (Abb. 7.7). Zwischen Klotz und Experimentierwagen tritt Reibung auf (Haftreibungskoeffizient $\mu_H = 0{,}3$, Gleitreibungskoeffizient μ_G). Der Experimentierwagen ist entweder blockiert (Versuchsvariante A) oder reibungsfrei beweglich (Versuchsvariante B).

a. Geben Sie ohne Formeln herzuleiten und begründet die Bewegungsform von Klotz und Experimentierwagen für beide Versuchsvarianten an. Vergleichen Sie für Versuchsvariante B qualitativ und begründet die Beschleunigung von Klotz und Experimentierwagen.
b. Die Beschleunigung des Klotzes in Versuchsvariante A ist $a_K = 1{,}0\,\text{m/s}^2$. Leiten Sie eine Formel für den Gleitreibungskoeffizienten μ_G her und berechnen Sie diesen.
c. Leiten Sie Formeln für die Beschleunigung von Klotz und Experimentierwagen in Versuchsvariante B her und berechnen Sie diese.

Aufgabe 61: Münzen schnippen   (mVA)
Videografieren Sie das Rutschen einer Geldmünze auf einem Holztisch.

a. Erstellen Sie ein $v(t)$-Diagramm der Bewegung. Welche Bewegungsform liegt vor?
b. Bestimmen Sie aus den Messdaten den Gleitreibungskoeffizienten zwischen Geldmünze und Holz.

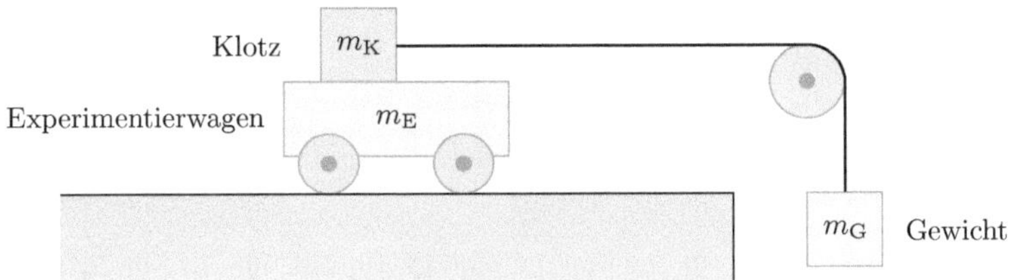

Abb. 7.7 Beschleunigung eines Experimentierwagens durch Reibung mit einem Klotz

7.5 Lösungen

Lösung zu Aufgabe 50: Torsionspendel

a) Bestimmung des Torsionsmoduls G

Im Folgenden wird gezeigt, dass das auf einen zylindrischen elastischen Körper (Länge ℓ, Radius r) ausgeübte Drehmoment M bzw. die tangential angreifende Kraft F proportional zum Verdrillungswinkel φ ist (Abb. 7.8). Dazu wird der Körper in konzentrische Hohlzylinder mit Radien zwischen r und $r + dr$ zerlegt, in denen jeweils prismatische Säulen bei Verdrillung des Drahts um den gleichen Scherwinkel α geschert werden (Abb. 7.8). Für kleine Verdrillungen bzw. $r\varphi \ll \ell$ ist der Scherwinkel

$$\alpha = r\frac{\varphi}{\ell} \tag{7.1}$$

proportional zum Verdrillungswinkel φ. Die notwendige Scherspannung τ ist mit (7.1)

$$\tau = G\alpha = Gr\frac{\varphi}{\ell}\,. \tag{7.2}$$

Da alle prismatischen Säulen in den infinitesimal dünnen Hohlzylindern um den gleichen Scherwinkel α geschert werden (Abb. 7.8), ist mit

$$\tau = \frac{dF}{dA} = \frac{dF}{2\pi r\,dr} \tag{7.3}$$

und (7.2) die Kraft dF zum Scheren eines Hohlzylinders

$$dF = \tau 2\pi r\,dr = Gr\frac{\varphi}{\ell}2\pi r\,dr = Gr^2\frac{\varphi}{\ell}2\pi r\,dr \tag{7.4}$$

und das Drehmoment

$$dM = r\,dF = Gr^3\frac{\varphi}{\ell}2\pi\,dr\,. \tag{7.5}$$

Abb. 7.8 Betrachtung der Verdrillung eines infinitesimal dünnen Hohlzylinders zur Herleitung des Direktionsmoments D eines Zylinders

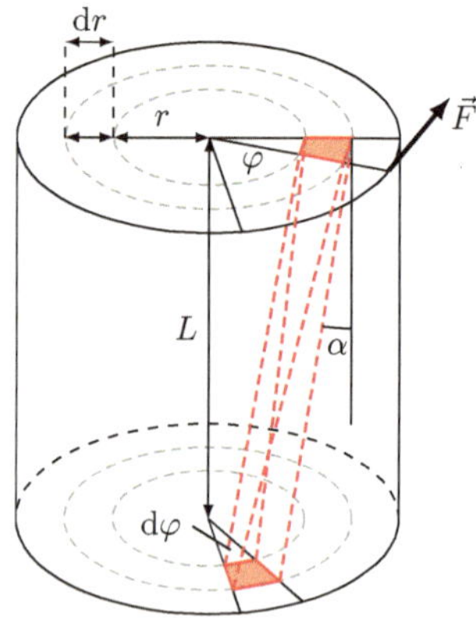

Abb. 7.9 $M(\varphi)$-Diagramm der Verdrillung des Stahldrahts

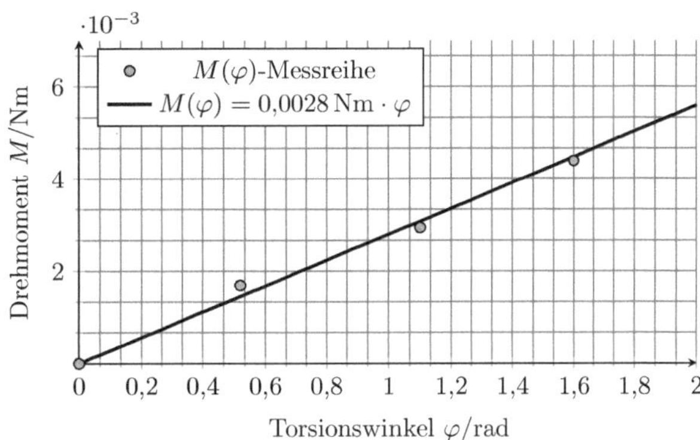

Integration aller Teildrehmomente $\mathrm{d}M$ ergibt mit D als Direktionsmoment das gesamte Drehmoment M:

$$M = \int_0^R Gr^3\frac{\varphi}{\ell}2\pi\,\mathrm{d}r = \frac{G\pi R^4}{2\ell}\varphi = D\varphi. \tag{7.6}$$

Auflösen von (7.6) nach dem Schermodul G ergibt

$$G = \frac{2\ell D}{\pi R^4}. \tag{7.7}$$

Das Direktionsmoment D in (7.7) wird nach

$$M(\varphi) = D\varphi = \frac{s}{2}\cdot F(\varphi) \tag{7.8}$$

aus einer $F(\varphi)$- bzw. $M(\varphi)$-Messreihe für die Stablänge $s = 25\,\mathrm{cm}$ bestimmt. Lineare Regression der $M(\varphi)$-Messreihe ergibt als Steigung das Direktionsmoment $D = 0{,}0028\,\mathrm{Nm}$ (Abb. 7.9). Einsetzen der Werte in (7.7) ergibt das Schermodul $G = 64\,\mathrm{GN/m^2}$.

Bestimmung des Elastizitätsmoduls E

Für den Zusammenhang zwischen Torsionsmodul G und Elastizitätsmodul E gilt

$$E = 2G(1 + \mu). \tag{7.9}$$

Einsetzen von $\mu = 0{,}5$ und G in (7.9) ergibt den Elastizitätsmodul $E = 195\,\mathrm{GN/m^2}$.

b) Bestimmung der Verdrillungsarbeit W

Bezeichnet s die Bogenlänge und F die tangentialer Kraft am Bogen, dann gilt für die zu verrichtende Verdrillungsarbeit

$$W = \int_0^s F(s')\,\mathrm{d}s' = \int_0^\varphi F(\varphi')\frac{s}{2}\,\mathrm{d}\varphi' = \int_0^\varphi M(\varphi')\,\mathrm{d}\varphi'. \tag{7.10}$$

Einsetzen von (7.6) in (7.10) und Integration ergibt

$$W(\varphi) = \int_0^{\varphi} \frac{\pi G R^4}{2\ell} \varphi' \, d\varphi' = \frac{\pi G R^4 \varphi^2}{4\ell} . \tag{7.11}$$

Einsetzen der Werte und des Winkels $\varphi = \varphi_{\max} = \pi/2$ in (7.11) ergibt die Verdrillungsarbeit $W = 0{,}011 \, \text{Nm}$.

c) Bestimmung des Trägheitsmoments I des Torsionspendels

Die Differenzialgleichung der ungedämpften Torsionspendelschwingung kann aus dem Newton'schen Grundgesetz der Rotation abgeleitet werden:

$$I \ddot{\varphi} = D \varphi . \tag{7.12}$$

Einsetzen des Lösungsansatzes

$$\begin{aligned} \varphi(t) &= \varphi_{\max} \cos(\omega t) , \\ \dot{\varphi}(t) &= -\varphi_{\max} \omega \sin(\omega t) , \\ \ddot{\varphi}(t) &= -\varphi_{\max} \omega^2 \cos(\omega t) \end{aligned} \tag{7.13}$$

in (7.12) ergibt

$$- I \varphi_{\max} \omega^2 \cos(\omega t) = -D \varphi_{\max} \cos(\omega t) . \tag{7.14}$$

Gleichung (7.14) ist für $\varphi_{\max} > 0$ und für alle Zeiten t erfüllt, wenn

$$\omega = \sqrt{\frac{D}{I}} = \frac{2\pi}{T} \qquad \Rightarrow \qquad I = \frac{D T^2}{4\pi^2} . \tag{7.15}$$

Die näherungsweise ungedämpfte Torsionsschwingung benötigt für $n = 5$ Schwingungen die Zeit $t = 15{,}6 \, \text{s}$. Die Schwingungsdauer ist $T = t/n = 3{,}12 \, \text{s}$. Einsetzen der Werte in (7.15) ergibt das Trägheitsmoment $I = 6{,}9 \cdot 10^{-4} \, \text{kgm}^2$.

Lösung zu Aufgabe 51: Belastung der Tragseile einer Hängebrücke

a) Bestimmung der Verlängerung $\Delta \ell$ des Stahlseils

Ein Volumenelement $A \, dx$ am Ort x des Stahlseils wird durch die ortsabhängige Gewichtskraft

$$F_{\text{G}}(x) = \rho_{\text{S}} A (\ell - x) g \tag{7.16}$$

der Masse unterhalb des Volumenelements gedehnt (Abb. 7.10). Demnach nimmt im Stahlseil die Spannung nach

$$\sigma(x) = \frac{F_{\text{G}}(x)}{A} = \rho_{\text{S}} (\ell - x) g \tag{7.17}$$

Abb. 7.10 Das Volumenelement $A\,\mathrm{d}x$ des Stahlseils wird durch die Gewichtskraft der darunter befindlichen Masse $m(x)$ gedehnt

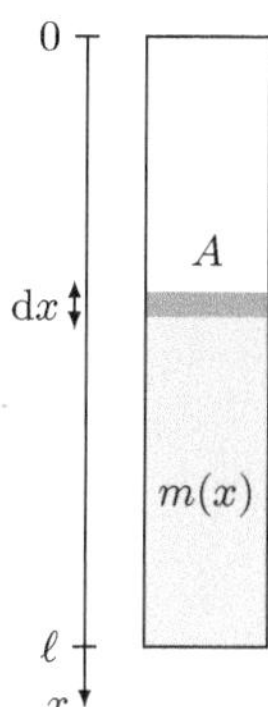

vom Maximalwert $\sigma(0) = \rho_\mathrm{S}\ell g$ bis auf $\sigma(\ell) = 0$ linear ab. Nach dem Hook'schen Gesetz liegt jetzt eine ortsabhängige Dehnung

$$\epsilon(x) = \frac{\sigma(x)}{E_\mathrm{S}} = \frac{\rho_\mathrm{S}g}{E_\mathrm{S}}(\ell - x) \tag{7.18}$$

vor. Integration ergibt die Längenänderung

$$\Delta\ell = \int_0^\ell \epsilon(x)\,\mathrm{d}x = \frac{\rho_\mathrm{S}g}{E_\mathrm{S}}\int_0^\ell (\ell - x)\,\mathrm{d}x = \frac{\rho_\mathrm{S}g}{2E_\mathrm{S}}\ell^2 . \tag{7.19}$$

Einsetzen der Werte in (7.19) ergibt die Längenänderung $\Delta\ell = 7{,}7\,\mathrm{mm}$ des Stahlseils.

Bestimmung der Durchmesserabnahme Δd des Stahlseils
Für die Querkontraktion gilt die Formel

$$\frac{\Delta d}{d} = -\mu\frac{\Delta\ell}{\ell} \qquad \Rightarrow \qquad \Delta d = -\mu d\frac{\Delta\ell}{\ell} . \tag{7.20}$$

Einsetzen der Werte in (7.20) ergibt die Durchmesserabnahme $\Delta d = 0{,}7\,\mathrm{mm}$.

b) Bestimmung der maximalen Masse m_max als Last
Für die Elastizität muss gelten:

$$\sigma = \rho_\mathrm{S}Lg + \frac{mg}{A} \le \sigma_\mathrm{max} . \tag{7.21}$$

Daraus folgt

$$m \le \frac{(\sigma_\mathrm{max} - \rho_\mathrm{S}Lg)A}{g} = m_\mathrm{max} . \tag{7.22}$$

Einsetzen der Werte in (7.22) ergibt die maximale Masse $m_\mathrm{max} = 145{,}8\,\mathrm{t}$.

Abb. 7.11 $F(s)$-Diagramm der Balkenbiegung

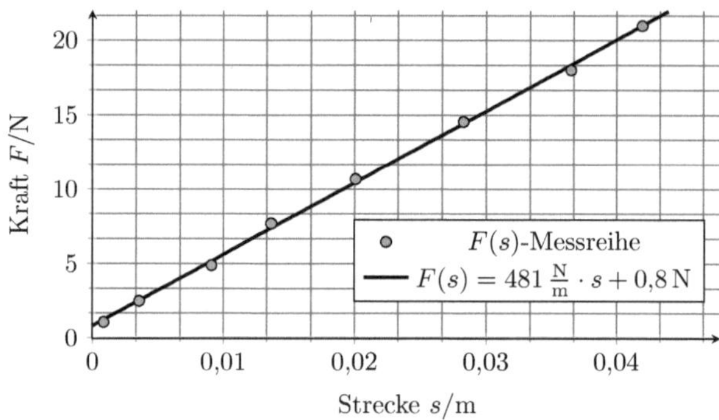

Lösung zu Aufgabe 52: Balkenbiegung

a) Bestimmung des Elastizitätsmoduls E des Balkens

Die grafische Darstellung der $F(s)$-Messreihe ergibt eine Proportionalität zwischen Kraft F und der Durchbiegung s:

$$F = Ds. \qquad (7.23)$$

Lineare Regression der $F(s)$-Messwerte ergibt nach (7.23) die Federkonstante $D = 481\,\text{N/m}$ (Abb. 7.11). Für die Durchbiegung s gilt

$$s = \frac{F\ell^3}{3EI_\mathrm{F}}, \qquad (7.24)$$

wobei das Flächenträgheitsmoment I_F eines quadratischen Balkens mit Kantenlänge b gegeben ist durch

$$I_\mathrm{F} = \frac{1}{12}b^4. \qquad (7.25)$$

Einsetzen von (7.25) und (7.23) in (7.24) und Auflösen nach dem Elastizitätsmodul E ergibt

$$E = \frac{4D\ell^3}{b^4}. \qquad (7.26)$$

Einsetzen der Werte in (7.26) ergibt den Elastizitätsmodul $E = 65{,}29\,\text{kN/mm}^2$ von Aluminium.

b) Vergleich von $y(x)$-Funktion und $y(x)$-Messreihe der Biegelinie des Balkens

Die Biegelinie eines quadratischen Balkens ist für das gewählte Koordinatensystem gegeben durch

$$y(x) = \frac{k}{6}x^3 - \frac{k\ell}{2}x^2 \quad \text{mit} \quad k = \frac{F}{EI_\mathrm{F}} = \frac{12F}{Eb^4}. \qquad (7.27)$$

Einsetzen von Elastizitätsmodul $E = 65{,}29\,\text{kN/mm}^2$, Kraft $F = 20{,}67\,\text{N}$ und Kantenlänge $b = 8\,\text{mm}$ in (7.27) ergibt die Biegelinie

$$y(x) = 0{,}15x^3 - 0{,}24x^2. \qquad (7.28)$$

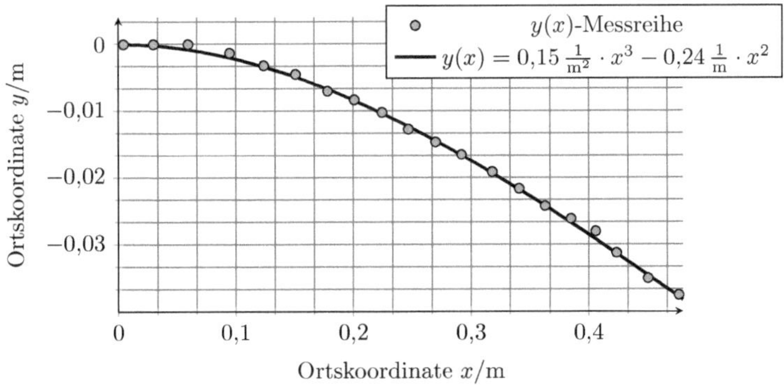

Abb. 7.12 $y(x)$-Diagramm der Biegelinie des Balkens

Die Darstellung der $y(x)$-Messreihe und von (7.28) in einem $y(x)$-Diagramm ergibt eine gute Übereinstimmung (Abb. 7.12).

c) Bestimmung des Flächenträgheitsmoments F_F eines quadratischen Aluminumbalkens

Das Flächenträgheitsmoment für eine Kraft in z-Richtung ist

$$I_F = \int \int z^2 \, dy \, dz \,. \tag{7.29}$$

Anwendung von (7.29) auf einen rechteckförmigen Balkenquerschnitt mit Kantenlängen b und d ergibt (Abb. 7.13):

$$I_F = \int \int z^2 \, dy \, dz = \int\limits_{-d/2}^{d/2} dy \int\limits_{-b/2}^{b/2} z^2 \, dz = \frac{1}{12} b^3 d \,. \tag{7.30}$$

Einsetzen von $b = d = 8\,\mathrm{mm}$ in (7.30) ergibt das Flächenträgheitsmoment $I_F = 3{,}41 \cdot 10^{-10}\,\mathrm{m^4}$.

Abb. 7.13 Geometrie zur Berechnung des Flächenträgheitsmoments eines Quaderquerschnitts

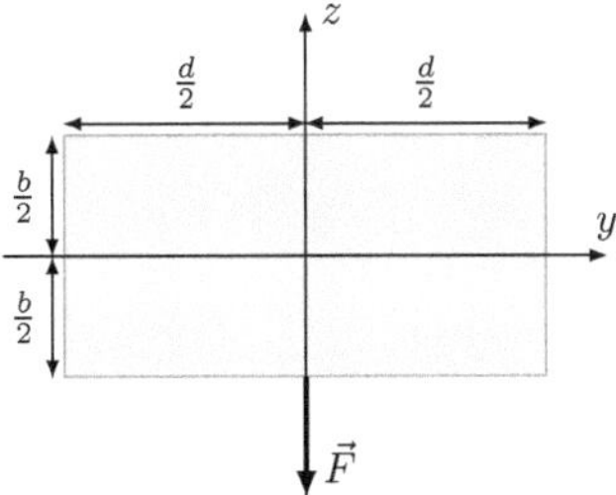

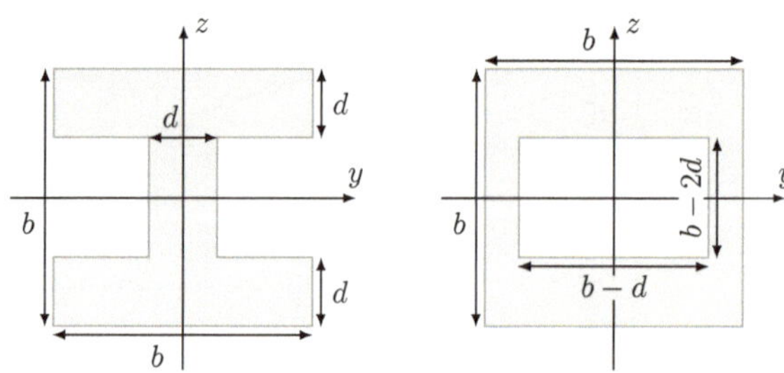

Abb. 7.14 Geometrie zur Berechnung des Flächenträgheitsmoments eines Doppel-T-Trägers

Bestimmung des Flächenträgheitsmoments I_F eines Doppel-T-Trägers

Das Flächenträgheitsmoment eines Doppel-T-Querschnitts ist gleich dem eines Quadrats mit einem ausgeschnittenen Rechteck (Abb. 7.14). Hiernach wird das Flächenträgheitsmoment des ausgeschnittenen Rechtecks von dem des Quadrats abgezogen. Unter Verwendung von (7.30) ergibt sich somit

$$I_F = \frac{1}{12}b^4 - \frac{1}{12}(b-2d)^3(b-d) = \frac{1}{12}[b^4 - (b-2d)^3(b-d)]\,. \qquad (7.31)$$

Einsetzen von $b = 12\,\text{mm}$ und $d = 2\,\text{mm}$ in (7.31) ergibt das Flächenträgheitsmoment $I_F = 1{,}30 \cdot 10^{-9}\,\text{m}^4$.

Verwendung von Doppel-T-Träger in der Bautechnik

Nach (7.24) hängt die Durchbiegung s bei gleicher Querschnittsfläche $A = 64\,\text{mm}^2$ und Balkenlänge L (Materialvolumen), gleichem Elastizitätsmodul E (Material) und gleicher Kraft F nur vom Flächenträgheitsmoment I_F ab. Da das Flächenträgheitsmoment des Doppel-T-Trägers um den Faktor $1{,}30 \cdot 10^{-9}/3{,}41 \cdot 10^{-10} = 3{,}8$ größer ist, ist die Durchbiegung beim Doppel-T-Träger um diesen Faktor kleiner.

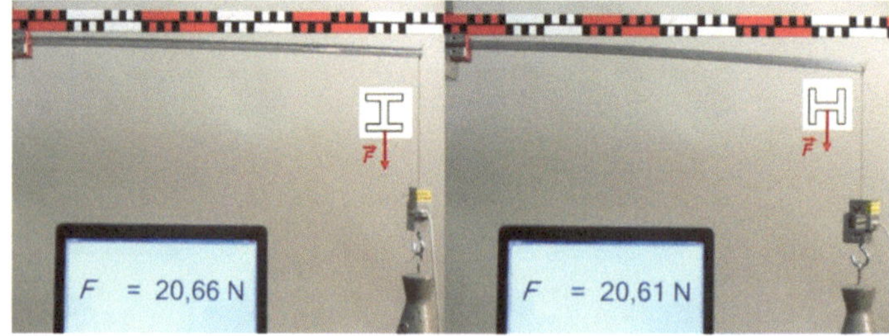

Abb. 7.15 Der Balken mit dem größeren Flächenträgheitsmoment (*links*) hat eine kleinere Durchbiegung als der um 90° gedrehte Balken mit einem kleineren Flächenträgheitsmoment (*rechts*)

d) Abhängigkeit der Biegung des Doppel-T-Aluminiumbalken von der Kraftrichtung

Kleine Durchbiegungen werden durch möglichst viel Querschnittsfläche bzw. Material an Stellen großer Zug- und Druckspannungen im Balken erzielt, also an der Ober- und Unterseite des Balkens. Möglichst viele Kräfte zwischen den Atomen/Molekülen wirken dann einer Verbiegung entgegen (Abb. 7.15). Im Flächenträgheitsmoment (7.27) ist daher das Flächenelement $\mathrm{d}A$ mit z^2 umso stärker gewichtet, je weiter dieses von der y-Achse entfernt ist.

Lösung zu Aufgabe 53: Rotierende Flüssigkeit

a) Kräfte auf das Flüssigkeitsteilchen in K und K$'$

Im ruhenden Koordinatensystem K wirken auf das Flüssigkeitsteilchen die Gewichtskraft F_G und die resultierende Kraft F_W der umgebenden Wasserteilchen. Die resultierende Kraft F_res ist die horizontal zur Drehachse zeigende Zentripetalkraft F_Zp, da sich alle Wasserteilchen auf horizontalen Kreisen um die vertikale Drehachse bewegen (Abb. 7.16 links). Die Kraft F_W muss senkrecht auf der Wasseroberfläche stehen, da sich sonst das Wasserteilchen auf der Paraboloidoberfläche verschieben würde. Im mitrotierenden Koordinatensystem K$'$ wirken ebenfalls die Gewichtskraft F_G und die Kraft F_W, jedoch zusätzlich die Zentrifugalkraft F_Zf in entgegengesetzter Richtung der Zentripetalkraft. Die resultierende Kraft F_res ist null, weil in K$'$ das Wasserteilchen ruht (Abb. 7.16 rechts).

b) Herleitung der $y(x)$-Funktion des Paraboloidenquerschnitts

Über die Steigung an der Stelle eines beliebigen Wasserteilchens an der Paraboloidoberfläche kann $y(x)$ berechnet werden (Abb. 7.16)

$$\tan\alpha = \frac{F_\mathrm{Z}}{F_\mathrm{G}} = \frac{m\omega^2 x}{mg} = \frac{\omega^2 x}{g} = \frac{\mathrm{d}y}{\mathrm{d}x} \qquad \Leftrightarrow \qquad y(x) = \frac{\omega^2}{2g}x^2 + y_0 \,. \tag{7.32}$$

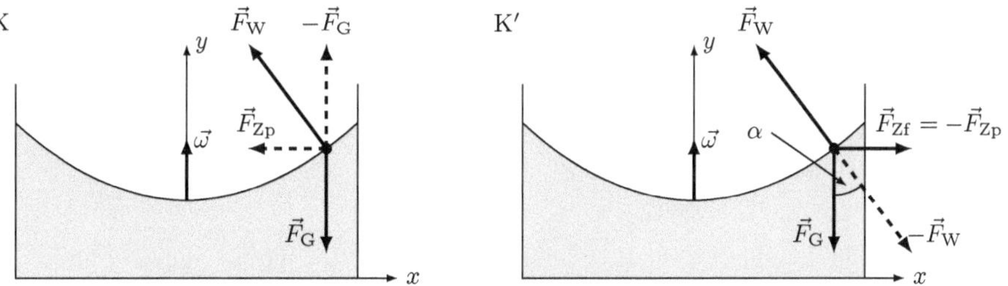

Abb. 7.16 Kraftdiagramm für ein Wasserteilchen in K (*links*) und für ein Wasserteilchen in K$'$ (*rechts*)

c) Bestimmung der maximalen Drehzahl $n_{\max}$ ohne Wasserverlust

Unabhängig von der Winkelgeschwindigkeit ω ist in Abb. 7.3 die von Wasser bedeckte Fläche $A = bh$. Also gilt mit (7.32):

$$\int_0^{b/2} \left(\frac{\omega^2}{2g} x^2 + y_0 \right) \mathrm{d}x = \left[\frac{\omega^2}{2g} \frac{x^3}{3} + y_0 x \right]_0^{b/2} = \frac{\omega^2 b^3}{48g} + y_0 \frac{B}{2} = \frac{b}{2} h \tag{7.33}$$

$$\Rightarrow y_0 = h - \frac{\omega^2 b^2}{24g} \, .$$

Mit (7.32) und (7.33) folgt

$$\frac{3\omega^2 b^2}{24g} + h - \frac{\omega^2 b^2}{24g} \le h_{\mathrm{K}}$$

$$\Rightarrow \omega = 2\pi n \le \sqrt{\frac{12 g (h_{\mathrm{K}} - h)}{b^2}} \tag{7.34}$$

$$\Rightarrow n \le \frac{1}{2\pi} \sqrt{\frac{12 (h_{\mathrm{K}} - h) g}{b^2}} = n_{\max} \, .$$

Einsetzen der Größen in (7.34) ergibt die maximale Drehzahl $n_{\max} = 2{,}27\,\mathrm{s}^{-1} = 166{,}6$ Umdrehungen pro Minute.

Lösung zu Aufgabe 54: Heißluftballon in Atmosphäre konstanter Dichte

a) Annahme konstanter Luftdichte der Erdatmosphäre

Die Mehrzahl an Heißluftballonfahrten findet je nach Wetterbedingungen zwischen 300 m und maximal 1000 m Höhe statt. Die Luftdichte in 1000 m Höhe ist noch ca. 90 % der Luftdichte am Erdboden, sodass näherungsweise mit konstanter Luftdichte gerechnet werden kann.

b) Maximale Anzahl $n_{\max}$ der Fahrgäste

Die Kraftrichtungen werden in Bezug zu einer nach oben gerichteten y-Achse angegeben. Auf den Heißluftballon wirkt in y-Achsenrichtung die Auftriebskraft. Entgegen der y-Achsenrichtung wirken die Gewichtskraft der Ballonhülle und der darin enthaltenen Luft sowie die Gewichtskraft von Korb, Brenner und den Fahrgästen. Die resultierende Kraft auf den Heißluftballon ist

$$F_{\mathrm{res}} = \frac{4}{3} \pi r^3 \rho_{\mathrm{L}} g - \left(4\pi r^2 \mu g + \frac{4}{3} \pi r^3 \rho_{\mathrm{L,B}} g + M g + n m_{\mathrm{F}} g \right) . \tag{7.35}$$

Damit der Heißluftballon abhebt, muss die Auftriebskraft mindestens so groß wie die Gewichtskräfte zusammen bzw. die resultierende Kraft größer oder gleich null sein:

$$F_{\mathrm{res}} \ge 0 \, . \tag{7.36}$$

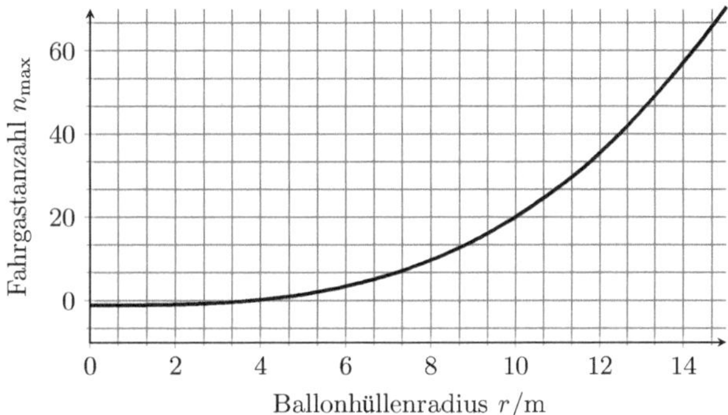

Abb. 7.17 $n_{\max}(r)$-Diagramm zur maximalen Anzahl an Fahrgästen in einem Heißluftballon

Einsetzen von (7.35) in (7.36) und Auflösen nach n ergibt unter Beachtung von $n_{\max} \geq 0$:

$$0 \leq n_{\max} \leq \frac{\frac{4}{3}\pi r^3(\rho_{\mathrm{L}} - \rho_{\mathrm{L,B}}) - 4\pi r^2\mu - M}{m_{\mathrm{F}}}. \tag{7.37}$$

Die Lösung von (7.37) ist in Abb. 7.17 in einem Diagramm dargestellt. Nach dem Diagramm muss der Radius von Heißluftballonen mindestens ca. 5 m betragen, um überhaupt Fahrgäste mitnehmen zu können. Es werden Heißluftballone mit Volumina zwischen ca. 1000 m^3 und 15.000 m^3 bzw. Radien zwischen ca. 6 m und 15 m angeboten. Theoretisch könnten für $r = 15$ m mehr als 60 Fahrgäste in der Gondel mitfahren, wobei unberücksichtigt bleibt, dass aus Stabilitätsgründen die Korbmasse zunehmen muss.

c) Herleitung der $a_0(r)$-Funktion der Anfangsbeschleunigung

Beim Abheben wirkt keine Lufreibungskraft, da die Geschwindigkeit noch null ist. Mit (7.35) ist nach dem Newton'schen Grundgesetz

$$\begin{aligned}
F_{\mathrm{res}} &= \frac{4}{3}\pi r^3\rho_{\mathrm{L}}g - \left(4\pi r^2\mu g + \frac{4}{3}\pi r^3\rho_{\mathrm{L,B}}g + Mg + 3m_{\mathrm{F}}g\right) \\
&= \left(4\pi r^2\mu + \frac{4}{3}\pi r^3\rho_{\mathrm{L,B}} + M + 3m_{\mathrm{F}}\right)a_0 \tag{7.38} \\
\Rightarrow a_0(r) &= g\frac{\frac{4}{3}\pi r^3(\rho_{\mathrm{L}} - \rho_{\mathrm{L,B}}) - 4\pi r^2\mu - M - 3m_{\mathrm{F}}}{4\pi r^2\mu + \frac{4}{3}\pi r^3\rho_{\mathrm{L,B}} + M + 3m_{\mathrm{F}}}.
\end{aligned}$$

Aus dem $a_0(r)$-Diagramm (Abb. 7.18) ist ersichtlich, dass bei $n = 3$ Fahrgäste der Radius mindestens ca. 6,5 m sein muss und dass eine Radiusvergrößerung zur Erhöhung der Anfangsbeschleunigung mit zunehmendem Radius immer ineffektiver (teurer) wird.

d) Herleitung der $v_0(r)$-Funktion der Endgeschwindigkeit

Beim Aufsteigen des Heißluftballons wirkt zusätzlich die Newton'sche Reibungskraft

$$F_{\mathrm{N}} = \frac{1}{2}c_{\mathrm{W}}\rho_{\mathrm{L}}Av^2. \tag{7.39}$$

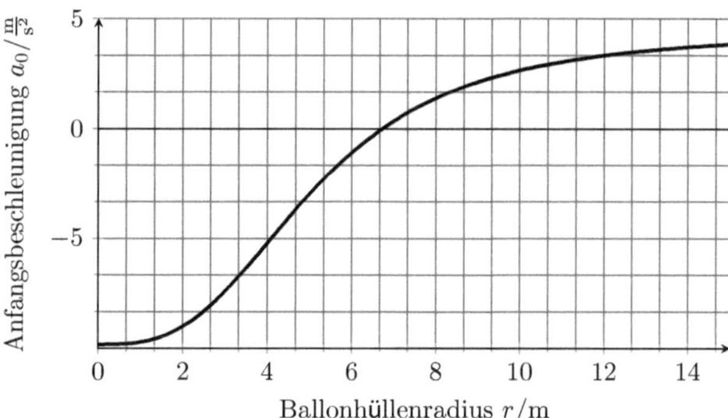

Abb. 7.18 $a_0(r)$-Diagramm der Anfangsbeschleunigung des Heißluftballons beim Abheben

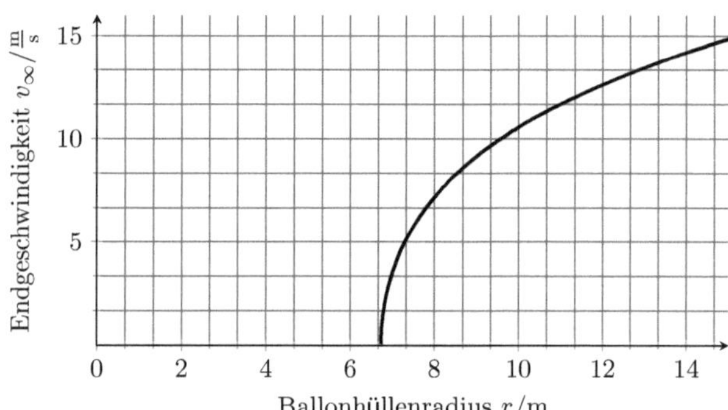

Abb. 7.19 $v_\infty(r)$-Diagramm der Endgeschwindigkeit von Heißluftballonen

Wenn der Heißluftballon aufgrund der zunehmenden Steiggeschwindigkeit bzw. der zunehmenden Newton'schen Reibungskraft nicht mehr beschleunigt wird, ist die resultierende Kraft null:

$$F_{\text{res}} = \frac{4}{3}\pi r^3(\rho_{\text{L}} - \rho_{\text{L,B}})g - 4\pi r^2 \mu g - Mg + -3m_{\text{F}}g - \frac{1}{2}c_{\text{W}}\rho_{\text{L}}Av_\infty^2 = 0$$

$$\Rightarrow v_\infty(r) = \sqrt{g\frac{\frac{4}{3}\pi(\rho_{\text{L}} - \rho_{\text{L,B}}) - 4\pi r^2\mu - M - 3m_{\text{F}}}{\frac{1}{2}c_{\text{W}}\rho_{\text{L}}\pi r^2}}.$$

$$(7.40)$$

Abb. 7.19 zeigt den $v_\infty(r)$-Graphen von (7.40) für den Widerstandsbeiwert $c_{\text{W}} = 0{,}5$ einer Kugel. Es können sehr hohe Steiggeschwindigkeiten erzielt werden. Spezielle Ballonhüllen, die bei gleichem Volumen bzw. gleicher Auftriebskraft eine möglichst kleine Querschnittsfläche haben, ermöglichen hohe Steiggeschwindigkeiten. Zum Beispiel erreicht ein Heißluftballon mit Ballonvolumen $V = 3009\,\text{m}^3$ bzw. Radius $r = 9\,\text{m}$ Steiggeschwindigkeiten bis zu $9\,\text{m/s}$, ein Wert der dem in Abb. 7.19 in etwa übereinstimmt.

Lösung zu Aufgabe 55: Wasserdruck am Meeresboden

a) Berücksichtigung der Kompressibilität

Wenn das Wasser als kompressibel angenommen wird, steigt die Wasserdichte $\rho(z)$ mit zunehmender Meerestiefe, beginnend mit dem Wert ρ_0 an der Meeresoberfläche. Folglich wird der Wasserdruck mit

$$p(z) = p_0 + \rho_0 g z \tag{7.41}$$

zu klein berechnet.

b) Herleitung von $p(z)$

Für die Druckänderung $\mathrm{d}p$ bei Tiefenänderung $\mathrm{d}z$ gilt nicht mehr $\mathrm{d}p = \rho_0 g\,\mathrm{d}z$, sondern

$$\mathrm{d}p = \rho(z)g\,\mathrm{d}z \tag{7.42}$$

mit unbekannter Funktion $\rho(z)$. Aus der Definition der Kompressibilität κ

$$\kappa = -\frac{\mathrm{d}V}{V\,\mathrm{d}p} \tag{7.43}$$

und aus

$$V(\rho) = \frac{m}{\rho} \tag{7.44}$$

folgt durch Ableiten von (7.44) nach ρ

$$\frac{\mathrm{d}V}{\mathrm{d}\rho} = -\frac{m}{\rho^2} \qquad \Rightarrow \qquad \mathrm{d}V = -\frac{m}{\rho^2}\,\mathrm{d}\rho\,. \tag{7.45}$$

Division von (7.45) durch (7.44) ergibt

$$\frac{\mathrm{d}V}{V} = -\frac{\mathrm{d}\rho}{\rho}\,. \tag{7.46}$$

Einsetzen von (7.46) und (7.42) in (7.43) ergibt

$$\frac{\mathrm{d}\rho}{\rho^2} = \kappa g\,\mathrm{d}z\,. \tag{7.47}$$

Durch Integration kann $\rho(z)$ berechnet werden:

$$\int_{\rho_0}^{\rho} \frac{1}{\rho'^2}\,\mathrm{d}\rho' = \kappa g \int_{0}^{z} \mathrm{d}z' \quad \Rightarrow \quad \frac{1}{\rho_0} - \frac{1}{\rho} = \kappa g z \quad \Rightarrow \quad \rho(z) = \frac{\rho_0}{1 - \kappa g \rho_0 z}\,. \tag{7.48}$$

Einsetzen von (7.48) in (7.42) und Integration ergibt

$$\int_{p_0}^{p} \mathrm{d}p' = \int_{0}^{z} \frac{\rho_0}{1 - \kappa g \rho_0 z'} \, \mathrm{d}z' \quad \Rightarrow \quad p(z) = p_0 - \frac{1}{\kappa} \ln\left(1 - \kappa g \rho_0 z\right). \tag{7.49}$$

c) Bestimmung des relativen Fehlers $f(z)$ der Druckberechnung für inkompressibles Wasser

Der relative Fehler f ist definiert durch

$$f = \frac{x_\mathrm{f} - x_\mathrm{w}}{x_\mathrm{w}}, \tag{7.50}$$

wobei x_f der falsche und x_w der wahre Wert ist. Einsetzen von (7.41) und (7.49) in (7.50) ergibt

$$f(z) = \frac{p_0 + \rho_0 g z - p_0 + \frac{1}{\kappa} \ln\left(1 - \kappa g \rho_0 z\right)}{p_0 - \frac{1}{\kappa} \ln\left(1 - \kappa g \rho_0 z\right)} = \frac{\rho_0 g z + \frac{1}{\kappa} \ln\left(1 - \kappa g \rho_0 z\right)}{p_0 - \frac{1}{\kappa} \ln\left(1 - \kappa g \rho_0 z\right)}. \tag{7.51}$$

Die tiefste Stelle der Meere liegt mit $z_\mathrm{max} = 11.033$ m im Marianengraben. Einsetzen der Werte in (7.51) ergibt den maximalen relativen Fehler $f_\mathrm{max} = -0{,}028 = -2{,}8\,\%$.

Lösung zu Aufgabe 56: Stabangeln

a) Bestimmung der Eintauchtiefe x des Stabs in Wasser

Ein Körper ist in Ruhe, wenn keine resultierende Kraft und kein resultierendes Drehmoment bezüglich eines beliebig wählbaren Bezugspunkts auf den Körper wirken:

$$\vec{F}_\mathrm{res} = 0, \tag{7.52}$$

$$\vec{M}_\mathrm{res} = 0. \tag{7.53}$$

Auf den Stab wirken die Haltekraft $\vec{F}_\mathrm{H}$, die Gewichtskraft $\vec{F}_\mathrm{G}$ und die Auftriebskraft $\vec{F}_\mathrm{A}$ (Abb. 7.20). Da die Auftriebskraft die Gewichtskraft des verdrängten Flüssigkeitsvolumens ist, liegt der Angriffspunkt der Auftriebskraft im Schwerpunkt des verdrängten Flüssigkeitsvolumens, also im Punkt B im Abstand $x/2$ vom Stabende. Die Richtung der Haltekraft ist konstant, weil ein nicht senkrechtes Seil zu einer Kraft in horizontaler Richtung führt, die aufgrund der Verschiebbarkeit des Stabs im Wasser quasi instantan wieder zu null wird.

Die Eintauchstrecke x kann nach (7.53) mit A als Bezugspunkt bestimmt werden. Durch die Wahl des Bezugspunkts A tritt in der Gleichung die Haltekraft F_H als unbekannte Größe nicht auf. Die Richtungen der Drehmomente der einzelnen Kräfte stehen

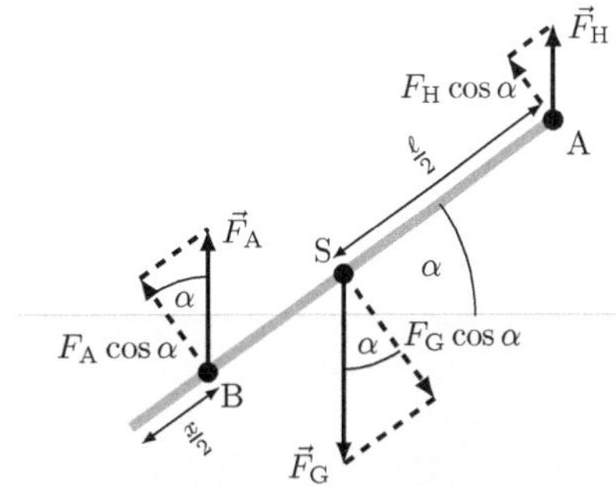

Abb. 7.20 Kraftdiagramm des Stabs zur Berechnung der Haltekraft F_H und der Eintauchtiefe x

senkrecht auf der Zeichenebene. Der Betrag des linksdrehenden Drehmoments M_G der Gewichtskraft ist mit der Querschnittsfläche $A_S = \pi d^2 / 4$ des Stabs

$$M_G = F_G \frac{\ell}{2} \cos\alpha = mg\frac{\ell}{2}\cos\alpha = \rho_S A_S \ell g \frac{\ell}{2}\cos\alpha = \frac{1}{2}\rho_S A_S \ell^2 g \cos\alpha \,. \tag{7.54}$$

Der Betrag des rechtsdrehenden Drehmoments der Auftriebskraft ist

$$M_A = F_A \left(\ell - \frac{x}{2} \right) \cos\alpha = \rho_W A_S x g \left(\ell - \frac{x}{2} \right) \cos\alpha \,. \tag{7.55}$$

Nach (7.53) muss $M_G = M_A$ sein:

$$\frac{1}{2}\rho_S A_S \ell^2 g \cos\alpha = \rho_W A_S x g \left(\ell - \frac{x}{2} \right) \cos\alpha \,. \tag{7.56}$$

Lösen der quadratischen Gleichung (7.56) ergibt

$$\frac{1}{2}\frac{\rho_S}{\rho_W}\ell^2 = x\left(\ell - \frac{x}{2} \right) \,,$$

$$x^2 - 2x\ell + \frac{\rho_S}{\rho_W}\ell^2 = 0 \,, \tag{7.57}$$

$$x_{1/2} = \ell \pm \sqrt{\ell^2 - \frac{\rho_S}{\rho_W}\ell^2} = \ell\left(1 \pm \sqrt{1 - \frac{\rho_S}{\rho_W}} \right) \,.$$

Da physikalisch $x < \ell$ sein muss, ist in (7.57) das Minuszeichen richtig. Einsetzen der Werte in (7.57) ergibt die Eintauchstrecke $x = 10{,}9\,\mathrm{cm}$.

b) Bestimmung der Haltekraft F_H

Die Auftriebskraft ist konstant und unabhängig vom Winkel, da die Strecke x konstant ist. Da die Gewichtskraft auch konstant ist, ist auch die Haltekraft konstant. Nach (7.52) ist

$$F_H = F_G - F_A = \rho_S A_S \ell g - \rho_W A_S x g = \pi \frac{d^2}{4} g \left(\rho_S \ell - \rho_W x \right) \,. \tag{7.58}$$

Einsetzen der Werte in (7.58) ergibt die Haltekraft $F_H = 47\,\mathrm{mN}$.

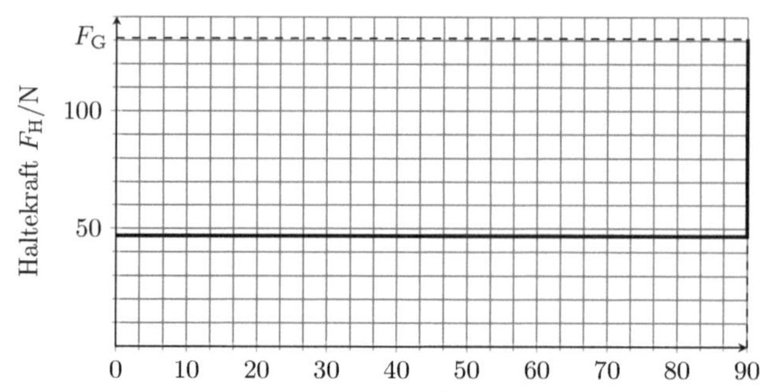

Abb. 7.21 $F_\mathrm{H}(\alpha)$-Diagramm des idealisierten Stabs

c) $F_\mathrm{H}(\alpha)$-Diagramm

Die Haltekraft F_H springt bei $\alpha = 0°$ von $0\,\mathrm{mN}$ auf $47\,\mathrm{mN}$ und ist für $\alpha \in \,]0°, 90°[$ konstant (Abb. 7.21). Bei $\alpha = 90°$ wächst die Haltekraft beim Herausziehen des Stabs aus dem Wasser von $F_\mathrm{H} = 47\,\mathrm{mN}$ auf die Gewichtskraft $F_\mathrm{G} = 131\,\mathrm{mN}$ an.

d) Vergleich der Haltekraft F_H und Eintauchstrecke x von idealisiertem und realem Stab

Übereinstimmend mit den Berechnungen für einen idealisierten Stab (Durchmesser $d = 0\,\mathrm{cm}$) in Teilaufgabe a und b werden für $\alpha \in \,]3°, 90°[$ eine „mittlere" Eintauchstrecke $x \approx 11{,}0\,\mathrm{cm}$ und eine Haltekraft $F_\mathrm{H} \approx 50\,\mathrm{mN}$ gemessen. Abweichend zu Teilaufgabe a und b ist, dass für $\alpha \in \,]0°, 3°[$ die mittlere Eintauchstrecke x für einen realen Stab (Durchmesser $d > 0\,\mathrm{cm}$) nicht konstant ist und die Haltekraft F_H kontinuierlich von $0\,\mathrm{mN}$ auf $\approx 50\,\mathrm{mN}$ zunimmt.

Dies kann wie folgt erklärt werden: Die Gewichtskraft ist in Betrag, Richtung und Angriffspunkt konstant, die Haltekraft ist in Angriffspunkt und Richtung konstant. Daher müssen sich Richtung, Betrag oder Angriffspunkt der Auftriebskraft in Abhängigkeit vom Winkel α ändern:

- Die Richtung der Auftriebskraft ist konstant und entgegen der Schwerkraftrichtung.
- Der Betrag der Auftriebskraft ist nicht konstant, da das vom Stab verdrängte Wasservolumen sich ändert: Für $\alpha = 0°$ ist die Auftriebskraft $F_\mathrm{A} = F_\mathrm{G} = 131\,\mathrm{mN}$ maximal, und für $\alpha = 90°$ ist wegen der zusätzlichen Haltekraft F_H die Auftriebskraft von $131\,\mathrm{mN} - 50\,\mathrm{mN} = 81\,\mathrm{mN}$ minimal.
- Der Angriffspunkt der Auftriebskraft ist nicht konstant: Der Angriffspunkt der Auftriebskraft ist der Schwerpunkt des vom Stab verdrängten Wasservolumens. Da das verdrängte Wasservolumen mit zunehmendem Winkel α abnimmt, ist auch der Angriffspunkt nicht konstant. Für $\alpha = 0°$ liegt er im Querschnitt der Stabmitte und für $\alpha = 90°$ bei minimaler Haltekraft im Abstand $x/2$ vom Stab-ende im Wasser.

Also ist die Ursache der Zunahme der Haltekraft F_H entweder die Änderung des Betrags oder die Änderung des Angriffspunkts der Auftriebskraft. Da mit zunehmender Haltekraft

F_H deren linksdrehendes Drehmoment bezüglich des Stabschwerpunkts zunimmt, muss auch das rechtsdrehende Drehmoment der Auftriebskraft zunehmen:

- Die Abnahme des Betrags der Auftriebskraft verringert das Drehmoment der Auftriebskraft.
- Der zunehmende Abstand des Angriffspunkts der Auftriebskraft vom Stabschwerpunkt erhöht das Drehmoment der Auftriebskraft.

Also kompensiert die Abhängigkeit des Drehmoments der Auftriebskraft von deren Angriffspunkt die Abhängigkeit des Drehmoments der Auftriebskraft von deren Betrag.

Lösung zu Aufgabe 57: Bestimmung der Oberflächenspannung

a) Erklärung des $F(t)$-Graphen

Auf den Aluminiumring wirken die Gewichtskraft F_G, die Auftriebskraft F_A in Leitungswasser (in Luft vernachlässigbar) und die Kraft F_σ der Oberflächenspannung. Gemessen wird die resultierende Kraft F (Abb. 7.22) auf den Aluminiumring. Der Zusammenhang zwischen dem beobachteten Zustand des Aluminiumrings und den wirkenden Kräften ist Tab. 7.1 zu entnehmen.

b) Bestimmung der Oberflächenspannung σ_W

Beim Herausziehen des Rings aus dem Wasser wird die Flüssigkeitslamelle zwischen unterem Ringrand und dem Wasser entgegen den zwischenmolekularen Anziehungskräften vergrößert und hierbei Arbeit verrichtet. Die Arbeit zum Anheben der Flüssigkeit im Schwerefeld der Erde ist dagegen vernachlässigbar. Nach Definition der Oberflächenspannung ist

$$\sigma = \frac{\Delta W}{\Delta A} = \frac{F_\sigma h}{2 \cdot 2\pi r h} = \frac{F_\sigma}{4\pi r} = \frac{F - F_\mathrm{G}}{4\pi r}. \tag{7.59}$$

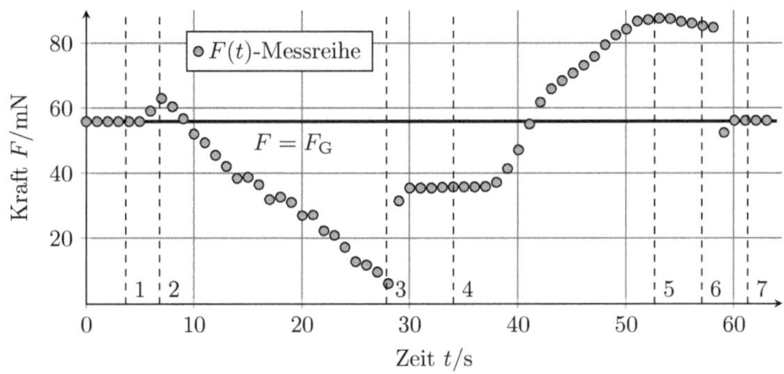

Abb. 7.22 $F(t)$-Diagramm der Haltekraft des Aluminiumrings

Der Faktor 2 berücksichtigt die Flächenvergrößerung auf der Innen- und Außenseite der Flüssigkeitslamelle. Es wird angenommen, dass die Kraft $F\sigma$ zur Vergrößerung der Oberfläche konstant ist und durch die Kraft $F_\sigma = F_{\sigma,\mathrm{mess}}$ zum Zeitpunkt 6 ermittelt werden kann, wenn die Flüssigkeitslamelle aufgrund ihres Gewichts vom Ring abreißt. Einsetzen des Ringradius $r = 3{,}25\,\mathrm{cm}$, der Gewichtskraft $F_\mathrm{G} = 56\,\mathrm{mN}$ und der Kraft $F = 84\,\mathrm{mN}$ in (7.59) ergibt die Oberflächenspannung $\sigma = 68\,\mathrm{mN/m}$ des Leitungswassers.

Lösung zu Aufgabe 58: Steighöhe von Flüssigkeiten in Kapillaren

a) Formel für die Steighöhe h anhand von Energiebetrachtung
Wenn die Flüssigkeit im Kapillarröhrchen um die Höhe Δh steigt, erhöht sich deren potenzielle Energie im Schwerefeld der Erde um

$$\Delta E_\mathrm{P} = mg\Delta h = \rho\pi r^2 hg\Delta h\,. \tag{7.60}$$

Die Kapillarkraft F_K verrichtet Arbeit am System, und nach dem Energieerhaltungssatz sinkt die Oberflächenenergie des Systems um den gleichen Betrag

$$\Delta E_\mathrm{O} = F_\mathrm{K}\Delta h = 2\pi r(\sigma_{1,3} - \sigma_{1,2})\Delta h\,, \tag{7.61}$$

wobei $\sigma_{i,j}$ die Grenzflächenspannung zwischen fester (Index 1), flüssiger (Index 2) und gasförmiger (Index 3) Phase ist. Also gilt

$$\Delta E_\mathrm{P} = \Delta E_\mathrm{O} \quad\Leftrightarrow\quad \rho r h g = 2(\sigma_{1,3} - \sigma_{1,2})\,. \tag{7.62}$$

Einsetzen der Young'schen Gleichung

$$\cos\varphi = \frac{\sigma_{1,3} - \sigma_{1,2}}{\sigma_{2,3}} \tag{7.63}$$

in (7.62) und Auflösen nach h ergibt

Tab. 7.1 Erklärung signifikanter Punkte des $F(t)$-Graphen in Abb. 7.22 anhand der wirkenden Kräfte

Zeitpunkt	Beobachtung	Kraft F
1	Ring in Luft ohne Wasserlamelle	F_G
2	Ring in Luft mit Wasserlamelle	$F_\mathrm{G} + F_\sigma$
3	Ring vollständig in Wasser mit Wasserlamelle	$F_\mathrm{G} - F_{\mathrm{A,max}} - F_\sigma$
4	Ring vollständig in Wasser ohne Wasserlamelle	$F_\mathrm{G} - F_{\mathrm{A,max}}$
5	Ring in Luft mit Wasserlamelle und Wasser auf Ring	$F_\mathrm{G} + F_{\sigma,\mathrm{max}}$
6	Ring in Luft mit Wasserlamelle ohne Wasser auf Ring	$F_\mathrm{G} + F_{\sigma,\mathrm{mess}}$
7	Ring in Luft ohne Wasserlamelle	F_G

Abb. 7.23 Geometrie zur Bestimmung der Steighöhe anhand der Betrachtung des Drucks und der wirkenden Kräfte

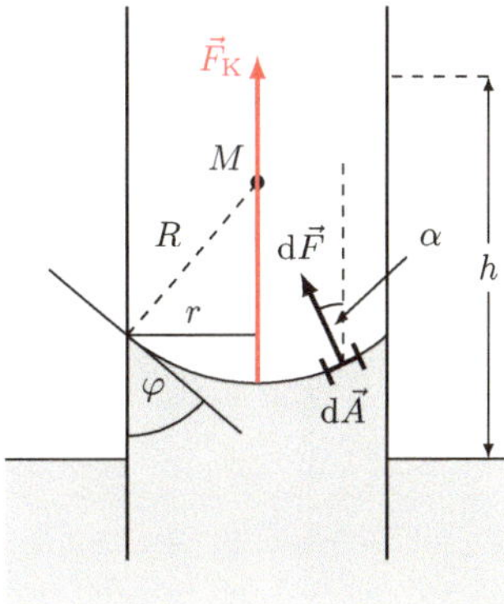

$$h = \frac{2\sigma_{2,3}\cos\varphi}{\rho r g} = \frac{2\sigma\cos\varphi}{\rho r g}\,. \qquad (7.64)$$

Formel für die Steighöhe h anhand von Druck-/Kräftebetrachtung
Aufgrund der Grenzflächenspannung $\sigma_{2,3}$ zwischen Luft und Flüssigkeit bzw. der Oberflächenspannung $\sigma = \sigma_{2,3}$ entsteht in einer Seifenblase vom Radius R ein Überdruck Δp gegenüber dem Atmosphärendruck von

$$\Delta p = \frac{4\sigma}{R}\,. \qquad (7.65)$$

Unter Annahme eines kugelförmigen Meniskus und Beachtung (Abb. 7.23), dass es in einer Kapillare nur eine Grenzfläche zwischen Flüssigkeit und Luft gibt, ist der erzeugte äquivalente „Überdruck" nur halb so groß. Die Beziehung

$$\cos\varphi = \frac{r}{R} \qquad (7.66)$$

ergibt mit (7.60)

$$\Delta p = \frac{2\sigma}{R} = \frac{2\sigma}{r}\cos\varphi\,. \qquad (7.67)$$

Der Überdruck erzeugt eine resultierende, vertikal nach oben gerichtete, konstante und auf die Flüssigkeit wirkende Kapillarkraft F_K. Für die vertikale Kapillarteilkraft $\mathrm{d}F_\mathrm{K}$ zum Flächenelement $\mathrm{d}A$ erhält man nach Abb. 7.23

$$\mathrm{d}F_\mathrm{K} = \mathrm{d}F\cos\alpha = \Delta p\,\mathrm{d}A\cos\alpha = 2\frac{\sigma}{r}\cos\varphi\,\mathrm{d}A\cos\alpha = 2\frac{\sigma}{r}\cos\varphi\,\mathrm{d}A_\mathrm{p}\,. \qquad (7.68)$$

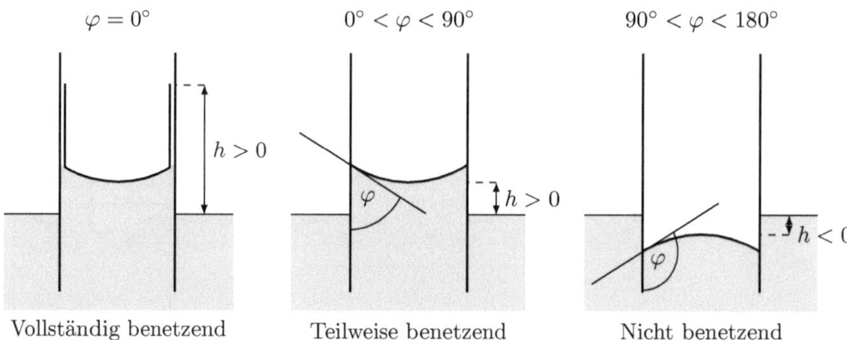

Abb. 7.24 Benetzungsgrade einer Flüssigkeit in einem Kapillarröhrchen für die Randwinkel $\varphi = 0°$, $\varphi \in\,]0°, 90°[$ und $\varphi \in\,]90°, 180°[$

Die Teilfläche dA_p ist dabei die Projektion von dA auf eine horizontale Ebene. Die Kapillarkraft F_K erhält man durch Integration:

$$F_K = \int\int 2\frac{\sigma}{r}\cos\varphi\, dA_p = 2\frac{\sigma}{r}\cos\varphi \int\int dA_p = 2\frac{\sigma}{r}\pi r^2\cos\varphi = 2\sigma\pi r\cos\varphi\,. \tag{7.69}$$

Die Flüssigkeit steigt so lange in der Kapillare nach oben, bis die aufgrund der Höhenzunahme des Flüssigkeitsfadens zunehmende Gewichtskraft F_G gleich der konstanten Kapillarkraft F_K ist:

$$F_G = F_K\,,$$
$$\rho\pi r^2 hg = 2\pi\sigma r\cos\varphi \quad\Rightarrow\quad h = \frac{2\sigma\cos\varphi}{\rho r g}\,. \tag{7.70}$$

Einsetzen der Werte in (7.64) bzw. (7.70) ergibt die Steighöhe $h_W = 3{,}7\,\mathrm{cm}$ für Wasser und die Steighöhe $h_{Hg} = -1{,}33\,\mathrm{cm}$ für Quecksilber. Bei Quecksilber liegt wegen des Randwinkels $\varphi > 90°$ eine Kapillardepression vor.

b) Kapillarität für verschiedene Benetzungsgrade
Das Verhalten für unterschiedliche Benetzungsgrade kann mit (7.63) erklärt werden (Abb. 7.24):

- Vollständig benetzend: $\sigma_{1,3} - \sigma_{1,2} = \sigma_{2,3} \Leftrightarrow \cos\varphi = 1 \Rightarrow \varphi = 0°$, Flüssigkeit kriecht an Kapillarwand hoch.
- Teilweise benetzend: $\sigma_{1,3} - \sigma_{1,2} < \sigma_{2,3}$ und $\sigma_{1,3} > \sigma_{1,2} \Leftrightarrow 0 < \cos\varphi < 1 \Rightarrow 0° < \varphi < 90°$.
- Nicht benetzend: $|\sigma_{1,3} - \sigma_{1,2}| < \sigma_{2,3}$ und $\sigma_{1,3} < \sigma_{1,2} \Rightarrow -1 < \cos\varphi < 0 \Rightarrow 90° < \varphi < 180°$.

Abb. 7.25 Kraftdiagramm des Holzblocks auf der schiefen Ebene. Die Angriffspunkte der Haftreibungskraft $\vec{F}_{\mathrm{H}}$ und der Normalkraft $-\vec{F}_{\mathrm{G1},n}$ liegen im geometrischen Mittelpunkt der Auflagefläche

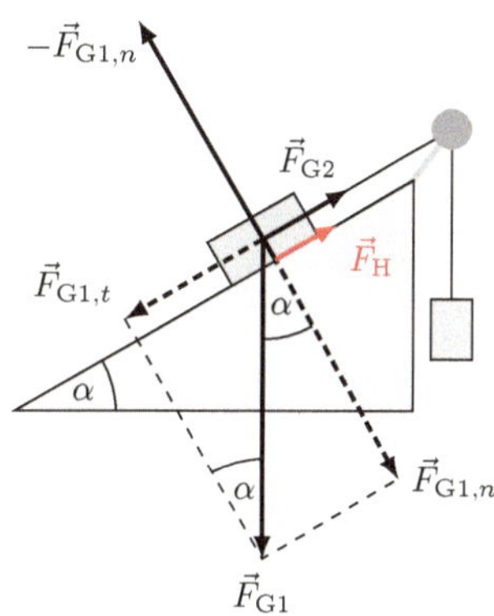

Lösung zu Aufgabe 59: Haften und Gleiten am Hang

a) Existenz eines Grenzwinkels α_{G}

Die Gewichtskräfte F_{G1} und F_{G2} der Massen sind unabhängig vom Winkel α und damit konstant (Abb. 7.25). Mit zunehmendem Winkel α nimmt die Tangentialkomponente $F_{\mathrm{G1},t}$ der Gewichtskraft F_{G1} zu. Die Haftreibungskraft F_{H} kompensiert gerade die Summe der an m_1 angreifenden Kräfte $F_{\mathrm{G1},t}$ und F_{G2}. Folglich nimmt auch F_{H} mit größer werdendem Winkel α zu, bis die maximale Haftreibungskraft $\mu_{\mathrm{G}} F_{\mathrm{G1},n}$ ab einem Grenzwinkel $\alpha = \alpha_{\mathrm{G}}$ erreicht ist und sich die Massen in Bewegung setzen.

Bestimmung des Haftreibungskoeffizienten μ_{H}

Für die Beträge der Kräfte entlang des Hangs gelten bei $\alpha = \alpha_{\mathrm{G}}$

$$F_{\mathrm{G1},t} = m_1 g \sin\alpha, \tag{7.71}$$

$$F_{\mathrm{G2}} = m_2 g, \tag{7.72}$$

$$F_{\mathrm{H}} = \mu_{\mathrm{H}} F_{\mathrm{G1},n} = \mu_{\mathrm{H}} m_1 g \cos\alpha. \tag{7.73}$$

Weiter gilt das statische Kräftegleichgewicht

$$F_{\mathrm{G1},t} - F_{\mathrm{G2}} = F_{\mathrm{H}}. \tag{7.74}$$

Einsetzen von (7.71), (7.72) und (7.73) in (7.74) und Auflösen nach μ_{H} ergibt

$$m_1 g \sin\alpha_{\mathrm{G}} - m_2 g = \mu_{\mathrm{H}} m_1 g \cos\alpha_{\mathrm{G}}$$
$$\Rightarrow \quad \mu_{\mathrm{H}} = \frac{m_1 \sin\alpha_{\mathrm{G}} - m_2}{m_1 \cos\alpha_{\mathrm{G}}} = \tan\alpha_{\mathrm{G}} - \frac{m_2}{m_1} \sec\alpha_{\mathrm{G}}. \tag{7.75}$$

Eine Winkelmessung ergibt den Grenzwinkel $\alpha_{\mathrm{G}} = 42°$. Einsetzen der Werte in (7.75) ergibt einen Haftreibungskoeffizienten $\mu_{\mathrm{H}} = 0{,}47$.

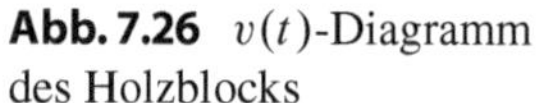

Abb. 7.26 $v(t)$-Diagramm des Holzblocks

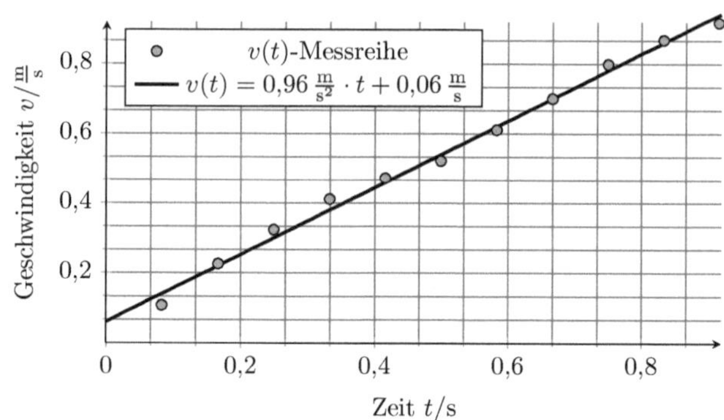

b) Bewegung mit konstanter Beschleunigung a

Wenn die Masse m_1 gleitet, wirkt nicht mehr die Haftreibungskraft, sondern die geschwindigkeitsunabhängige Gleitreibungskraft F_{Gl} auf die Masse m_1. Da alle auf die Masse m_1 bzw. die Masse m_2 wirkenden Teilkräfte konstant sind, ist die resultierende Kraft F_{res} auf das System der verbundenen Massen konstant. Daher ist nach dem zweiten Newton'schen Grundgesetz auch die Beschleunigung konstant. Lineare Regression einer $v(t)$-Messreihe ergibt eine Steigung der Regressionsgeraden von $a = 0{,}96\,\mathrm{m/s^2}$ (Abb. 7.26).

c) Bestimmung des Gleitreibungskoeffizienten μ_G

Die Gleitreibungskraft ist

$$F_{Gl} = \mu_G F_{Gl,n} = \mu_G m_1 g \cos\alpha \, . \tag{7.76}$$

Die resultierende Kraft

$$F_{res} = F_{Gl,t} - F_{G2} - G_{Gl} \tag{7.77}$$

beschleunigt die Gesamtmasse

$$m = m_1 + m_2 \, . \tag{7.78}$$

Einsetzen von (7.71), (7.72), (7.76), (7.77) und (7.78) in das zweite Newton'sche Grundgesetz

$$F_{res} = ma \tag{7.79}$$

und Auflösen nach μ_{Gl} ergibt

$$(m_1 + m_2)a = m_1 g \sin\alpha - \mu_G m_1 g \cos\alpha - m_2 g \, ,$$

$$\mu_G = \frac{m_1 g \sin\alpha - m_2 g - (m_1 + m_2)a}{m_1 g \cos\alpha} \, . \tag{7.80}$$

Einsetzen von $\alpha = \alpha_G = 42°$ und der Werte in (7.80) ergibt den Gleitreibungskoeffizienten $\mu_G = 0{,}3$.

Lösung zu Aufgabe 60: Beschleunigen durch Reibung

a) Bewegungsform von Klotz und Experimentierwagen

- Die auf den Klotz wirkende Haftreibungskraft $F_\mathrm{H} = \mu_\mathrm{H} F_\mathrm{G,K} = 0{,}1\,\mathrm{N}$ ist kleiner als die Gewichtskraft $F_\mathrm{G} = 0{,}5\,\mathrm{N}$ des Gewichts. Deshalb gleitet der Klotz auf dem Experimentierwagen in beiden Versuchsvarianten.
- Alle auf den Klotz und Experimentierwagen wirkenden Kräfte sind konstant. Deshalb sind die resultierenden Kräfte $F_\mathrm{res,K}$ auf den Klotz und $F_\mathrm{res,E}$ auf den Experimentierwagen und damit die Beschleunigung a_K des Klotzes und die Beschleunigung a_E des Experimentierwagens konstant.
- Wegen der Seilverbindung haben Klotz und Gewicht die gleiche Beschleunigung und damit die gleiche Bewegungsform.

Vergleich der Beschleunigung von Klotz und Experimentierwagen in Versuchsvariante B

- Die Beschleunigung des Klotzes ist in beiden Versuchsvarianten gleich, weil die Gleitreibungskraft unabhängig von der Relativgeschwindigkeit zwischen Klotz und Experimentierwagen und die Gewichtskraft F_G des Gewichts die gleiche ist.
- Die Beschleunigung a_E des Experimentierwagens ist nach dem Newton'schen Grundgesetz kleiner als die Beschleunigung a_K des Klotzes, weil $m_\mathrm{E} > m_\mathrm{K}$ und $F_\mathrm{res,E} < F_\mathrm{res,K}$.

b) Bestimmung des Gleitreibungskoeffizienten μ_G in Versuchsvariante A

Wegen der Seilverbindung zwischen Gewicht und Klotz können diese als eine Masse $m_\mathrm{G} + m_\mathrm{K}$ betrachtet werden. Auf diese Gesamtmasse wirken die Gewichtskraft F_G des Gewichts und die Gleitreibungskraft F_R (Abb. 7.27). Für eine Orientierung der x-Achse in Bewegungsrichtung des Klotzes ist nach dem Newton'schen Grundgesetz

$$F_\mathrm{G} - F_\mathrm{R} = m_\mathrm{G} g - \mu_\mathrm{G} m_\mathrm{K} g = (m_\mathrm{G} + m_\mathrm{K}) a_\mathrm{K}$$

$$\Rightarrow \mu_\mathrm{G} = \frac{m_\mathrm{G}}{m_\mathrm{K}} - \frac{a_\mathrm{K}}{g}\left(1 + \frac{m_\mathrm{G}}{m_\mathrm{K}}\right). \tag{7.81}$$

Einsetzen der Werte in (7.81) ergibt den Gleitreibungskoeffizienten $\mu_\mathrm{G} = 0{,}20$.

Abb. 7.27 Kraftdiagramm für Gewicht und Klotz in Versuchsvariante A

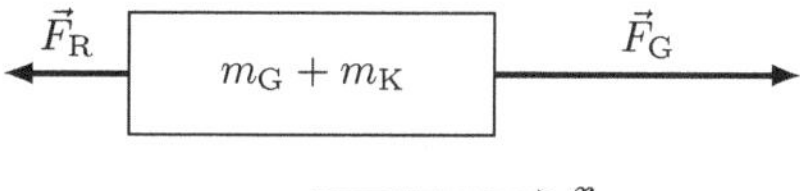

Abb. 7.28 Kraftdiagramm für
den Experimentierwagen in
Versuchsvariante B

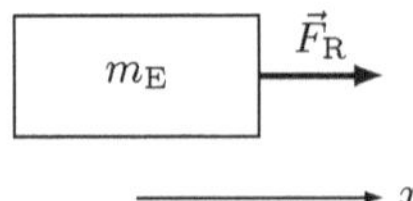

c) Bestimmung der Beschleunigung a_K des Klotzes und der Beschleunigung a_E des Experimentierwagens in Variante B

Die Beschleunigung a_K ist dieselbe wie die in Teilaufgabe b für Versuchsvariante A, weil dieselben Kräfte wirken. Auf den Experimentierwagen wirkt nur die Gleitreibungskraft F_R. Nach dem Wechselwirkungsprinzip ist diese genauso groß wie die Gleitreibungskraft auf den Klotz (Abb. 7.28). Für eine Orientierung der x-Achse in Bewegungsrichtung des Experimentierwagens ist nach dem Newton'schen Grundgesetz

$$F_R = \mu_G m_K g = m_E a_E$$
$$\Rightarrow a_E = g\,\frac{\mu_G m_K}{m_E}. \tag{7.82}$$

Einsetzen der Werte in (7.82) ergibt die Beschleunigung $a_E = 0{,}45\,\mathrm{m/s^2}$ des Experimentierwagens.

Lösung zu Aufgabe 61: Münzen schnippen

a) $v(t)$-Diagramm der rutschenden Geldmünze

Nach einem kurzen Kraftstoß rutscht die Geldmünze unter alleinigem Einfluss der Gleitreibungskraft $\vec{F}_{Gl} = F_{Gl}\vec{e}_x$ in x-Richtung über den Tisch. Aus dem linearen Verlauf einer $v(t)$-Messreihe kann geschlossen werden, dass es sich um eine gleichmäßig verzögerte Bewegung handelt (Abb. 7.29).

Abb. 7.29 $v(t)$-Diagramm
einer rutschenden Geldmünze
auf einem Holztisch

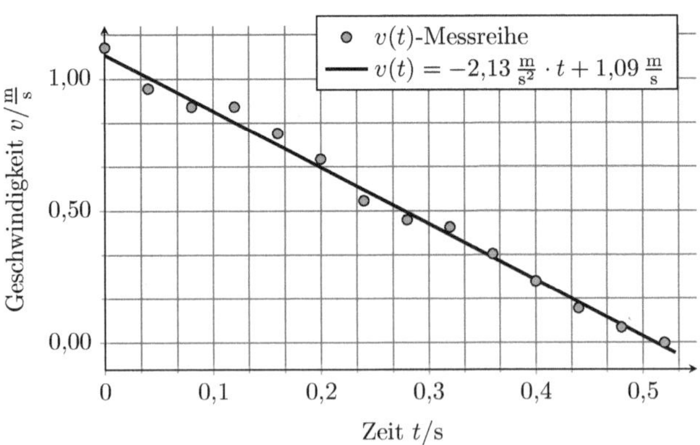

b) Bestimmung des Gleitreibungskoeffizienten μ_G

Nach Teilaufgabe a ist die Gleitreibungskraft annähernd konstant. Es gilt

$$F_{Gl} = \mu_G F_G = \mu_G mg \,. \tag{7.83}$$

Während des Rutschens wird die anfängliche kinetische Energie

$$E_{kin} = \frac{1}{2} m v_0^2 \tag{7.84}$$

der Geldmünze vollständig in Wärmeenergie umgewandelt. Dabei wird die Arbeit

$$W = \int_0^s F_{Gl}\, dx \tag{7.85}$$

verrichtet. Einsetzen von (7.83) in (7.85) und Gleichsetzen mit (7.84) ergibt

$$\frac{1}{2} m v_0^2 = \int_0^s \mu_G mg\, dx = \mu_G mgs \qquad \Leftrightarrow \qquad \mu_G = \frac{1}{2}\frac{v_0^2}{gs} \,. \tag{7.86}$$

Einsetzen der gemessenen Rutschstrecke $s = 0{,}28\,\mathrm{m}$ und der Anfangsgeschwindigkeit $v_0 = 1{,}09\,\mathrm{m/s}$ in (7.86) ergibt den Gleitreibungskoeffizienten $\mu_G = 0{,}21$.

Alternativ kann μ_G aus der Steigung des $v(t)$-Graphen bestimmt werden (Abb. 7.29). Nach (7.83) gilt für die Geschwindigkeit der Münze

$$v(t) = v_0 - kt \qquad \text{mit} \qquad k = \mu_G g \,. \tag{7.87}$$

Aus $k = -2{,}13\,\mathrm{m/s^2}$ folgt der Gleitreibungskoeffizient $\mu_G = 0{,}22$.

Gase und Thermodynamik

8

8.1 Gase

Aufgabe 62: Maxwell-Boltzmann'sche Geschwindigkeitsverteilung

In einem idealen Gas ist die Wahrscheinlichkeitsverteilung der Geschwindigkeitskomponenten v_i der Gasteilchen (Masse m) in x-, y- und z-Richtung bei der Temperatur T gegeben durch

$$f(v_i) = \sqrt{\frac{m}{2\pi k T}}\,\mathrm{e}^{-\frac{mv_i^2}{2kT}}\,.$$

a. Berechnen Sie die wahrscheinlichste Geschwindigkeit $v_{\mathrm{w}i}$ und die mittlere Geschwindigkeit $\bar{v}_i$ der Geschwindigkeitskomponentenverteilungen.

b. Geben Sie begründet die Wahrscheinlichkeitsverteilung $f(v)$ des Geschwindigkeitsbetrags an. Berechnen Sie die wahrscheinlichste Geschwindigkeit v_{w} und die mittlere Geschwindigkeit $\bar{v}$ der Wahrscheinlichkeitsverteilung.

   Hinweis:

$$\int\limits_{0}^{\infty} x\mathrm{e}^{-tx}\,\mathrm{d}x = \frac{1}{t^2}$$

c. Zeigen Sie, dass $\overline{v^2} \neq \bar{v}^2$.

Aufgabe 63: Mittlere freie Weglänge

Molekularer Wasserstoff (Masse $M_{\mathrm{H-H}} = 2\,\mathrm{g/mol}$, Moleküldurchmesser $d_{\mathrm{H-H}} = 220\,\mathrm{pm}$) und molekularer Stickstoff ($M_{\mathrm{N-N}} = 28\,\mathrm{g/mol}$, Moleküldurchmesser $d_{\mathrm{N-N}} = 320\,\mathrm{pm}$) liegen bei geeigneter Temperatur T und Druck p als Gas vor. Die Moleküle können als kugelförmig betrachtet werden.

a. Berechnen Sie die mittlere freie Weglänge λ der Gase für $T = 600\,\mathrm{K}$ und $p = 133\,\mathrm{mPa}$.

© Springer-Verlag GmbH Deutschland 2017

S. Gröber et al., *Smarte Aufgaben zur Mechanik und Wärme*,

https://doi.org/10.1007/978-3-662-54479-2_8

b. Berechnen Sie die mittlere Zeitdauer τ zwischen jeweils zwei aufeinanderfolgenden Stößen eines Moleküls.

c. Begründen Sie, weshalb sich für ein gegebenes ideales Gas bei konstantem Druck die mittlere Zeitdauer τ mit zunehmender Temperatur erhöht.

Aufgabe 64: Aufstieg eines Wetterballons

An einem mit Wasserstoff (molare Masse $M_{H-H} = 2\,\mathrm{g/mol}$) gasdicht gefüllten Wetterballon (Masse $m_B = 1{,}2\,\mathrm{kg}$ der Ballonhülle) hängen Fallschirm und Messinstrumente als Last. Unter Normalbedingungen (Druck $p_0 = 101{,}325\,\mathrm{kPa}$, Luftdichte $\rho_0 = 1{,}3\,\mathrm{kg/m^3}$) in Meereshöhe hat der Wetterballon einen Durchmesser $d_0 = 1{,}8\,\mathrm{m}$. Der Wetterballon steige senkrecht in einer isothermen Atmosphäre auf.

a. Welche maximale Last (Masse $m_{L,max}$) kann der Wetterballon am Erdboden tragen?

b. Der Wetterballon steige mit undehnbarer Ballonhülle auf. Weshalb erreicht der Ballon eine endliche Höhe?

c. Die Ballonhülle soll ohne Kraftaufwand beliebig dehnbar sein. Zeigen Sie, dass der Ballon unendlich hoch steigt.

d. Der Wetterballon soll ohne Kraftaufwand dehnbar sein und bei einem Durchmesser $d_{max} = 15\,\mathrm{m}$ platzen. Welche maximale Steighöhe erreicht der Wetterballon?

Aufgabe 65: Gasverlust der Erdatmosphäre

Die Atmosphäre der Erde (Erdradius $R = 6378\,\mathrm{km}$) enthält ca. $0{,}00005\,\%$ molekularen Wasserstoff (molare Masse $M_{H-H} = 2\,\mathrm{g/mol}$) und ca. $21\,\%$ molekularen Sauerstoff (molare Masse $M_{O-O} = 32\,\mathrm{g/mol}$).

a. Leiten Sie die RMS-Geschwindigkeit (Wurzel aus mittlerem Geschwindigkeitsquadrat) für eine Maxwell-Boltzmann'sche Geschwindigkeitsverteilung eines Gases her. Hinweis:

$$\int\limits_0^\infty x^4 e^{-tx^2}\,\mathrm{d}x = \frac{3}{8}\sqrt{\pi}\,t^{-\frac{5}{2}}$$

b. Leiten Sie die Formel für die Fluchtgeschwindigkeit von einem Planeten her. Bei welcher Temperatur T_F können Wasserstoff- bzw. Sauerstoffmoleküle die Erdatmosphäre verlassen?

c. Erklären Sie mithilfe von Teilaufgabe b, warum die Mondatmosphäre fast kein Wasserstoff enthält, die Jupiteratmosphäre dagegen fast ausschließlich Wasserstoff enthält.

Aufgabe 66: Geschwindigkeitsselektor für Molekularstrahlen

Ein N_2-Molekularstrahl (molare Masse $M_{N-N} = 28\,\mathrm{g/mol}$, Temperatur $T = 500\,\mathrm{K}$) mit einer Maxwell-Boltzmann'schen Geschwindigkeitsverteilung trifft im Abstand R von der Drehachse auf zwei im Abstand $a = 10\,\mathrm{cm}$ mit der Winkelgeschwindigkeit ω rotierende dünne Scheiben. Die Scheiben besitzen um den Winkel $\varphi = 20°$ gegeneinander versetzte

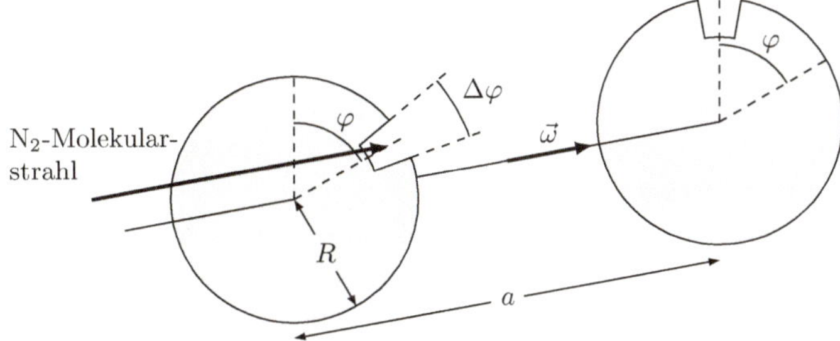

Abb. 8.1 Geometrie des Geschwindigkeitsselektors für Molekularstrahlen

keilförmige Schlitze der Winkelbreite $\Delta\varphi = 1° \ll \varphi$. Der Einfluss der Gravitation auf die Bahnkurve des Strahls ist vernachlässigbar (Abb. 8.1).

a. Leiten Sie eine Formel für die Durchlassgeschwindigkeit v und den relativen Geschwindigkeitsfehler $\Delta v/v$ her und berechnen Sie diesen.
b. Bei welcher Winkelgeschwindigkeit ω und Drehzahl n passieren N_2-Moleküle mit der wahrscheinlichsten Geschwindigkeit den Geschwindigkeitsselektor?
c. Wie kann man verhindern, dass auch langsamere Gasmoleküle als die in Teilaufgabe b den Geschwindigkeitsselektor passieren?

8.2 Temperatur und Wärmeenergie

Aufgabe 67: Verbiegen durch Erwärmen   **(VA)**

Schauen Sie sich das Videoexperiment und Abb. 8.2 an.

Abb. 8.2 Ein Bimetallstreifen krümmt sich mit steigender Temperatur eines Wasserbads immer stärker

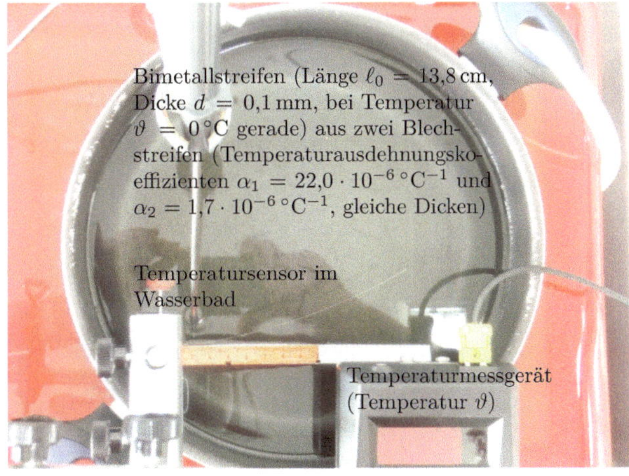

a. Erklären Sie qualitativ die Abhängigkeit der Krümmung des Bimetallstreifens von der Temperatur.

b. Fertigen Sie Videoscreenshots bei den Temperaturen $\vartheta = 20\,°\text{C}$, $50\,°\text{C}$ und $85\,°\text{C}$ an. Untersuchen Sie für $\vartheta = 50\,°\text{C}$, ob der Bimetallstreifen kreisförmig gekrümmt ist und bestimmen Sie die Krümmungsradien.
   Hinweis: Eine Hilfe zur Berechnung des Radius und der Mittelpunktskoordinaten eines Kreises anhand dreier Kreispunkte finden Sie z. B. unter
   www.arndt-bruenner.de/mathe/scripts/kreis3p.htm.

c. Leiten Sie die $R(\vartheta)$-Funktion her (Hinweis: Verwenden Sie die mittleren Längen der Blechstreifen) und überprüfen Sie das Ergebnis experimentell mit Teilaufgabe b.

http://tiny.cc/mkfzly

Aufgabe 68: Getränkekühlung mit Eiswürfeln   (VA)
Schauen Sie sich das Videoexperiment und Abb. 8.3 an.

a. Nehmen Sie eine Messreihe zur Abhängigkeit der Mischungstemperatur ϑ_M des Getränks von der Anzahl n geschmolzener Eiswürfel auf. Leiten Sie die $\vartheta_\text{M}(n)$-Funktion unter der Annahme eines idealen Dewargefäßes her.

b. Stellen Sie die $\vartheta_\text{M}(n)$-Messreihe und $\vartheta_\text{M}(n)$-Funktion in einem gemeinsamen Diagramm für $n \in [0, 15]$ dar. Welchen Schluss ziehen Sie aus dem Vergleich von Messreihe und Funktion für $n \in [0, 9]$? Weshalb ist $\vartheta_\text{M}(n)$ keine lineare Funktion? Diskutieren Sie die optimale Anzahl von Eiswürfeln zum Kühlen von Getränken.

Abb. 8.3 Wasser in einem Dewargefäß wird durch Zugabe von Eiswürfeln immer weiter abgekühlt

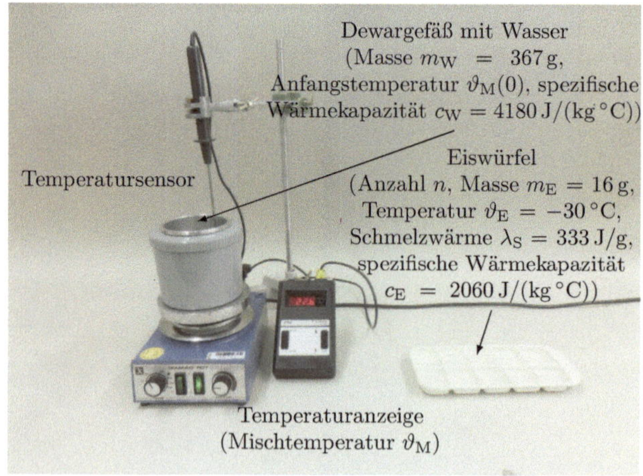

c. Erklären Sie, was bei Zugabe weiterer Eiswürfel zu beobachten ist. Berechnen Sie, ob Eiswürfel ein Getränk gefrieren lassen können.

http://tiny.cc/ekfzly

8.3 Hauptsätze der Thermodynamik

Aufgabe 69: Selbstzünder
Ein Zwei-Liter-Dieselmotor hat ein Verdichtungsverhältnis (Gesamtzylindervolumen/ Restvolumen) von 15. Machen Sie zum Lösen der Aufgabe sinnvolle Annahmen.

a. Leiten Sie anhand von Gasgesetzen Formeln für den Enddruck und die Endtemperatur des Verdichtungsvorgangs her und berechnen Sie diese. Reicht die Temperatur zum Entzünden von Dieselkraftstoff?
b. Leiten Sie eine Formel für die zu verrichtende Verdichtungsarbeit her und berechnen Sie diese.

Aufgabe 70: Thermodynamischer Kreisprozess
Mit einem idealen einatomigen Gas (Stoffmenge $n = 2\,\text{mol}$) wird ein Kreisprozess $1 \rightarrow 2 \rightarrow 3 \rightarrow 4 \rightarrow 1$ durchgeführt. Die Zustandsänderungen $1 \rightarrow 2$ und $3 \rightarrow 4$ sind isotherm. In Zustand 4 ist der Druck $p_4 = 2 \cdot 10^5\,\text{Pa}$ und die Temperatur $T_4 = 360\,\text{K}$. In Zustand 2 sind das Volumen $V_2 = 3V_4$ und der Druck $p_2 = 2p_3$ (Abb. 8.4).

Abb. 8.4 Thermodynamischer Kreisprozess im p-V-Diagramm

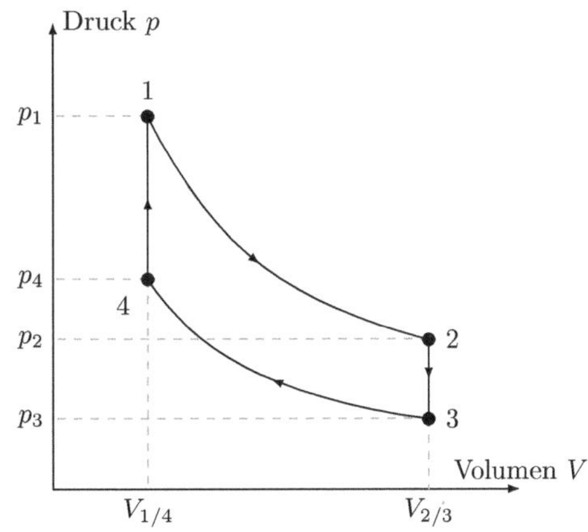

a. Berechnen Sie Temperaturen, Drücke und Volumina der Zustände 1 bis 4 und stellen Sie diese in einer Tabelle zusammen.

b. Berechnen Sie die bei jeder Zustandsänderung verrichtete Arbeit W_{ij}, die ausgetauschte Wärmeenergie Q_{ij} sowie die Änderung ΔU_{ij} der inneren Energie des Gases und stellen Sie diese in einer Tabelle zusammen.

c. Stellen Sie für die Größen in Teilaufgabe b Bilanzen auf und Zusammenhänge her.

8.4 Lösungen

Lösung zu Aufgabe 62: Maxwell-Boltzmann'sche Geschwindigkeitsverteilung

a) Wahrscheinlichste Geschwindigkeit $v_{\mathrm{w}i}$ der Geschwindigkeitskomponenten

Die wahrscheinlichste Geschwindigkeit $v_{\mathrm{w}i}$ ist die Geschwindigkeit, bei der $f(v_i)$ maximal wird:

$$\frac{\mathrm{d}f}{\mathrm{d}v_i} = \sqrt{\frac{m}{2\pi kT}}\left(-2v_i\frac{m}{2kT}\right)\mathrm{e}^{-\frac{mv_i^2}{2kT}} = 0 \quad \Rightarrow \quad v_{\mathrm{w}i} = 0, \quad \text{da } \mathrm{e}^{-\frac{mv_i^2}{2kT}} \neq 0. \tag{8.1}$$

Mittlere Geschwindigkeit $\bar{v}_i$ der Geschwindigkeitskomponenten

Die mittlere Geschwindigkeit der Geschwindigkeitskomponenten ist gegeben durch

$$\bar{v}_i = \int\limits_{-\infty}^{\infty} v_i \sqrt{\frac{m}{2\pi kT}}\mathrm{e}^{-\frac{mv_i^2}{2kT}}\,\mathrm{d}v_i . \tag{8.2}$$

Auswerten des Integrals in (8.2) ergibt null, da mit symmetrischen Grenzen über eine punktsymmetrische Funktion integriert wird.

b) Wahrscheinlichkeitsverteilung $f(v)$ des Geschwindigkeitsbetrags

Die Wahrscheinlichkeit, dass ein Gasmolekül den Geschwindigkeitsvektor $\vec{v} = (v_x, v_y, v_z)$ hat, ist aufgrund der Unabhängigkeit der Geschwindigkeitskomponenten gegeben durch das Produkt der Einzelwahrscheinlichkeiten:

$$f(\vec{v}) = f(v_x)f(v_y)f(v_z) = \left(\frac{m}{2\pi kT}\right)^{\frac{3}{2}}\mathrm{e}^{-\frac{m\left(v_x^2+v_y^2+v_z^2\right)}{2kT}} = \left(\frac{m}{2\pi kT}\right)^{\frac{3}{2}}\mathrm{e}^{\frac{-mv^2}{2kT}} . \tag{8.3}$$

Die Wahrscheinlichkeit, dass ein Gasmolekül den Geschwindigkeitsbetrag v hat, ist größer, da zu einem Geschwindigkeitsbetrag v mehrere Geschwindigkeitsvektoren $\vec{v} = (v_x, v_y, v_z)$ gehören. Dies sind alle Geschwindigkeitsvektoren, deren Spitze im „Kugelschalenvolumen" $4\pi v^2\,\mathrm{d}v$ liegen. Daher ist

$$f(v) = 4\pi v^2 \left(\frac{m}{2\pi kT}\right)^{\frac{3}{2}}\mathrm{e}^{-\frac{mv^2}{2kT}} . \tag{8.4}$$

Wahrscheinlichste Geschwindigkeit v_w

Es müssen die Nullstellen der Ableitung von (8.4) bestimmt werden:

$$
\begin{aligned}
\frac{\mathrm{d}f}{\mathrm{d}v} &= 4\pi \left(\frac{m}{2\pi kT}\right)^{\frac{3}{2}} \left(2v\,\mathrm{e}^{-\frac{mv^2}{2kT}} - v^2\frac{mv}{kT}\mathrm{e}^{-\frac{mv^2}{2kT}}\right) \\
&= 4\pi \left(\frac{m}{2\pi kT}\right)^{\frac{3}{2}} \mathrm{e}^{-\frac{mv^2}{2kT}} \left(2v - \frac{m}{kT}v^3\right) = 0 \\
&\Leftrightarrow 2v - \frac{m}{kT}v^3 = v\left(2 - \frac{m}{kT}v^2\right) = 0 \\
&\Rightarrow v_1 = 0, \qquad v_2 = \sqrt{\frac{2kT}{m}}\,.
\end{aligned}
\tag{8.5}
$$

Der $f(v)$-Graph von (8.5) zeigt: Für v_1 liegt ein Minimum vor und für $v_2 = v_\mathrm{w}$ das gesuchte Maximum.

Mittlere Geschwindigkeit $\bar{v}$

Nach der Definition der mittleren Geschwindigkeit ist

$$
\bar{v} = \int_0^\infty v f(v)\,\mathrm{d}v = 4\pi \left(\frac{m}{2\pi kT}\right)^{\frac{3}{2}} \int_0^\infty v^3 \mathrm{e}^{-\frac{mv^2}{2kT}}\,\mathrm{d}v\,.
\tag{8.6}
$$

In (8.6) wird durch Substitution integriert:

$$
x = v^2, \qquad \frac{\mathrm{d}x}{\mathrm{d}v} = 2v, \quad \mathrm{d}v = \frac{1}{2v}\,\mathrm{d}x\,.
\tag{8.7}
$$

Einsetzen von (8.7) in (8.6) ergibt

$$
\begin{aligned}
\bar{v} &= 4\pi \left(\frac{m}{2\pi kT}\right)^{\frac{3}{2}} \frac{1}{2} \int_0^\infty x\,\mathrm{e}^{-\frac{mx}{2kT}}\,\mathrm{d}x = 4\pi \left(\frac{m}{2\pi kT}\right)^{\frac{3}{2}} \frac{1}{2}\left(\frac{2kT}{m}\right)^2 \\
&= 2\pi \left(\frac{m}{2\pi kT}\right)^{\frac{3}{2}} \left(\frac{m}{2\pi kT}\right)^{\frac{1}{2}} \left(\frac{m}{2\pi kT}\right)^{-\frac{1}{2}} \left(\frac{2kT}{m}\right)^2 \\
&= 2\pi \left(\frac{m}{2\pi kT}\frac{2kT}{m}\right)^2 \left(\frac{m}{2\pi kT}\right)^{-\frac{1}{2}} \\
&= 2\pi \frac{1}{\pi^2} \left(\frac{m}{2\pi kT}\right)^{-\frac{1}{2}} \\
&= \frac{2}{\pi}\sqrt{\frac{2\pi kT}{m}} = \frac{2}{\sqrt{\pi}}\sqrt{\frac{2kT}{m}}\,.
\end{aligned}
\tag{8.8}
$$

c) $\overline{v^2} \neq \bar{v}^2$

Nach dem Gleichverteilungssatz ist

$$\bar{E}_{\mathrm{Kin}} = \frac{3}{2}kT = \frac{1}{2}m\overline{v^2} \quad \Rightarrow \quad \overline{v^2} = \frac{3kT}{m}\,. \tag{8.9}$$

Nach Teilaufgabe b ist

$$\bar{v}^2 = \frac{8kT}{\pi m} \neq \overline{v^2}\,. \tag{8.10}$$

Lösung zu Aufgabe 63: Mittlere freie Weglänge

a) Bestimmung der mittleren freien Weglänge λ

Die mittlere freie Weglänge λ beim Stoß gleichartiger Teilchen (Teilchendichte n, Radius r) ist

$$\lambda = \frac{1}{4\pi r^2 n}\,. \tag{8.11}$$

Die Teilchendichte n kann entweder direkt aus der allgemeinen Gasgleichung

$$pV = NkT \quad \Rightarrow \quad n = \frac{N}{V} = \frac{p}{kT} \tag{8.12}$$

mit der Teilchenzahl N im Volumen V und der Boltzmann-Konstante k oder aus den Grundgleichungen der kinetischen Gastheorie hergeleitet werden:

$$p = \frac{1}{3}nm\overline{v^2} = \frac{2}{3}n\bar{E}_{\mathrm{Kin}} = \frac{2}{3}n\frac{3}{2}kT = nkT$$
$$\Leftrightarrow n = \frac{p}{kT}\,. \tag{8.13}$$

Einsetzen von (8.12) oder (8.13) in (8.11) ergibt

$$\lambda = \frac{kT}{4\pi r^2 p}\,. \tag{8.14}$$

Einsetzen der Werte in (8.14) ergibt die mittleren freien Weglängen von $\Lambda_{\mathrm{H-H}} = 0{,}41\,\mathrm{m}$ und $\lambda_{\mathrm{N-N}} = 0{,}20\,\mathrm{m}$.

b) Bestimmung der mittleren Zeitdauer τ zwischen zwei Stößen

Die mittlere Geschwindigkeit der Gasmoleküle (Avogadro-Konstante N_{A}) ist

$$\bar{v} = \sqrt{\frac{8kT}{\pi m}} = \sqrt{\frac{8kTN_{\mathrm{A}}}{\pi M}}\,. \tag{8.15}$$

Einsetzen der Werte in (8.15) ergibt die mittleren Geschwindigkeiten $\bar{v}_{\text{H–H}} = 2520\,\frac{\text{m}}{\text{s}}$ und $\bar{v}_{\text{N–N}} = 674\,\frac{\text{m}}{\text{s}}$. Die Zeitdauer τ zwischen zwei Stößen ist

$$\tau = \frac{\lambda}{\bar{v}}\,. \tag{8.16}$$

Einsetzen der Werte in (8.16) ergibt die Zeiten $\tau_{\text{H–H}} = 0{,}16\,\text{ms}$ und $\tau_{\text{N–N}} = 0{,}30\,\text{ms}$.

c) Zunahme der mittleren Zeitdauer zwischen Stößen mit steigender Temperatur
Nach (8.16), (8.14) und (8.15) ist

$$\tau = \frac{\lambda}{\bar{v}} = \frac{\frac{kT}{4\pi r^2 p}}{\sqrt{\frac{8kT}{\pi m}}} = \frac{kT}{4\pi r^2 p}\sqrt{\pi m 8kT} = \sqrt{\frac{\pi m}{8k}}\,\frac{k}{4\pi r^2 p}\sqrt{T}\,. \tag{8.17}$$

Nach (8.17) ist $\tau \propto \sqrt{T}$. Die mittlere Zeitdauer τ zwischen zwei Stößen nimmt mit der Temperatur T zu, weil zum Konstanthalten des Drucks p nach (8.12) die Teilchendichte n reduziert werden muss.

Lösung zu Aufgabe 64: Aufstieg eines Wetterballons

a) Bestimmung der maximalen Last $m_{\text{L,max}}$ des Wetterballons
Bei maximaler Last $m_{\text{L,max}}$ gilt für die Auftriebskraft F_{A}, die Gewichtskraft $F_{\text{G,B}}$ der Ballonhülle und die Gewichtskraft $F_{\text{G,H}}$ des Wasserstoffs

$$m_{\text{L,max}} = \frac{F_{\text{A}} - (F_{\text{G,B}} + F_{\text{G,H}})}{g} = \rho_{\text{L,0}} V_{\text{B,0}} - m_{\text{B}} - m_{\text{H–H}}\,. \tag{8.18}$$

Die Masse $m_{\text{H–H}}$ des Wasserstoffs kann aus dem Ballonvolumen $V_{\text{B,0}}$ und dem molaren Volumen $V_{\text{M,0}} = 22{,}41$ unter Normalbedingungen sowie der molaren Masse $M_{\text{H–H}}$ des Wasserstoffs berechnet werden:

$$m_{\text{H–H}} = \frac{V_{\text{B,0}}}{V_{\text{M,0}}} M_{\text{H–H}}\,. \tag{8.19}$$

Einsetzen von (8.19) in (8.18) liefert

$$m_{\text{L,max}} = \rho_{\text{L,0}} V_{\text{B,0}} - m_{\text{B}} - \frac{V_{\text{B,0}}}{V_{\text{M,0}}} M_{\text{H–H}}\,. \tag{8.20}$$

Einsetzen der Werte in (8.20) ergibt die maximale Last $m_{\text{L,max}} = 2{,}50\,\text{kg}$.

b) Endliche Steighöhe des Wetterballons für undehnbare Ballonhülle

Nach Voraussetzung ist das Ballonvolumen

$$V_B(z) = V_{B,0} \tag{8.21}$$

während des Aufstiegs unverändert. Wegen der mit zunehmender Höhe nach der barometrischen Höhenformel abnehmenden Luftdichte nimmt auch die Auftriebskraft nach

$$F_A(z) = \rho_L(z) V_{B,0} g \tag{8.22}$$

mit zunehmender Höhe z ab. Da die Gewichtskraft F_G des Wetterballons konstant ist, wird irgendwann $F_A = F_G$, die resultierende Kraft auf den Wetterballon ist null, und der Wetterballon schwebt in der endlichen, maximalen Höhe z_{max}.

c) Unendliche Steighöhe des Wetterballons für ohne Kraftaufwand dehnbare Ballonhülle

Bei ohne Kraftaufwand dehnbarer Ballonhülle ist der Luftdruck immer gleich dem Druck des Wasserstoffs im Ballon. Da der Luftdruck nach der barometrischen Höhenformel mit steigender Höhe abnimmt, nimmt auch der Druck des Wasserstoffs ab. Bei konstanter Temperatur ist dies nur durch Vergrößerung des Ballonvolumens möglich.

Da in (4.29) die Luftdichte mit steigender Höhe ab- und das Ballonvolumen zunimmt, kann nur quantitativ entschieden werden, ob die Auftriebskraft des Ballons zunimmt, abnimmt oder gleich bleibt. Nach dem Boyle-Mariott'schen Gesetz ist für konstante Temperatur das höhenabhängige Volumen $V_B(z)$ des Wetterballons antiproportional zum höhenabhängigen Luftdruck $p_L(z)$:

$$V_B(z) = V_{B,0} \frac{p_0}{p_B(z)} = V_{B,0} \frac{p_0}{p_L(z)} \,. \tag{8.23}$$

Andererseits ist bei konstanter Temperatur die höhenabhängige Luftdichte $\rho_L(z)$ proportional zum höhenabhängigen Luftdruck $p_L(z)$:

$$\rho_L(z) \frac{\rho_0}{p_0} p_L z \,. \tag{8.24}$$

Einsetzen von (8.23) und (8.24) in (8.22) ergibt eine von der Höhe z unabhängige, konstante Auftriebskraft:

$$F_A = \rho_L(z) V_B(z) g = \frac{\rho_0}{p_0} p_L(z) V_{B,0} \frac{p_0}{\rho_L(z)} g = \rho_0 V_{B,0} g \,. \tag{8.25}$$

Einsetzen der Werte in (8.25) ergibt die Auftriebskraft $F_A = 28{,}26\,\text{N}$, die größer als die Gewichtskraft F_G ist. Damit wirkt auf den Wetterballon eine konstante nach oben gerichtete Antriebskraft, welche durch die Luftreibungskraft im dynamischen Kräftegleichgewicht kompensiert wird. Die resultierende Kraft auf den Wetterballon wird während des

Aufstiegs null, und der Wetterballon steigt mit konstanter Geschwindigkeit bis ins Unendliche.

d) Bestimmung der maximalen Steighöhe z_{max} für platzende Ballonhülle
Der Luftdruck p_L nimmt mit zunehmender Höhe z über der Erdoberfläche nach der barometrischen Höhenformel

$$p_L(z) = p_0 e^{-\frac{\rho_0}{p_0} g z} \tag{8.26}$$

ab. Wegen der kraftlos dehnbaren Ballonhülle ist der Luftdruck immer gleich dem Druck des Wasserstoffs im Ballon:

$$p_L(z) = p_{H-H} \,. \tag{8.27}$$

Da das Wasserstoffgas isotherm expandiert, gilt für das maximale Volumen V_{max} bzw. den maximalen Durchmesser d_{max} nach dem Gesetz von Boyle-Mariotte

$$p_0 V_0 = p_{H-H} V_{max}$$
$$\Leftrightarrow p_0 \frac{4}{3}\pi r_0^3 = p_{H-H} \frac{4}{3}\pi r_{max}^3 \tag{8.28}$$
$$\Rightarrow p_{H-H} = p_0 \left(\frac{r_0}{r_{max}}\right)^3 = p_0 \left(\frac{d_0}{d_{max}}\right)^3 .$$

Einsetzen von (8.26) und (8.28) in (8.27) und Auflösen nach z ergibt

$$p_0 e^{-\frac{\rho_0}{p_0} g z} = p_0 \left(\frac{d_0}{d_{max}}\right)^3 \Leftrightarrow e^{-\frac{\rho_0}{p_0} g z} = \left(\frac{d_0}{d_{max}}\right)^3$$
$$\ln\left(e^{-\frac{\rho_0}{p_0} g z}\right) = \ln\left(\frac{d_0}{d_{max}}\right)^3 \Rightarrow -\frac{\rho_0}{p} g z = 3\ln\left(\frac{d_0}{d_{max}}\right) \Rightarrow \frac{\rho_0}{p} g z = 3\ln\left(\frac{d_{max}}{d_0}\right)$$
$$\Rightarrow z = \frac{3 p_0}{g \rho_0} \ln\left(\frac{d_{max}}{d_0}\right) = z_{max} \,. \tag{8.29}$$

Einsetzen der Werte in (8.29) ergibt die maximale Steighöhe $z_{max} = 50{,}538$ km.

Lösung zu Aufgabe 65: Gasverlust der Erdatmosphäre

a) Formel für die RMS-Geschwindigkeit v_{RMS}
Die mittlere quadratische Geschwindigkeit ist

$$\overline{v^2} = \int_0^\infty v^2 f(v)\, dv \,. \tag{8.30}$$

Einsetzen der Maxwell-Boltzmann'schen Verteilungsfunktion $f(v)$ in (8.30) und Berechnung des Integrals ergibt

$$
\begin{aligned}
\overline{v^2} &= \int\limits_0^\infty v^2 \, 4\pi v^2 \left(\frac{m}{2\pi kT}\right)^{\frac{3}{2}} \mathrm{e}^{-\frac{mv^2}{2kT}} \, \mathrm{d}v \\
&= 4\pi \left(\frac{m}{2\pi kT}\right)^{\frac{3}{2}} \int\limits_0^\infty v^4 \mathrm{e}^{-\frac{mv^2}{2kT}} \, \mathrm{d}v \\
&= 4\pi \left(\frac{m}{2\pi kT}\right)^{\frac{3}{2}} \frac{3}{8} \sqrt{\pi} \left(\frac{m}{2kT}\right)^{-\frac{5}{2}} \\
&= \frac{3}{2} \left(\frac{m}{2kT}\right)^{\frac{3}{2}} \left(\frac{m}{2kT}\right)^{-\frac{3}{2}} \left(\frac{m}{2\pi kT}\right)^{-1} \\
&= \frac{3kT}{m} \, .
\end{aligned}
\tag{8.31}
$$

Damit ist die RMS-Geschwindigkeit nach (8.31)

$$
v_{\mathrm{RMS}} = \sqrt{\overline{v^2}} = \sqrt{\frac{3kT}{m}} \, .
\tag{8.32}
$$

b) Formel für die Fluchtgeschwindigkeit v_{F}

Nach dem Energieerhaltungssatz kann ein Körper der Masse m das Gravitationsfeld eines Planeten (Radius R_{P}, Masse m_{P}, Gravitationsbeschleunigung g_{P} an der Planetenoberfläche) „verlassen", wenn seine kinetische Energie bzw. Fluchtgeschwindigkeit v_{F} beim Start von der Planetenoberfläche genauso groß ist wie die Änderung der potenziellen Energie im Gravitationsfeld zwischen der Planetenoberfläche bei $r = R_{\mathrm{P}}$ und dem Unendlichen bei $r = \infty$:

$$
\frac{1}{2} m v_{\mathrm{F}}^2 = \frac{\gamma m m_{\mathrm{P}}}{R_{\mathrm{P}}} \quad \Rightarrow \quad v_{\mathrm{F}} = \sqrt{\frac{2\gamma m_{\mathrm{P}}}{R_{\mathrm{P}}}} = \sqrt{2 g_{\mathrm{P}} R_{\mathrm{P}}} \quad \text{mit} \quad g_{\mathrm{P}} = \frac{\gamma m_{\mathrm{P}}}{R_{\mathrm{P}}^2} \, .
\tag{8.33}
$$

Bestimmung der Fluchttemperatur T_{F} von Wasserstoff- und Sauerstoffmolekülen

Der Ansatz ist, dass mit steigender Temperatur die Geschwindigkeit v_{RMS} so groß wie die Fluchtgeschwindigkeit v_{F} wird:

$$
v_{\mathrm{RMS}} = v_{\mathrm{F}} \quad \Leftrightarrow \quad \sqrt{\frac{3kT_{\mathrm{F}}}{m}} = \sqrt{2 g_{\mathrm{P}} R_{\mathrm{P}}} \quad \Rightarrow \quad T_{\mathrm{F}} = \frac{2 g_{\mathrm{P}} R_{\mathrm{P}} m}{3k} = \frac{2 g_{\mathrm{P}} R_{\mathrm{P}} M}{3R} \, .
\tag{8.34}
$$

Einsetzen der Werte in (8.34) ergibt die Fluchttemperaturen $T_{\mathrm{F,H-H}} = 10.039\,\mathrm{K}$ und $T_{\mathrm{F,O-O}} = 160.624\,\mathrm{K}$.

c) Atmosphären von Mond und Jupiter

Die Jupiteratmosphäre enthält mehr Wasserstoff als die Mondatmosphäre, weil nach Tab. 8.1 die Temperaturdifferenz $T_{\mathrm{F}} - T$ von Jupiter viel größer als die des Mondes ist.

Tab. 8.1 Fluchtgeschwindigkeiten und -Temperaturen für Wasserstoff in der Mond- und Jupiteratmosphäre

	Mond	Jupiter
Gravitationsbeschleunigung $g / \frac{m}{s^2}$	1,64	24,79
Mittlere Atmosphärentemperatur T / K	123	93
Fluchtgeschwindigkeit $v_F / \frac{km}{s}$	2,38	59,54
Fluchttemperatur T_F / K	457	55.114

Lösung zu Aufgabe 66: Geschwindigkeitsselektor für Molekularstrahlen

a) Formel für die Durchlassgeschwindigkeit v

Bei fester Winkelgeschwindigkeit ω können nur Gasteilchen den Geschwindigkeitsselektor passieren, deren Flugdauer Δt_F zwischen den Scheiben mit der Zeit Δt_G zum Drehen der Scheiben um den Winkel φ übereinstimmt:

$$\Delta t_F = \frac{a}{v} = \frac{\varphi}{\omega} = \Delta t_G \quad \Rightarrow \quad v = \frac{\omega a}{\varphi} . \tag{8.35}$$

Formel für den relativen Geschwindigkeitsfehler $\Delta v / v$

Dieser kann durch Ableiten von (8.35) ermittelt werden:

$$v(\varphi) = \frac{\omega a}{\varphi} \quad \Rightarrow \quad \frac{dv}{d\varphi} \approx \frac{\Delta v}{\Delta \varphi} = -\frac{\omega a}{\varphi^2}$$

$$\Rightarrow \Delta v = -\frac{\omega a}{\varphi^2} \Delta \varphi \tag{8.36}$$

$$\frac{\Delta v}{v} = -\frac{\omega a}{\varphi^2} \Delta \varphi \frac{\varphi}{\omega a} = -\frac{\Delta \varphi}{\varphi} .$$

Einsetzen der Werte in (8.36) ergibt den relativen Geschwindigkeitsfehler $\Delta v / v = 5\%$.

b) Bestimmung der Winkelgeschwindigkeit ω und Drehzahl n zum Passieren von N_2-Molekülen mit wahrscheinlichster Geschwindigkeit

Die wahrscheinlichste Geschwindigkeit v_W der Maxwell-Boltzmann'schen Geschwindigkeitsverteilung ist

$$v_W = \sqrt{\frac{2kT}{m}} = \sqrt{\frac{2kTN_A}{M}} . \tag{8.37}$$

Die Geschwindigkeit nach (8.37) muss gleich der Geschwindigkeit nach (8.35) sein:

$$\sqrt{\frac{2kTN_A}{M}} = \frac{\omega a}{\varphi} \quad \Rightarrow \quad \omega = \frac{\varphi}{a} \sqrt{\frac{2kTN_A}{M}} = 2\pi n . \tag{8.38}$$

Einsetzen der Werte in (8.38) ergibt die Winkelgeschwindigkeit $\omega = 1906{,}8 \frac{1}{s}$ und die Drehzahl $n = 303{,}5\,\text{Umdrehungen/s} = 18.208\,\text{Umdrehungen/min}$.

c) Abblenden langsamerer Gasmoleküle

In Teilaufgabe b können für $\varphi = \varphi_0 + n \cdot 360°$ auch langsamere Gasteilchen den Geschwindigkeitsselektor passieren. Deshalb wird in der Mitte zwischen den Scheiben eine weitere Scheibe mit um $\varphi_0/2$ versetztem Schlitz positioniert.

Lösung zu Aufgabe 67: Verbiegen durch Erwärmen

a) Erklärung der Krümmung des Bimetallstreifens

Bei der Temperatur ϑ_0 haben beide Blechstreifen die gleiche Länge. Eine Temperaturerhöhung oder Temperatursenkung bewirkt eine stärkere Verlängerung oder Verkürzung des Blechstreifens mit dem höheren Temperaturausdehnungskoeffizienten. Da die Blechstreifen miteinander formschlüssig verbunden sind, entstehen zwischen den Blechstreifen Scherkräfte, welche die Blechstreifen entgegen die elastischen Rückstellkräfte verbiegen. Die Verbiegung ist umso stärker, je größer die Temperaturänderung ist, weil die Längenänderung und die Scherkräfte mit der Temperaturänderung zunehmen. Im Videoexperiment befindet sich der Blechstreifen mit dem größeren Temperaturausdehnungskoeffizienten auf der Innenseite des gekrümmten Blechstreifens.

b) Prüfung der kreisförmigen Krümmung des Bimetallstreifens bei der Temperatur $\vartheta = 50\,°C$

Es werden jeweils von mindestens drei Punkten auf dem Bimetallstreifen die Koordinaten x und y gemessen. Für einen bestmöglichen Wert des Radius R sollten die drei Punkte an den Enden und der Mitte des Bimetallstreifens liegen, wobei P_1 im Ursprung des Koordinatensystems liegt (Abb. 8.5). Die Ermittlung des Radius R und der Kreismittelpunktskoordinaten (x_M, y_M) mit dem in der Aufgabestellung angegebenen Berechnungswerkzeug ergibt Tab. 8.2.

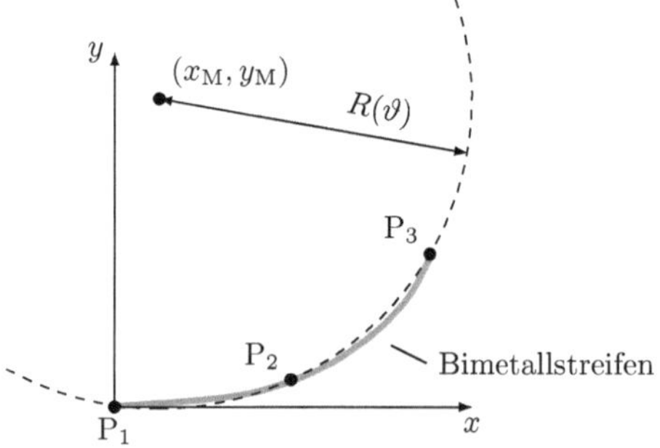

Abb. 8.5 Bestimmung der Mittelpunktskoordinaten (x_M, y_M) und des Kreisradius R mit drei Punkten P_1, P_2 und P_3 auf dem Bimetallstreifen

Tab. 8.2 Kreisradius und Mittelpunktskoordinaten für drei verschiedene Temperaturen

Temperatur	Radius	Mittelpunktskoordinate	Mittelpunktskoordinate
$\vartheta\,/\,^\circ\mathrm{C}$	$R\,/\,\mathrm{cm}$	$x_\mathrm{M}\,/\,\mathrm{cm}$	$y_\mathrm{M}\,/\,\mathrm{cm}$
85	6,2	−0,7	6,2
50	10,4	−1,1	10,4
20	24,6	−2,4	24,6

Experimentelle Prüfung der kreisförmigen Krümmung für die Temperatur
$\vartheta = 50\,^\circ\mathrm{C}$

Zum Nachweis der kreisförmigen Krümmung für die Temperatur $\vartheta = 50^\circ\mathrm{C}$ wird die
$y(x)$-Messreihe mit der $y(x)$-Funktion eines Kreises

$$R^2 = (x - x_\mathrm{M})^2 + (y - y_\mathrm{M})^2$$
$$\Leftrightarrow y(x) = \pm\sqrt{R^2 - (x - x_\mathrm{m})^2} + y_\mathrm{M} \tag{8.39}$$

verglichen. Einsetzen von Radius R und Kreismittelpunktskoordinaten $(x_\mathrm{M}, y_\mathrm{M})$ aus
Tab. 8.2 und Verwendung des negativen Vorzeichens der Wurzel ergibt eine gute Übereinstimmung mit der $y(x)$-Messreihe (Abb. 8.6).

c) Herleitung der $R(\vartheta)$-Funktion

Für unverbundene Blechstreifen der Längen ℓ_1 und ℓ_2 mit Temperaturausdehnungskoeffi-
zienten α_1 und α_2 sowie gleicher Ausgangslänge ℓ_0 bei der Temperatur $\vartheta = 0\,^\circ\mathrm{C}$ gilt

$$\ell_1 = \ell_0(1 + \alpha_1\vartheta)\,, \tag{8.40}$$
$$\ell_2 = \ell_0(1 + \alpha_2\vartheta)\,. \tag{8.41}$$

Abb. 8.6 $y(x)$-Diagramm des
gekrümmten Bimetallstreifens
für die Temperatur $\vartheta = 50\,^\circ\mathrm{C}$

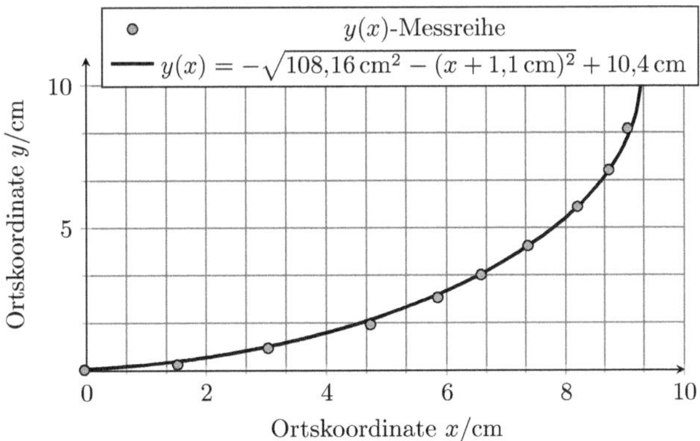

Abb. 8.7 Geometrie zur Berechnung der mittleren Längen

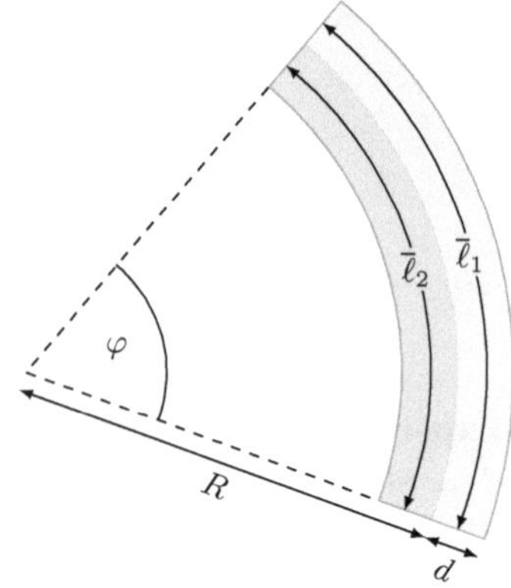

Bei verbundenen Blechstreifen sind die mittleren Längen der kreisbogenförmigen Blechstreifen mit dem Kreissektorwinkel φ gemäß Abb. 8.7 gegeben durch

$$\bar{\ell}_1 = \left(R + \frac{d}{2} \right) \varphi \, , \tag{8.42}$$

$$\bar{\ell}_2 = \left(R - \frac{d}{2} \right) \varphi \, . \tag{8.43}$$

Unter Vernachlässigung gegenseitiger Stauchung und Dehnung der Blechstreifen ist

$$\bar{\ell}_1 = \ell_1 \, , \tag{8.44}$$

$$\bar{\ell}_2 = \ell_2 \, . \tag{8.45}$$

Einsetzen von (8.40) und (8.42) in (8.44) und von (8.41) und (8.43) in (8.45) ergibt für Temperaturausdehnungskoeffizienten $\alpha_1 > \alpha_2$

$$\left(R + \frac{d}{2} \right) \varphi = \ell_0 (1 + \alpha_1 \vartheta) \, , \tag{8.46}$$

$$\left(R - \frac{d}{2} \right) \varphi = \ell_0 (1 + \alpha_2 \vartheta) \, . \tag{8.47}$$

Um die $R(\vartheta)$-Funktion zu erhalten, muss der Kreissektorwinkel φ eliminiert werden. Division der Gleichungen liefert

$$\frac{R + \frac{d}{2}}{R - \frac{d}{2}} = \frac{1 + \alpha_1 \vartheta}{1 + \alpha_2 \vartheta}$$

$$\Leftrightarrow R(\vartheta) = \frac{d}{\vartheta(\alpha_1 - \alpha_2)} + \frac{d(\alpha_1 + \alpha_2)}{2(\alpha_1 - \alpha_2)} \, . \tag{8.48}$$

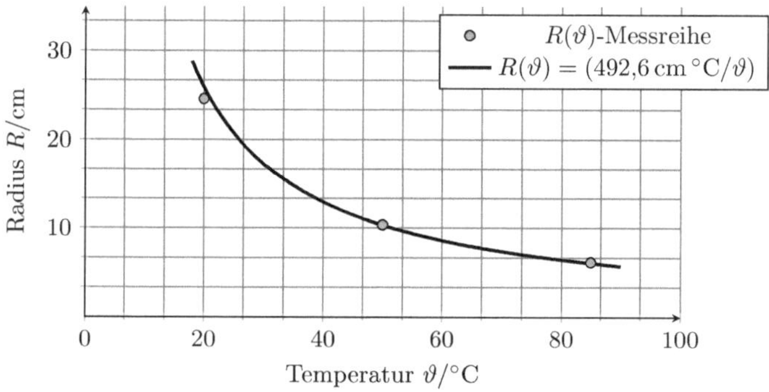

Abb. 8.8 $R(\vartheta)$-Diagramm des Radius R des Bimetallstreifens

Für die in (8.48) etwa gleich großen Nenner ist mit

$$d \gg d(\alpha_1 + \alpha_2) \tag{8.49}$$

die $R(\vartheta)$-Funktion

$$R(\vartheta) \approx \frac{d}{\vartheta(\alpha_1 - \alpha_2)} . \tag{8.50}$$

Für Temperaturen $\vartheta \rightarrow 0\,°\mathrm{C}$ folgt in Übereinstimmung mit (8.40) und (8.41), dass der Radius R gegen unendlich geht.

Vergleich von $R(\vartheta)$-Funktion und $R(\vartheta)$-Messreihe

Darstellung von (8.50) und der $R(\vartheta)$-Messreihe aus Tab. 8.2 in einem $R(\vartheta)$-Diagramm ergibt eine gute Übereinstimmung der $R(\vartheta)$-Funktion mit der $R(\vartheta)$-Messreihe (Abb. 8.8).

Lösung zu Aufgabe 68: Getränkekühlung mit Eiswürfeln

a) $\vartheta_\mathrm{M}(n)$-Messreihe
In Abb. 8.9 ist die $\vartheta_\mathrm{M}(n)$-Messreihe dargestellt.

Herleitung der $\vartheta_\mathrm{M}(n)$-Funktion
Das Wasser gibt die Wärmemenge ΔQ_ab an die Eiswürfel ab und kühlt dabei auf die Mischungstemperatur ϑ_M ab:

$$\Delta Q_\mathrm{ab} = c_\mathrm{W} m_\mathrm{W}(\vartheta_\mathrm{W} - \vartheta_\mathrm{M}) . \tag{8.51}$$

Die Eiswürfel nehmen die vom Wasser abgegebene Wärmemenge auf. Diese wird dazu verwendet, um die Temperatur der Eiswürfel von der Anfangstemperatur ϑ_E auf $0\,°\mathrm{C}$ zu

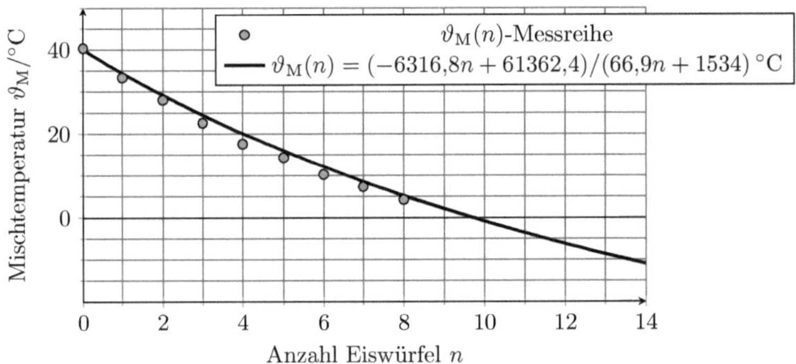

Abb. 8.9 $\vartheta_M(n)$-Diagramm der Mischungstemperatur von Wasser und Eiswürfeln

erhöhen, das Schmelzen bei $0\,°\mathrm{C}$ durch Zufuhr von Schmelzwärme λ_S zu ermöglichen und die Temperatur des Schmelzwassers der Eiswürfel von $0\,°\mathrm{C}$ auf die Mischungstemperatur ϑ_M zu erhöhen. Für die aufgenommene Wärmemenge ΔQ_{auf} gilt

$$\begin{aligned} \Delta Q_{\mathrm{auf}} &= c_E n m_E (0 - \vartheta_E) + n m_E \lambda_S + c_W n m_W (\vartheta_M - 0) \\ &= -c_E n m_E \vartheta_E + n m_E \lambda_S + c_W n m_E \vartheta_M \, . \end{aligned} \tag{8.52}$$

Unter der Voraussetzung, dass keine Wärme an die Umgebung abgegeben wird und das Gefäß keine Wärme aufnimmt, ist

$$\Delta Q_{\mathrm{auf}} = \Delta Q_{\mathrm{ab}} \, . \tag{8.53}$$

Es wird damit die minimal erreichbare Mischungstemperatur ermittelt. Einsetzen von (8.51) und (8.52) in (8.53) und Auflösen nach ϑ_M ergibt

$$\begin{aligned} c_W m_W (\vartheta_W - \vartheta_M) &= -c_E n m_E \vartheta_E + n m_E \lambda_S + c_W n m_E \vartheta_M \\ \Rightarrow \vartheta_M(n) &= \frac{c_W m_W \vartheta_W + c_E n m_E \vartheta_E - n m_E \lambda_S}{c_W n m_E + c_W m_W} \\ &= \frac{c_W m_W \vartheta_W + n m_E (c_E \vartheta_E - \lambda_S)}{c_W (n m_E + m_W)} \, . \end{aligned} \tag{8.54}$$

b) Darstellung und Vergleich von $\vartheta_M(n)$-Messreihe und $\vartheta_M(n)$-Funktion

Einsetzen der Werte und der Anfangstemperatur $\vartheta_W = 40\,°\mathrm{C}$ in (8.54) ergibt die $\vartheta_M(n)$-Funktion bzw. deren Graphen (Abb. 8.9). Die $\vartheta_M(n)$-Messreihe und $\vartheta_M(n)$-Funktion stimmen gut überein. Dies zeigt, dass die theoretische Annahme eines vernachlässigbaren Wärmeaustauschs zwischen Wasser/Eiswürfeln und Umgebung experimentell gut erfüllt ist.

Warum ist $\vartheta_M(n)$ keine lineare Funktion?
Mit jedem dazugegebenen Eiswürfel nimmt die zu kühlende Wassermenge zu und damit
die Änderung der Mischungstemperatur pro Eiswürfel ab.

Optimale Anzahl von Eiswürfeln
Die Zugabe von Eiswürfeln zu einem Getränk ist immer ein Kompromiss zwischen Küh-
lung und Verwässerung des Getränks. Im Experiment sind für eine optimale Trinktempera-
tur von ca. 10 °C etwa sechs Eiswürfel notwendig. Dies sind zu viele, weshalb im Sommer
Getränke grundsätzlich im Kühlschrank vorgekühlt und bei Bedarf mit Eiswürfeln weiter
abgekühlt werden.

c) Erklärung der Beobachtung bei Zugabe weiterer Eiswürfel
Die Funktion $\vartheta_M(n)$ ist nur für $n \leq 9$ richtig, da für $n > 9$ die Temperatur des Wassers so lange auf 0 °C bleibt, bis so viele Eiswürfel hinzugefügt worden sind, dass durch
Erwärmung der Eiswürfel dem Wasser die Erstarrungswärme entzogen wurde. Die dazu notwendige Anzahl n' an Eiswürfeln kann berechnet werden. Die von den Eiswürfeln
aufgenommene Wärmemenge ΔQ_{auf} ist

$$\Delta Q_{\mathrm{auf}} = c_{\mathrm{W}} n' m_{\mathrm{E}}(0 - \vartheta_{\mathrm{E}}) . \tag{8.55}$$

Die von der Wassermasse

$$m_0 = m_{\mathrm{W}} + 9 m_{\mathrm{E}} \tag{8.56}$$

abgegebene Wärmemenge ΔQ_{ab} ist dann mit (8.56)

$$\Delta Q_{\mathrm{ab}} = m_0 \lambda_{\mathrm{S}} = (m_{\mathrm{W}} + 9 m_{\mathrm{E}}) \lambda_{\mathrm{S}} . \tag{8.57}$$

Damit ist nach (8.53)

$$c_{\mathrm{E}} n' m_{\mathrm{E}}(0 - \vartheta_{\mathrm{E}}) = (m_{\mathrm{W}} + 0 m_{\mathrm{E}} \lambda_{\mathrm{S}})$$
$$\Rightarrow n' = \frac{(m_{\mathrm{W}} + 0 m_{\mathrm{E}}) \lambda_{\mathrm{S}}}{-c_{\mathrm{E}} m_{\mathrm{E}} \vartheta_{\mathrm{E}}} . \tag{8.58}$$

Einsetzen der Werte in (8.58) ergibt $n' = 172$ Eiswürfel. Wegen dieser hohen Anzahl an
Eiswürfeln ist es nicht möglich, ein Getränk mit Eiswürfeln zum Gefrieren zu bringen.

Lösung zu Aufgabe 69: Selbstzünder

a) Bestimmung des Enddrucks p_2 und der Endtemperatur T_2
Es liegt eine adiabatische Kompression von Luft vor, weil die Kolbenbewegung sehr
schnell abläuft. Luft ist im Wesentlichen ein zweiatomiges Gas aus Stickstoff- und Sauer-

stoffmolekülen mit $f = 5$ Freiheitsgraden. Die molare Wärmekapazität bei konstantem Volumen ist

$$C_V = \frac{f}{2} R \,. \tag{8.59}$$

Mit (8.59) gilt für den Adiabatenkoeffizienten

$$\kappa = \frac{C_p}{C_V} = \frac{C_V + R}{C_V} = 1 + \frac{R}{\frac{f}{2} R} = 1 + \frac{2}{f} \,. \tag{8.60}$$

Einsetzen von $f = 5$ in (8.60) ergibt den Adiabatenkoeffizienten $\kappa = 1{,}4$ für Luft. Bezeichnet der Index 1 den Anfangszustand und Index 2 den Endzustand der Zustandsänderungen, dann sind folgende Annahmen sinnvoll: $p_1 = 100\,\text{hPa}$ (Normaldruck) und $T_1 \approx 300\,\text{K}$.

Für die adiabatische Zustandsänderung gilt

$$p_1 V_1^\kappa = p_2 V_2^\kappa \quad \Leftrightarrow \quad p_2 = p_1 \left(\frac{V_1}{V_2} \right)^\kappa \,. \tag{8.61}$$

Einsetzen der Werte in (8.61) ergibt den Enddruck $p_2 = 4400\,\text{hPa}$, also den 44-fachen Anfangsdruck. Für die adiabatische Zustandsänderung gilt auch

$$T_1 V_1^{\kappa-1} = T_2 V_2^{\kappa-1} \quad \Rightarrow \quad T_2 = T_1 \left(\frac{V_1}{V_2} \right)^{\kappa-1} \,. \tag{8.62}$$

Einsetzen der Werte in (8.62) ergibt die Endtemperatur $T_2 = 886\,\text{K} = 613\,°\text{C}$. Die Zündtemperatur von Dieselkraftstoff liegt mit ca. $250\,°\text{C}$ unterhalb von $613\,°\text{C}$, und dieser entzündet sich.

b) Bestimmung der Verdichtungsarbeit W

Die verrichtete Verdichtungsarbeit W ist nach dem ersten Hauptsatz der Thermodynamik und wegen $\Delta Q = 0$ für adiabatische Zustandsänderungen gleich der Zunahme ΔU der inneren Energie der Luft:

$$W = C_V n (T_2 - T_1) = \frac{5}{2} R n (T_2 - T_1) \,. \tag{8.63}$$

Die Stoffmenge n kann mit der allgemeinen Gasgleichung für den Anfangszustand 1 berechnet werden:

$$p_1 V_1 = n R T_1 \quad \Leftrightarrow \quad n = \frac{p_1 V_1}{R T_1} \,. \tag{8.64}$$

Einsetzen von (8.64) in (8.63) ergibt

$$W = \frac{5}{2} \frac{p_1 V_1}{T_1} (T_2 - T_1) \,. \tag{8.65}$$

Einsetzen der Werte in (8.65) ergibt die Verdichtungsarbeit $W = 977\,\text{J}$.

Lösung zu Aufgabe 70: Thermodynamischer Kreisprozess

a) Bestimmung der Volumina V_1, V_2, V_3, V_4 und Temperatur T_3
Nach der allgemeinen Gasgleichung ist

$$p_4 V_4 = nRT_4 \quad \Rightarrow \quad V_4 = \frac{nRT_4}{p_4} . \tag{8.66}$$

Einsetzen der Werte in (8.66) ergibt das Volumen $V_4 = 29{,}9\,\mathrm{l}$. Somit sind $V_2 = 3V_4 = 89{,}7\,\mathrm{l}$, $V_3 = V_2 = 89{,}7\,\mathrm{l}$ und $V_1 = V_4 = 29{,}9\,\mathrm{l}$. Die Zustandsänderung $3 \rightarrow 4$ ist isotherm, also ist die Temperatur $T_3 = T_4 = 360\,\mathrm{K}$.

Bestimmung der Drücke p_3, p_2, p_1 und der Temperaturen T_1, T_2
Nach der allgemeinen Gasgleichung ist

$$p_3 V_3 = nRT_3 \quad \Rightarrow \quad p_3 = \frac{nRT_3}{V_3} . \tag{8.67}$$

Einsetzen der Werte in (8.67) ergibt den Druck $p_3 = 0{,}667 \cdot 10^5\,\mathrm{Pa}$. Daraus erhält man den Druck $p_2 = 2p_3 = 1{,}33 \cdot 10^5\,\mathrm{Pa}$. Gemäß der allgemeinen Gasgleichung gilt

$$p_2 V_2 = nRT_2 \quad \Rightarrow \quad T_2 = \frac{p_2 V_2}{nR} . \tag{8.68}$$

Einsetzen der Werte in (8.68) ergibt die Temperatur $T_2 = 720\,\mathrm{K}$. Nach Aufgabenstellung ist die Zustandsänderung $1 \rightarrow 2$ isotherm, also ist $T_1 = T_2 = 720\,\mathrm{K}$. Bei der Zustandsänderung $4 \rightarrow 1$ wird die Temperatur bei konstantem Volumen verdoppelt, also ist $p_1 = 2p_4 = 4 \cdot 10^5\,\mathrm{Pa}$.

Die gegebenen und berechneten Werte der Zustandsgrößen sind in Tab. 8.3 zusammengestellt.

b) Arbeit $W_{i,j}$, Wärmeenergie $Q_{i,j}$ und Änderung der inneren Energie $U_{i,j}$ bei Zustandsänderungen
Die gesuchten Größen werden mit dem ersten Hauptsatz der Thermodynamik,

$$Q_{i,j} = U_{i,j} - W_{i,j} , \tag{8.69}$$

Tab. 8.3 Gegebene und berechnete Werte der Zustandsgrößen

Zustand	Druck p/Pa	Volumen V/l	Temperatur T/K
1	$4 \cdot 10^5$	29,9	720
2	$1{,}33 \cdot 10^5$	89,7	720
3	$0{,}667 \cdot 10^5$	89,7	360
4	$2 \cdot 10^5$	29,9	360

und dem Zusammenhang

$$U = \frac{1}{2} f n R T \tag{8.70}$$

zwischen innerer Energie U und Temperatur T eines idealen Gases berechnet. Für ein ideales einatomiges Gas ist die Zahl der Freiheitsgrade $f = 3$.

Zustandsänderung 4 → 1

Es ist $W_{4,1} = 0$, da $V = $ konst. Nach (8.69) und (8.70) und mit $W_{4,1} = 0$ ist

$$Q_{4,1} = U_{4,1} = \frac{3}{2} n R (T_1 - T_4). \tag{8.71}$$

Einsetzen der Werte in (8.71) ergibt die Wärmemenge bzw. die Änderung der inneren Energie $Q_{4,1} = U_{4,1} = 8{,}98\,\text{kJ}$.

Zustandsänderung 1 → 2

Für die isotherme Zustandsänderung ist $U_{1,2} = 0$ und nach (8.69)

$$Q_{1,2} = -W_{1,2}. \tag{8.72}$$

Für die Arbeit bei isothermer Zustandsänderung (Temperatur T) gilt

$$W_{4,1} = n R T \ln \frac{V_2}{V_1}. \tag{8.73}$$

Einsetzen von (8.73) in (8.72) ergibt

$$Q_{1,2} = -W_{1,2} = -n R T_1 \ln \frac{V_2}{V_1}. \tag{8.74}$$

Einsetzen der Werte in (8.74) ergibt die Wärmemenge $Q_{1,2} = 13{,}2\,\text{kJ}$ und die Arbeit $W_{1,2} = -13{,}2\,\text{kJ}$.

Zustandsänderung 2 → 3

Es ist $W_{2,3} = 0$, da $V = $ konst. Nach (8.69) und (8.70) und mit $W_{4,1} = 0$ ist

$$Q_{2,3} = U_{2,3} = \frac{3}{2} n R (T_3 - T_2). \tag{8.75}$$

Einsetzen der Werte in (8.75) ergibt die Wärmemenge bzw. die Änderung der inneren Energie $Q_{2,3} = U_{2,3} = -8{,}98\,\text{kJ}$. Die Ergebnisse sind in Tab. 8.4 zusammengestellt.

Tab. 8.4 Wärmemenge, Arbeit und Änderung der inneren Energie für die Zustandsänderung

Zustandsänderung	Wärmemenge	Arbeit	Änderung innere Energie
$i \to j$	$Q_{i,j}$ / kJ	$W_{i,j}$ / kJ	$U_{i,j}$ / kJ
$4 \to 1$	8,98	0	8,98
$1 \to 2$	13,2	$-13{,}2$	0
$2 \to 3$	$-8{,}98$	0	$-8{,}98$
$3 \to 4$	$-6{,}58$	6,58	0

Zustandsänderung 3 $\to$ 4

Für die isotherme Zustandsänderung ist $U_{3,4} = 0$ und nach (8.69) und (8.73) ist

$$Q_{3,4} = -W_{3,4} = -nRT_3 \ln \frac{V_4}{V_3}. \tag{8.76}$$

Einsetzen der Werte in (8.76) ergibt die Wärmemenge $Q_{3,4} = -6{,}58\,\text{kJ}$ und die Arbeit $W_{3,4} = 6{,}58\,\text{kJ}$. Die Ergebnisse sind in Tab. 8.4 zusammengestellt.

c) Bilanzen und Zusammenhänge der Zustandsgrößen

Die insgesamt pro Zyklus verrichtete Arbeit ist

$$W_{4,4} = W_{4,1} + W_{1,2} + W_{2,3} + W_{3,4}. \tag{8.77}$$

Einsetzen der Werte aus Teilaufgabe b ergibt die Arbeit $W_{4,4} = -6{,}62\,\text{kJ}$. Die Arbeit $W_{4,4}$ ist negativ, da diese vom Gas (System) verrichtet bzw. abgegeben wurde. Die Energie zum Verrichten dieser Arbeit wurde dem System in Form von Wärmeenergie zugeführt. Da die Ausgangs- und Endtemperatur eines Zyklus gleich sind, ist die Änderung der inneren Energie $U_{4,4} = 0\,\text{J}$, und die zugeführte Wärmemenge $Q_{4,4}$ muss nach (8.69) mit der verrichteten Arbeit übereinstimmen:

$$Q_{4,4} = Q_{4,1} + Q_{1,2} + Q_{2,3} + Q_{3,4} = -W_{4,4}. \tag{8.78}$$

Demnach ist die Wärmemenge $Q_{4,4} = 6{,}62\,\text{kJ}$.

9.1 Kontinuitäts- und Bernoulli-Gleichung

Aufgabe 71: Leckende Wassertonne (VA)

Schauen Sie sich die beiden Videoexperimente und Abb. 9.1 an.

a. Leiten Sie eine Formel für die Entfernung a her, in der der Wasserstrahl auf den Boden trifft. Berechnen Sie a und kontrollieren Sie das Ergebnis experimentell.
b. Leiten Sie eine Formel für die Tiefe h' her, in der sich ein zweites Leck befinden muss, dessen Wasserstrahl ebenfalls in der Entfernung a auf den Boden trifft. Berechnen Sie h' und kontrollieren Sie das Ergebnis experimentell.

Abb. 9.1 Aus einer vertikalen, mit gefärbtem Wasser gefüllten Glasrohr tritt in verschiedenen Höhen seitlich ein Wasserstrahl aus

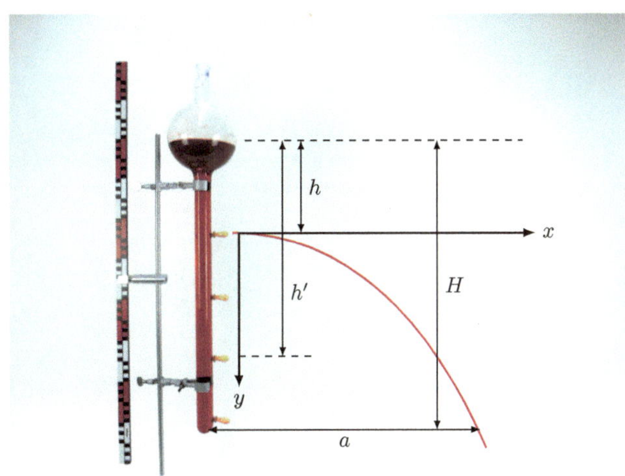

© Springer-Verlag GmbH Deutschland 2017
S. Gröber et al., *Smarte Aufgaben zur Mechanik und Wärme*,
https://doi.org/10.1007/978-3-662-54479-2_9

c. Auf der Wasseroberfläche lastet zusätzlich zum Luftdruck p_0 der Druck p. Leiten Sie eine Formel für die Tiefe h' des zweiten Lecks her, dessen Wasserstrahl ebenfalls in der Entfernung a auf den Boden trifft. Welchen prinzipiellen Unterschied zum Ergebnis der Teilaufgabe b gibt es?

http://tiny.cc/xkfzly

http://tiny.cc/blfzly

Aufgabe 72: Venturi-Rohr   (VA)

Schauen Sie sich das Videoexperiment und Abb. 9.2 an.

a. Überprüfen Sie, dass der angezeigte Druck p_{A1} der Differenzdruck Δp zwischen oberer und mittlerer seitlicher Rohröffnung ist. Erklären Sie mit der Bernoulli-Gleichung, weshalb mit zunehmender Volumenstromstärke $\dot{V}$ der Differenzdruck Δp sinkt und negativ wird.
b. Leiten Sie die $\dot{V}(\Delta p)$-Funktion her. Berechnen Sie $\dot{V}$ für $\Delta p = 0$.

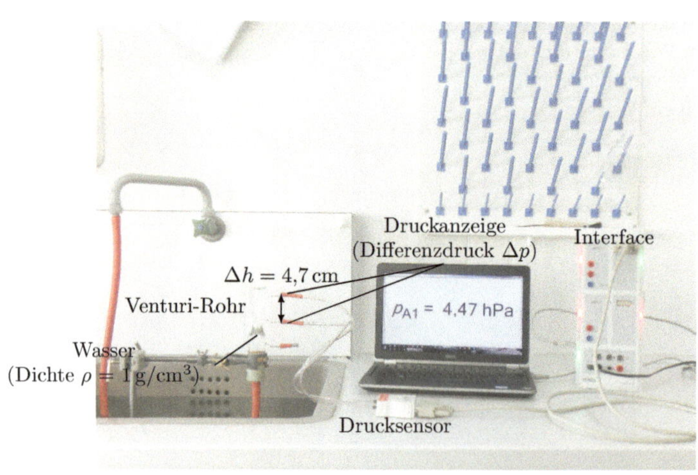

Abb. 9.2 Die Volumenstromstärke durch ein vertikales Venturi-Rohr wird kontinuierlich erhöht und der Differenzdruck an den beiden Querschnittsflächen gemessen

http://tiny.cc/4kfzly

Aufgabe 73: Strahlverjüngung   (mVA)

Videografieren Sie einen Wasserstrahl, der aus einer kreisförmigen Öffnung (z. B. einem Wasserhahn) fließt.

a. Erklären Sie, weshalb der Durchmesser des Wasserstrahls nach unten hin abnimmt.
b. Zeigen Sie, dass für den Querschnitt A des Wasserstrahls nach der Fallstrecke h

$$A(h) = \frac{A_0 v_0}{\sqrt{2gh + v_0^2}}$$

gilt, wobei v_0 die Ausströmungsgeschwindigkeit des Wassers aus der Öffnung mit der Querschnittsfläche A_0 ist.
c. Nehmen Sie eine $A(h)$-Messreihe auf und vergleichen Sie diese durch anpassen der $A(h)$-Funktion aus Teilaufgabe b.

9.2   Laminare Strömungen

Aufgabe 74: Absinken in zähen Medien   (VA)

Schauen Sie sich die beiden Videoexperimente und Abb. 9.3 an.

Abb. 9.3 Zwei Stahlkugeln mit verschiedenen Radien werden in Glycerin fallen gelassen

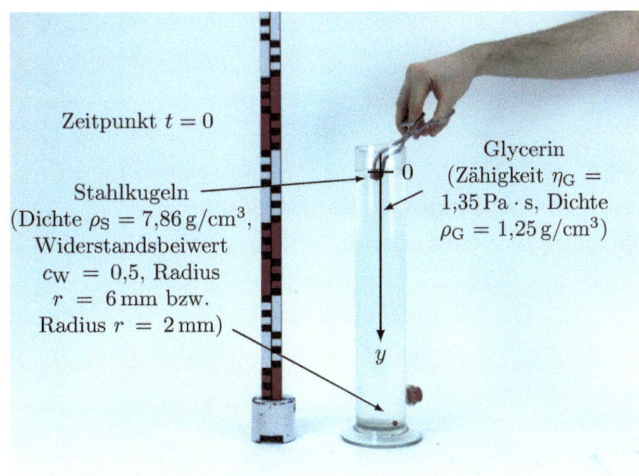

a. Stellen Sie eine $y(t)$-Messreihe der 2-mm-Stahlkugel dar. Warum erreicht die Stahlkugel eine Endgeschwindigkeit? Untersuchen Sie, ob Stokes'sche oder Newton'sche Reibung vorliegt.

b. Stellen Sie die Differenzialgleichung für $v(t)$ der Stahlkugelbewegung auf. Zeigen Sie, dass

$$v(t) = \frac{g^*}{k}\left(1 - e^{-kt}\right)$$

mit

$$g^* = g\left(1 - \frac{\rho_G}{\rho_S}\right) \qquad \text{und} \qquad k = \frac{9\eta_G}{2r^2\rho_S}$$

eine Lösung der Differenzialgleichung ist. Berechnen Sie die Einstellzeit t_E für die 2-mm-Stahlkugel mit

$$v(t_E) = \lim_{t\to\infty} v(t)\left(1 - \frac{1}{e}\right) = \frac{g^*}{k}\left(1 - \frac{1}{e}\right).$$

c. Die Reynolds-Zahl $Re = \rho_G v 2r/\eta_G$ beschreibt das Verhältnis von Beschleunigungs- zu Reibungskräften in einer Flüssigkeit. Für $Re \geq Re_k = 1$ (kritische Reynolds-Zahl Re_k) wird die Strömung um die sinkende Stahlkugel turbulent. Welchen maximalen Radius r_{max} darf die Stahlkugel zur Anwendung der Stokes'schen Reibungskraft haben? Verifizieren Sie das Ergebnis experimentell mit der 6-mm-Stahlkugel.

http://tiny.cc/klfzly

http://tiny.cc/alfzly

Aufgabe 75: Laminare Rohrströmung (VA)

Schauen Sie sich die beiden Videoexperimente und Abb. 9.4 an.

a. Der Flüssigkeitspegel im Standzylinder wird konstant gehalten. Leiten Sie eine Formel für die Volumenstromstärke $\dot{V}$ her. Berechnen Sie den Wert von $\dot{V}$ und kontrollieren Sie diesen experimentell.

b. Bestimmen Sie die Strömungsgeschwindigkeit v_{max} in der Rohrmitte und die mittlere Strömungsgeschwindigkeit $\overline{v}$ im Rohr.

Abb. 9.4 Aus einem Standzylinder fließt Rapsöl über ein horizontales Rohr in einen Messzylinder

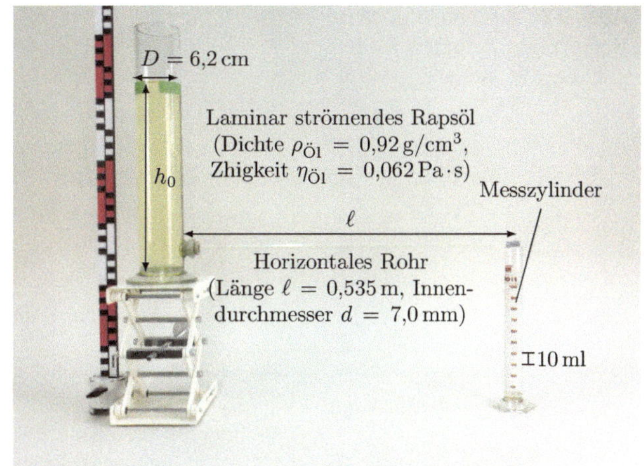

c. Der Flüssigkeitsspiegel im Standzylinder wird nicht konstant gehalten. Leiten Sie die $h(t)$-Funktion her, mit der die Höhe h des Flüssigkeitsspiegels abnimmt. Kontrollieren Sie in einem Diagramm die Richtigkeit der $h(t)$-Funktion durch Vergleich mit einer $h(t)$-Messreihe.

http://tiny.cc/ulfzly

http://tiny.cc/5lfzly

Aufgabe 76: Auslaufendes Gefäß   (VA)
Schauen Sie sich das Videoexperiment und Abb. 9.5 an.

a. Leiten Sie die $h(t)$-Funktion her mit der die Höhe h des Wasserspiegels abnimmt. Bestimmen Sie die Zeit t_A zum vollständigen Auslaufen des Wassers.
b. Kontrollieren Sie in einem Diagramm die Ergebnisse aus Teilaufgabe a durch Vergleich mit einer $h(t)$-Messreihe.
c. Erklären Sie die nichtlineare Höhenabnahme.

Abb. 9.5 Aus einem Loch im Boden eines Zylinders fließt gefärbtes Wasser aus

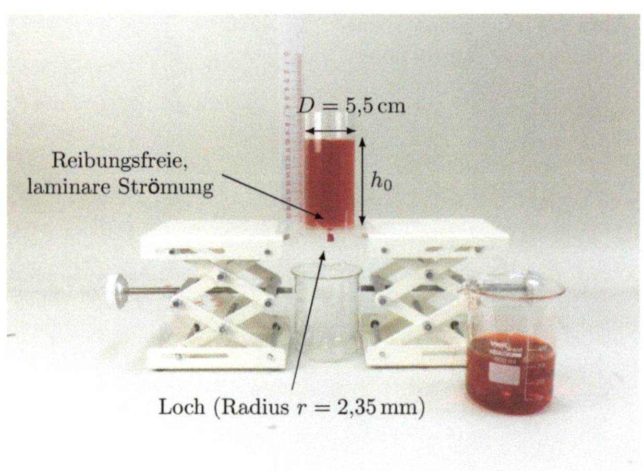

http://tiny.cc/wlfzly

9.3 Turbulente Strömungen und Strömungswiderstand

Aufgabe 77: Ausrollversuch

Auf ebener Strecke und bei Windstille wird der Motor eines Autos (Querschnittsfläche $A = 2{,}2\,\mathrm{m}^2$, Masse $m = 1{,}5\,\mathrm{t}$, Rollreibungskoeffizient μ_R, Widerstandsbeiwert c_w) ausgeschaltet, und folgende Messdaten aufgenommen:

Geschwindigkeit $v/\frac{\mathrm{km}}{\mathrm{h}}$	100	90	80	70	60	50	40
Zeit t/s	0	5,8	12,6	20,3	29,0	38,7	49,5

a. Stellen Sie in einem $a(v^2)$-Diagramm die mittlere Beschleunigung des Autos dar.

b. Leiten Sie die $a(v)$-Funktion her und bestimmen Sie μ_R und c_W des Autos.

Aufgabe 78: Fallen mit Luftreibung   **(VA)**

Schauen Sie sich das Videoexperiment und Abb. 9.6 an.

a. Nehmen Sie eine $y(t)$-Messreihe der Styroporkugel mit $y(0) = 0$ auf und stellen Sie den $a(t)$-, $v(t)$- und $y(t)$-Graphen in einem gemeinsamen Diagramm dar. Erklären Sie qualitativ den Verlauf des $v(t)$-Graphen. Welchen Wert hat $a(0)$?

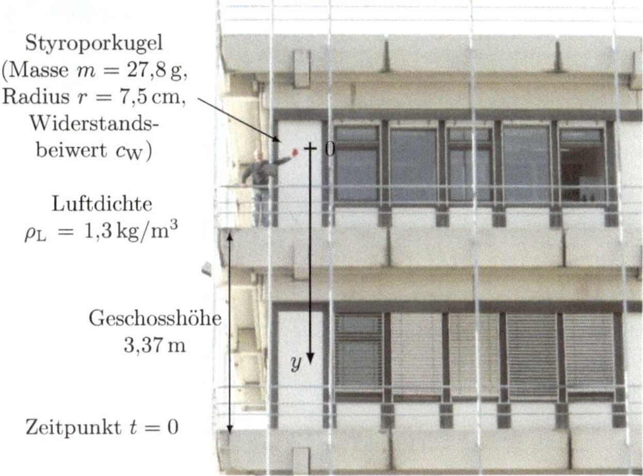

Abb. 9.6 Eine Styroporkugel wird aus großer Höhe fallen gelassen

b. Leiten Sie eine Formel für die Endgeschwindigkeit v_E der Kugel unter Annahme Newton'scher Reibung her. Stellen Sie die Differenzialgleichung der fallenden Styroporkugel auf und zeigen Sie, dass

$$v(t) = v_\mathrm{E} \tanh\left(\frac{g}{v_\mathrm{E}} t\right)$$

eine spezielle Lösung der Differenzialgleichung ist. Leiten Sie die $y(t)$-Funktion für die Anfangsbedingung $y(0) = 0$ her.

c. Berechnen Sie die Einstellzeit t_E, für die gilt:

$$v(t_\mathrm{E}) = \frac{\mathrm{e}^2 - 1}{\mathrm{e} + 1} v_\mathrm{E} = 0{,}76 v_\mathrm{E}\,.$$

Zeigen Sie, dass für $t \ll t_\mathrm{E}$ die Bewegung der Kugel näherungsweise als freier Fall betrachtet werden kann.

d. Bestimmen Sie den c_W-Wert der Styroporkugel durch Anpassen der $y(t)$-Funktion an die $y(t)$-Messreihe.

Hinweise:

$$\int \tanh(ax)\mathrm{d}x = \frac{1}{a} \ln(\cosh(ax)) + C$$

$$\tanh(x) = \frac{\mathrm{e}^x - \mathrm{e}^{-x}}{\mathrm{e}^x + \mathrm{e}^{-x}}$$

$$\mathrm{e}^x \approx 1 \quad \text{für} \quad |x| \ll 1$$

http://tiny.cc/0lfzly

Aufgabe 79: Dynamischer Auftrieb am Tragflügel

Die Strömungsgeschwindigkeit v_o der Luft (Dichte $\rho_\text{L} = 1{,}3\,\text{kg/m}^3$, inkompressibel und reibungsfrei) an den Tragflügeloberseiten eines Düsenflugzeugs (Masse $m = 10\,\text{t}$) ist 1,5-mal so groß wie die Strömungsgeschwindigkeit v_u an den Tragflügelunterseiten (gesamte Tragflügelfläche $A = 48\,\text{m}^2$). Die Strömungsgeschwindigkeit an den Tragflügelunterseiten sei gleich der Geschwindigkeit des Düsenflugzeugs über Grund.

a. Bestimmen Sie die Mindestgeschwindigkeit v_min, bei der das Düsenflugzeug von der Startbahn abhebt.
b. Berechnen Sie die statischen Drücke p_o und p_u an den Tragflügeln und die Auftriebskraft F_A für $v = 172\,\text{m/s}$ (halbe Schallgeschwindigkeit). Bewerten Sie das Ergebnis.

Aufgabe 80: Fallkegel   **(mVA)**

Videografieren Sie das Fallen eines Fallkegels in Luft. Ein Fallkegel lässt sich z. B. mit einem aus Papier geschnittenen Kreissektor wie in Abb. 9.7 herstellen, indem man die zwei begrenzenden Radien übereinander legt.

a. Bestimmen Sie experimentell die Endgeschwindigkeit v_E und vergleichen Sie das Ergebnis mit dem theoretischen Wert, der im dynamischen Kräftegleichgewicht zwischen Luftreibungskraft $\vec{F}_\text{L}$ und Gewichtskraft $\vec{F}_\text{G}$ zu erwarten ist.
    Hinweis:
    $$F_\text{L} = \frac{1}{2} c_\text{W} \rho A v^2,$$

    wobei A die effektive Querschnittsfläche des Fallkegels, ρ_L die Luftdichte und c_W der Widerstandsbeiwert des Körpers ist. Messen Sie für den Vergleich fehlende Größen bzw. schätzen Sie diese sinnvoll ab.
b. Fertigen Sie mehrere identische Fallkegel an und bestimmen Sie v_E für mindestens vier verschiedene Kegelmassen gleichen Querschnitts (legen Sie dazu die identischen Kegel ineinander). Tragen Sie v_E gegen m geeignet auf, um den Widerstandsbeiwert c_W des Fallkegels bestimmen zu können.

Aufgabe 81: Rotierende Rolle im Flug   **(mVA)**

Videografieren Sie den Flug einer rotierenden Papprolle. Wickeln Sie dazu einen gespannten Haushaltsgummi um eine Küchenpapierrolle (Hohlzylinder mit Radius r und Höhe h)

Abb. 9.7 Vorlage zum Anfertigen eines Fallkegels aus Papier

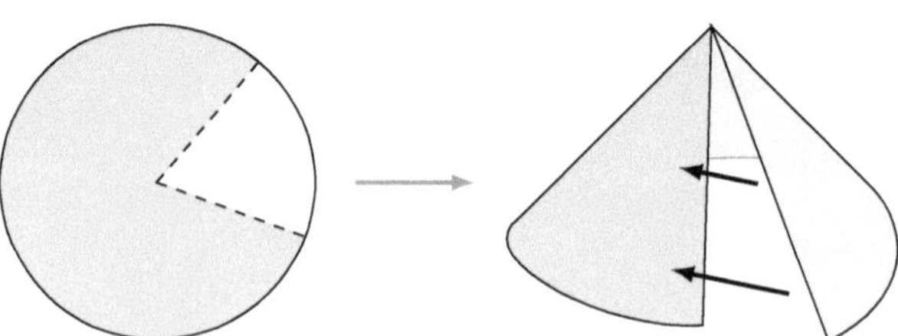

Abb. 9.8 Eine Küchen-
papierrolle wird mit einem
aufgewickelten Haushaltsgummi horizontal abgeschossen

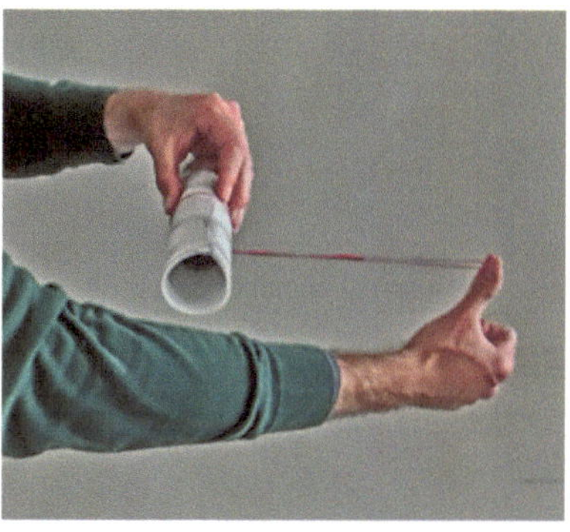

und schießen Sie diese horizontal in x-Richtung ab (Abb. 9.8). Durch den Haushaltsgummi wird die Rolle in Rotation um ihre Symmetrieachse (y-Richtung) versetzt und erhält
eine Anfangsgeschwindigkeit v_{x0}.

a. Geben Sie Ausdrücke für die Kräfte an, die während des Flugs auf die Rolle wirken,
    und stellen Sie die Bewegungsgleichung auf.
b. Welche Bedingungen müssen erfüllt sein, damit eine anfängliche Aufwärtsbewegung
    der Rolle zu beobachten ist?

9.4 Lösungen

Lösung zu Aufgabe 71: Leckende Wassertonne

a) Bestimmung der Entfernung a

Der Wasserstrahl beschreibt die Bahnkurve $y(x)$ eines horizontalen Wurfs mit der Ausflussgeschwindigkeit v_0 des Wassers als horizontale Abwurfgeschwindigkeit. Für die Bewegung in x- und y-Richtung gilt

$$x = v_0 t \quad \Leftrightarrow \quad t = \frac{x}{v_0}, \tag{9.1}$$

$$y(t) = \frac{1}{2}g t^2. \tag{9.2}$$

Einsetzen von (9.1) in (9.2) ergibt die Bahnkurve

$$y(x) = \frac{g}{2v_0^2}x^2. \tag{9.3}$$

Der Punkt $(a, H - h)$ muss auf der Parabel (9.3) liegen:

$$y(a) = \frac{g}{2v_0^2}a^2 = H - h \quad \Leftrightarrow \quad a^2 = \frac{2v_0^2}{g}(H - h). \tag{9.4}$$

Die Ausflussgeschwindigkeit v_0 kann nach der Bernoulli-Gleichung berechnet werden. Für einen Punkt 1 an der Wasseroberfläche und einen Punkt 2 an der Ausflussöffnung gilt allgemein

$$p_1 + \rho g h_1 + \frac{1}{2}\rho v_1^2 = p_2 + \rho g h_2 + \frac{1}{2}\rho v_2^2 \,. \tag{9.5}$$

Für Punkt 1 ist $h_1 = h$, und es wird $v_1 = 0$ angenommen, da $v_1 \ll v_0$ ist. An beiden Punkten ist der statische Druck der Luftdruck p_0:

$$p_0 + \rho g h + 0 = p_0 + 0 + \frac{1}{2}\rho v_0^2 \quad \Leftrightarrow \quad v_0 = \sqrt{2gh} \,. \tag{9.6}$$

Einsetzen von (9.6) in (9.4) ergibt

$$a^2 = 4h(H - h) \quad \Rightarrow \quad a = 2\sqrt{h(H - h)} \,. \tag{9.7}$$

Längenmessungen ergeben die Strecken $H = 69{,}8\,\text{cm}$, $h = 22{,}9\,\text{cm}$ und die Entfernung $a = 64{,}9\,\text{cm}$. Einsetzen von H und h in (9.7) ergibt in guter Übereinstimmung mit dem gemessenen Wert die Entfernung $a = 65{,}5\,\text{cm}$.

b) Bestimmung der Tiefe h' für zweites Leck mit gleicher Entfernung a
Für die Tiefe h' gilt nach (9.7)

$$a'^2 = 4h'(H - h') \,. \tag{9.8}$$

Es muss $a' = a$ sein. Gleichsetzen von (9.7) und (9.8) ergibt

$$h'(H - h') = h(H - h) \,. \tag{9.9}$$

Die zwei Lösungen von (9.9) sind die triviale Lösung $h_1' = h$ und $h_2' = H - h$. Alternativ dazu wird die quadratische Gleichung (9.9) gelöst:

$$h'^2 - Hh' + h(H - h) = 0$$

$$h_{1/2}' = \frac{H}{2} \pm \sqrt{\left(\frac{H}{2}\right)^2 - h(H - h)} = \frac{H}{2} \pm \sqrt{\left(\frac{H}{2} - h\right)^2}$$

$$h_1' = \frac{H}{2} - \frac{H}{2} + h = h, \qquad h_2' = \frac{H}{2} + \frac{H}{2} - h = H - h \,. \tag{9.10}$$

Messungen ergeben die Strecken $H = 67{,}9\,\text{cm}$, $h = 19{,}2\,\text{cm}$ und $h' = 49{,}1\,\text{cm}$. Nach (9.10) ist die Strecke $h' = 48{,}7\,\text{cm}$.

c) Bestimmung der Entfernung a für zusätzlichen Druck p auf der Wasseroberfläche
Mit einem zusätzlichen Druck p ist nach (9.5)

$$(p + p_0) + \rho g h = p_0 + \frac{1}{2}\rho v_0^2 \quad \Leftrightarrow \quad v_0^2 = \frac{2(p + \rho g h)}{\rho} \,. \tag{9.11}$$

Einsetzen von (9.11) in (9.4) ergibt

$$a^2 = \frac{4(p + \rho gh)(H - h)}{g\rho} \Leftrightarrow a = 2\sqrt{\frac{(p + \rho gh)(H - h)}{g\rho}}\,. \tag{9.12}$$

Eine Überprüfung mit $p = 0$ in (9.12) ergibt (9.7). Einsetzen der Werte in (9.12) ergibt die Strecke $a = 1{,}45$ m.

Berechnung der Tiefe h' eines zweiten Lecks mit $a = a'$
Für die Tiefe h' gilt

$$a'^2 = \frac{4(p + \rho gh')(H - h')}{g\rho}\,. \tag{9.13}$$

Wie in Teilaufgabe b muss $a' = a$ sein. Gleichsetzen von (9.13) und 9.12) ergibt

$$\frac{4(p + \rho gh')}{g\rho}(H - h') = \frac{(4p + \rho gh)}{g\rho}(H - h)\,. \tag{9.14}$$

Umformen von (9.14) ergibt mit $h_0 = p/(\rho g)$ die quadratische Gleichung für h':

$$h'^2 - h'(H - h_0) + h(H - h - h_0) = 0\,. \tag{9.15}$$

Die beiden Lösungen von (9.15) sind

$$\begin{aligned}
h'_{1/2} &= \frac{1}{2}(H - h_0) \pm \sqrt{\frac{1}{4}(H - h_0)^2 - h(H - h - h_0)} \\
&= \frac{1}{2}(H - h_0) \pm \sqrt{\left[\frac{1}{2}(H - h_0) - h\right]^2} \\
&= \frac{1}{2}(H - h_0) \pm \left|\frac{1}{2}(H - h_0) - h\right|\,.
\end{aligned} \tag{9.16}$$

In (9.16) kann der Betrag wegen des $\pm$-Zeichens weggelassen werden. Die Lösungen von (9.16) sind damit

$$\begin{aligned}
h'_1 &= \frac{1}{2}(H - h_0) + \left[\frac{1}{2}(H - h_0) - h\right] = H - h - h_0\,, \\
h'_2 &= \frac{1}{2}(H - h_0) - \left[\frac{1}{2}(H - h_0) - h\right] = h\,.
\end{aligned} \tag{9.17}$$

Einsetzen von $h_0 = 0$ bzw. $p = 0$ in (9.17) ergibt zur Kontrolle (9.10).

Abb. 9.9 Mögliche Lösungen
(h, h'_1) für die beiden Ausflussöffnungen

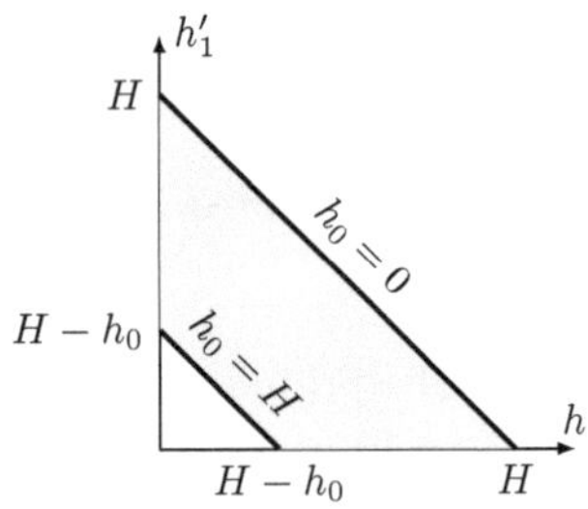

Prinzipieller Unterschied zum Ergebnis der Teilaufgabe b

Die Ausflussöffnungen liegen nun nicht mehr symmetrisch zur mittleren Höhe $H/2$, da
z. B. für $h = 0$ in (9.17) die Tiefe $h' = H - h_0$ beträgt, also um h_0 über dem Boden
der Wassertonne liegt. Darstellung der möglichen Punkte (h, h'_1) für $h_0 = 0$ und $h_0 = H$ ergibt Abb. 9.9. Nur für $h_0 \in [0, H]$ können zwei Ausflussöffnungen mit $a = a'$
positioniert werden. Für festes h der ersten Ausflussöffnung nimmt h'_1 mit zunehmendem
h_0 bzw. Druck p ab, d. h., das zweite Leck wandert in Richtung Wasseroberfläche.

Lösung zu Aufgabe 72: Venturi-Rohr

a) Messung des statischen Differenzdrucks $\Delta p = p_{A1}$

Beim quasistatischen Füllen des Venturi-Rohrs wird erst ein von null verschiedener Druck
Δp gemessen, wenn der Wasserspiegel mindestens die Höhe h_1 erreicht hat, weil dann
$p_1 \neq p_2$ wird (Abb. 9.10). Danach nimmt der Druck Δp zu, weil der hydrostatische Druck
am Querschnitt A_1 mit steigendem Wasserspiegel zunimmt. Steigt der Wasserspiegel auf
die Höhe $H > h_2$, dann ist Δp konstant. Es wird also der statische Differenzdruck $\Delta p =
p_1 - p_2$ der Flüssigkeit gemessen. Dieser ist

$$\Delta p = p_1 - p_2 = \rho g(H - h_1) - \rho g(H - h_2) = \rho g(h_2 - h_1) = \rho g \Delta h. \qquad (9.18)$$

Abb. 9.10 Geometrie des
Venturi-Rohrs zur Berechnung
des Differenzdrucks $\Delta p =
p_1 - p_2$

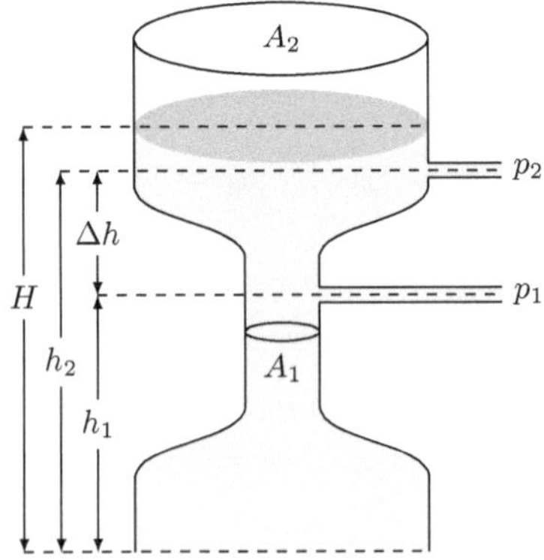

Einsetzen der Werte in (9.18) ergibt die Druckdifferenz $\Delta p = 4{,}6\,\text{hPa}$. Die Messung ergibt in guter Übereinstimmung die Druckdifferenz $\Delta p = 4{,}7\,\text{hPa}$.

Erklärung der Abnahme des Differenzdrucks Δp bei zunehmender Volumenstromstärke $\dot{V}$

Nach der Bernoulli-Gleichung gilt

$$p_1 + \rho g h_1 + \frac{1}{2}\rho v_1^2 = p_2 + \rho g h_2 + \frac{1}{2}v_2^2$$

$$\Leftrightarrow p_1 - p_2 = \Delta p = \rho g \underbrace{(h_2 - h_1)}_{>0} + \frac{1}{2}\rho \underbrace{\left(v_2^2 - v_1^2\right)}_{\leq 0} = \Delta p_{\text{hyd}} - \Delta p_{\text{dyn}}. \tag{9.19}$$

$\dot{V} = 0$ Einsetzen von $v_1 = v_2 = 0$ in (9.19) ergibt zur Kontrolle (9.18).

$\dot{V} \neq 0$ Wegen der Kontinuitätsgleichung ist Av konstant. Da für die Querschnittsflächen $A_1 < A_2$ gilt, ist die Strömungsgeschwindigkeit v_1 immer größer als die Strömungsgeschwindigkeit v_2, und es ist $\Delta p_{\text{dyn}} < 0$ in (9.19). Da Δp_{hyd} konstant ist und Δp_{dyn} mit zunehmender Strömungsgeschwindigkeitsdifferenz abnimmt, kann $\Delta p = 0$ und $\Delta p < 0$ werden.

b) Herleitung der $\dot{V}(\Delta p)$-Funktion

Nach der Kontinuitätsgleichung ist

$$A_1 v_1 = A_2 v_2 \quad \Leftrightarrow \quad v_2 = \frac{A_1}{A_2} v_1. \tag{9.20}$$

Einsetzen von (9.20) in (9.19) ergibt

$$\Delta p = \rho g(h_2 - h_1) + \frac{1}{2}\rho v_1^2 \left[\left(\frac{A_1}{A_2}\right)^2 - 1\right]. \tag{9.21}$$

Für die Volumenstromstärke gilt

$$\dot{V} = A_1 v_1 \quad \Leftrightarrow \quad v_1 = \frac{\dot{V}}{A_1}. \tag{9.22}$$

Einsetzen von (9.22) in (9.21) ergibt

$$\Delta p = \rho g(h_2 - h_1) + \frac{1}{2}\rho \left(\frac{\dot{V}}{A_1}\right)^2 \left[\left(\frac{A_1}{A_2}\right)^2 - 1\right]$$

$$\Rightarrow \dot{V}(\Delta p) = \sqrt{\frac{2\left(\frac{\Delta p}{\rho} - g(h_2 - h_1)\right)}{\frac{1}{A_2^2} - \frac{1}{A_1^2}}} = \sqrt{\frac{2\left(g\Delta h - \frac{\Delta p}{\rho}\right)}{\frac{1}{A_2^2} - \frac{1}{A_1^2}}}. \tag{9.23}$$

Volumenstromstärke für $\Delta p = 0$

Einsetzen von $\Delta p = 0$ in (9.23) ergibt

$$\dot{V}(0) = \sqrt{\frac{2g\,\Delta h}{\frac{1}{A_2^2} - \frac{1}{A_1^2}}} \; . \tag{9.24}$$

Einsetzen der Werte in (9.24) ergibt die Volumenstromstärke $\dot{V} = 6{,}2 \cdot 10^{-5}\,\mathrm{m^3/s} = 62\,\mathrm{ml/s}$.

Lösung zu Aufgabe 73: Strahlverjüngung

a) Erklärung der Strahlverjüngung

Die Wasserströmung kann annähernd als laminar und reibungsfrei angenommen werden. Es gilt die Kontinuitätsgleichung:

$$A(h)v(h) = \text{konst.}, \tag{9.25}$$

wobei $A(h)$ den Strahlquerschnitt und $v(h)$ die Fließgeschwindigkeit nach Durchlaufen der Fallstrecke h bezeichnen. Da die Fließgeschwindigkeit v aufgrund der Erdbeschleunigung mit zunehmender Fallstrecke zunimmt, muss der Strahlquerschnitt kleiner werden. Für $h_2 > h_1$ gilt nach (9.25)

$$A(h_2) = A(h_1)\frac{v(h_1)}{v(h_2)} \qquad \text{mit} \qquad v(h_2) > v(h_1)\,. \tag{9.26}$$

Bei zu hohen Geschwindigkeiten ist die Strömung nicht mehr laminar, und es kommt zu Turbulenzen. Hinzu kommt, dass der Strahlquerschnitt nicht beliebig klein werden kann – die Oberflächenspannung einzelner Wasserteilchen führt zu einem Abriss des Strahls und es kommt zur Tröpfchenbildung (Abb. 9.11).

b) Herleitung der $A(h)$-Funktion

Zur Herleitung der $A(h)$-Funktion wird der Energieerhaltungssatz für die Fallstrecke $h = 0$ mit Anfangsgeschwindigkeit v_0 und die Fallstrecke h angewendet:

$$\frac{1}{2}v_0^2 = \frac{1}{2}v^2(h) - gh\,. \tag{9.27}$$

Mit diesen Strecken ist (9.25)

$$A(h)v(h) = A_0 v_0 \qquad \Leftrightarrow \qquad v(h) = \frac{A_0}{A(h)}v_0\,. \tag{9.28}$$

Abb. 9.11 Zunehmende Instabilität des Wasserstrahls mit zunehmender Fallstrecke

Einsetzen von (9.28) in (9.27) und Auflösen nach A ergibt die gesuchte Funktion

$$A(h) = \frac{A_0 v_0}{\sqrt{2gh + v_0^2}}. \tag{9.29}$$

c) Vergleich der $A(h)$-Funktion und $A(h)$-Messreihe

Der Strahlquerschnitt $A(h_i)$ wird in einem aufgenommenen Bild aus den gemessenen Durchmessern d_i für mehrere Fallstrecken h_i gemäß $A_i = \pi d_i^2/4$ berechnet. Abb. 9.12 zeigt eine gute Übereinstimmung von (9.29) für $A_0 = 0{,}31\,\mathrm{cm}^2$ und $v_0 = 31{,}0\,\mathrm{cm/s}$ mit der $A(h)$-Messreihe.

Abb. 9.12 $A(h)$-Diagramm des sich verjüngenden Wasserstrahls

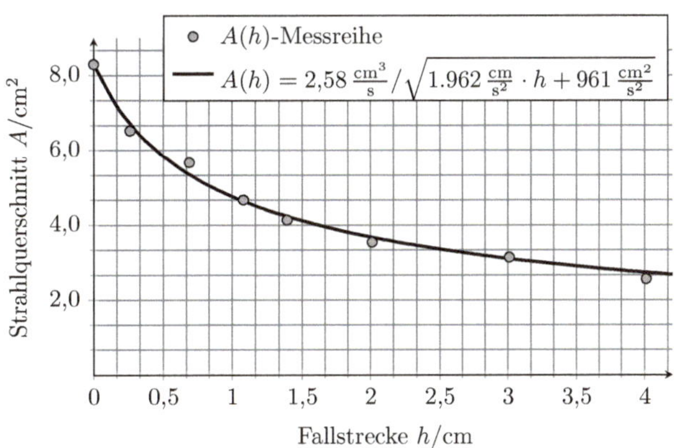

Abb. 9.13 $y(t)$-Diagramm der absinkenden 2-mm-Stahlkugel

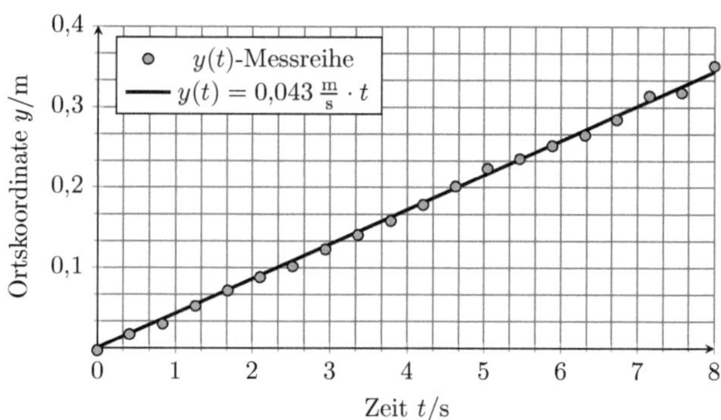

Lösung zu Aufgabe 74: Absinken in zähen Medien

a) $y(t)$-Diagramm der 2-mm-Stahlkugel

In Abb. 9.13 ist die $y(t)$-Messreihe für die 2-mm-Stahlkugel dargestellt.

Bestimmung der Endgeschwindigkeit v_E für Newton'sche und Stokes'sche Reibungskraft

Lineare Regression der $y(t)$-Messreihe ergibt die experimentell bestimmte Endgeschwindigkeit $v_E = 0{,}043$ m/s (Abb. 9.13). Die Stahlkugel erreicht eine Endgeschwindigkeit v_E, weil mit zunehmender Geschwindigkeit der Stahlkugel die Reibungskraft solange zunimmt bis die resultierende Kraft auf die Stahlkugel null ist. Für die Gewichtskraft F_G der Stahlkugel, die Auftriebskraft F_A und die Reibungskraft F_R gilt bei Erreichung der Endgeschwindigkeit v_E:

$$F_G - F_A = F_R \ . \tag{9.30}$$

Verwendung von (9.30) ergibt unter Annahme einer Newton'schen Reibungskraft

$$F_R = \frac{1}{2} c_w \rho_G \pi r^2 v^2 \tag{9.31}$$

eine Formel für die theoretische Endgeschwindigkeit v_E der Stahlkugel:

$$\frac{4}{3} \pi r^3 (\rho_S - \rho_G) g = \frac{1}{2} c_w \rho_G \pi r^2 v^2$$

$$\Rightarrow v_E = \sqrt{\frac{8 r g (\rho_S - \rho_G)}{3 c_w \rho_G}} \ . \tag{9.32}$$

Einsetzen der Werte in (9.32) ergibt $v_E = 0{,}744$ m/s. Verwendung von (9.30) ergibt unter Annahme einer Stokes'schen Reibungskraft

$$F_R = 6 \pi r \eta v \tag{9.33}$$

eine Formel für die theoretische Endgeschwindigkeit v_E der Stahlkugel:

$$\frac{4}{3}\pi r^3 \left(\rho_S - \rho_G\right) g = 6\pi r \eta v$$

$$\Rightarrow v_E = \frac{2r^2 g \left(\rho_S - \rho_G\right)}{9\eta} \, . \tag{9.34}$$

Einsetzen der Werte in (9.34) ergibt $v_E = 0{,}042\,\text{m/s}$. Damit beschreibt das Modell mit Stokes'scher Reibungskraft die Bewegung besser.

b) Differenzialgleichung der Stahlkugelbewegung
Die Newton'sche Grundgleichung ergibt

$$m_S \ddot{y} = \left(m_S - m_G\right) g - 6\pi r \eta \dot{y}$$

$$\Leftrightarrow \ddot{y} = \left(1 - \frac{\rho_G}{\rho_S}\right) g - \frac{9\eta}{2r^2 \rho_S} \dot{y} = g^* - k \dot{y}$$

$$\Leftrightarrow \dot{v} = g^* - k v \, . \tag{9.35}$$

Nachweis, dass gegebene $v(t)$-Funktion Lösung von (9.35) ist
Differenzieren der gegebenen Funktion

$$v(t) = \dot{y}(t) = \frac{g^*}{k} \left(1 - e^{-kt}\right) \tag{9.36}$$

ergibt

$$\ddot{y}(t) = g^* e^{-kt} \, . \tag{9.37}$$

Nach (9.37) und (9.36) gilt

$$\ddot{y}(t) = g^* e^{-kt} = g^* - k\frac{g^*}{k} \left(1 - e^{-kt}\right) = g^* - k \dot{y}(t) \, , \tag{9.38}$$

womit die $v(t)$-Funktion die Differenzialgleichung (9.35) löst.

Bestimmung der Einstellzeit t_E
Nach der Aufgabenstellung gilt für die Einstellzeit

$$\frac{g^*}{k} \left(1 - e^{-k t_E}\right) = v(t_E) = \frac{g^*}{k} \left(1 - \frac{1}{e}\right)$$

$$\Leftrightarrow t_E = \frac{1}{k} = \frac{9\eta}{2r^2 \rho_S} \, . \tag{9.39}$$

Einsetzen der Werte für die 2-mm-Stahlkugel in (9.39) ergibt die Einstellzeit $t_E = 5{,}18 \cdot 10^{-3}\,\text{s} = 5{,}19\,\text{ms}$.

Abb. 9.14 $y(t)$-Diagramm der absinkenden 6-mm-Stahlkugel

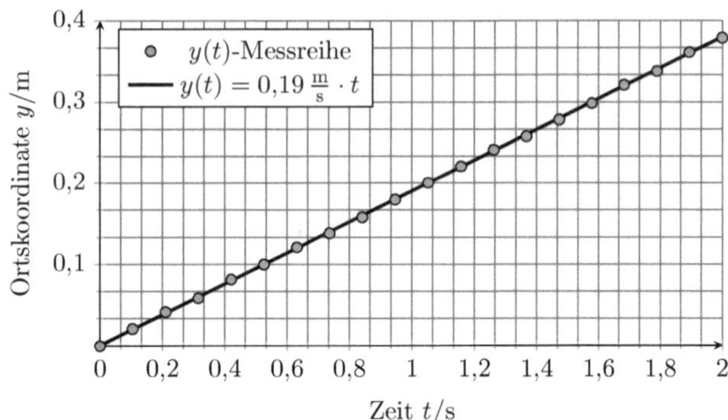

c) Bestimmung des maximalen Radius $r_{\max}$ für laminare Strömung

Einsetzen von (9.34) in die gegebene Formel für Re ergibt

$$Re = \frac{\rho_{\mathrm{G}} v_{\mathrm{E}} 2r}{\eta} = \frac{4r^3 g \rho_{\mathrm{G}} (\rho_{\mathrm{S}} - \rho_{\mathrm{G}})}{9\eta^2}. \tag{9.40}$$

Für eine laminare Strömung muss gelten:

$$Re < 1$$

$$\frac{4r^3 g \rho_{\mathrm{G}} (\rho_{\mathrm{S}} - \rho_{\mathrm{G}})}{9\eta^2} < 1, \tag{9.41}$$

$$r < \sqrt[3]{\frac{9\eta^2}{4 g \rho_{\mathrm{G}} (\rho_{\mathrm{S}} - \rho_{\mathrm{G}})}} = r_{\max}.$$

Einsetzen der Werte in (9.41) ergibt den maximalen Radius $r_{\max} = 3{,}7\,\mathrm{mm}$. Lineare Regression ergibt für die Stahlkugel mit $r = 6\,\mathrm{mm} > r_{\max}$ eine Endgeschwindigkeit $v_{\mathrm{E}} = 0{,}190\,\mathrm{m/s}$ (Abb. 9.14). Einsetzen der Werte in (9.34) ergibt eine zu große Endgeschwindigkeit $v_{\mathrm{E}} = 0{,}384\,\mathrm{m/s}$, weil keine laminare Strömung mehr vorliegt und die Reibungskraft nicht mehr proportional zur Geschwindigkeit der Stahlkugel ist.

Lösung zu Aufgabe 75: Laminare Rohrströmung

a) Formel für die Volumenstromstärke $\dot{V}$ im Rohr

Da eine laminare Strömung durch ein Rohr vorliegt, wird das Hagen-Poiseuille-Gesetz

$$\dot{V} = \frac{\pi r^4}{8\eta \ell}(p_2 - p_1) \tag{9.42}$$

angewendet. Ist h_0 die Höhe des Flüssigkeitsspiegels über der Ausflussöffnung und p_0 der Luftdruck, dann beträgt der Druck p_2 am Rohranfang

$$p_2 = p_0 + \rho_{\mathrm{Öl}} g h_0 \tag{9.43}$$

und der Druck p_1 am Rohrende

$$p_1 = p_0 \, . \tag{9.44}$$

Einsetzen von (9.43) und (9.44) in (9.42) ergibt

$$\dot{V} = \frac{\pi r^4}{8\eta \ell} \rho_{\text{Öl}} g h_0 \, . \tag{9.45}$$

Einsetzen der gemessenen Höhe $h_0 = 22{,}5\,\text{cm}$ und der Werte in (9.45) ergibt die Volumenstromstärke $\dot{V} = 3{,}53 \cdot 10^{-6}\,\text{m}^3/\text{s} = 3{,}53\,\text{cm}^3/\text{s}$.

Vergleich von berechneter und gemessener Volumenstromstärke
In der Zeit $\Delta t = 21{,}8\,\text{s}$ fließt ein Flüssigkeitsvolumen $\Delta V = 100\,\text{ml} - 20\,\text{ml} = 80\,\text{ml}$ in den Messzylinder. Die gemessene Volumenstromstärke $\Delta V/\Delta t = 3{,}67\,\text{cm}^3/\text{s}$ stimmt gut mit der berechneten überein.

b) Bestimmung der Strömungsgeschwindigkeit v_{max} in der Rohrmitte und der mittleren Strömungsgeschwindigkeit $\bar{v}$
Die Strömungsgeschwindigkeit v_{max} in der Rohrmitte ist gegeben durch

$$v_{\text{max}} = \frac{r^2}{4\eta \ell} (p_2 - p_1) = \frac{r^2}{4\eta_{\text{Öl}} \ell} \rho_{\text{Öl}} g h_0 \, . \tag{9.46}$$

Einsetzen der Werte in (9.46) ergibt die maximale Strömungsgeschwindigkeit $v_{\text{max}} = 0{,}183\,\text{m}/\text{s} = 18{,}3\,\text{cm}/\text{s}$. Es ist

$$\dot{V} = A\bar{v} \quad \Rightarrow \quad \bar{v} = \frac{\dot{V}}{\pi r^2} \, . \tag{9.47}$$

Einsetzen der Werte in (9.47) ergibt die mittlere Strömungsgeschwindigkeit $\bar{v} = 9{,}2\,\text{cm}/\text{s}$.

c) Herleitung der $h(t)$-Funktion
Die Volumenstromstärke in (9.45) wird zeitabhängig. Bezeichnet $A = \pi R^2$ die Querschnittsfläche des Standzylinders, dann ist

$$\dot{V} = \frac{\pi r^4}{8\eta_{\text{Öl}} \ell} \rho_{\text{Öl}} g h(t) = -A\dot{h}(t) \, ,$$

$$\dot{h}(t) + \frac{r^4 \rho_{\text{Öl}} g}{8\eta_{\text{Öl}} \ell R^2} h(t) = 0 \, . \tag{9.48}$$

Mit

$$\lambda = \frac{r^4 \rho_{\text{Öl}} g}{8\eta_{\text{Öl}} \ell R^2} \tag{9.49}$$

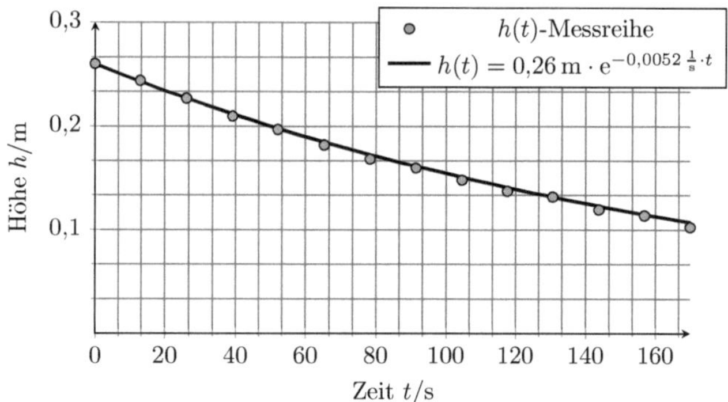

Abb. 9.15 $h(t)$-Diagramm des sinkenden Rapsölspiegels im Standzylinder

erhält man die homogene Differenzialgleichung erster Ordnung,

$$\dot{h}(t) + \lambda h(t) = 0\,, \tag{9.50}$$

mit der bekannten Lösung

$$h(t) = h_0 e^{-\lambda t}\,. \tag{9.51}$$

Vergleich von $h(t)$-Messreihe und $h(t)$-Funktion

Einsetzen der Werte in (9.49) ergibt die Konstante $\lambda = 0,0052\,\mathrm{s}^{-1}$. Messung ergibt die Höhe $h_0 = 0,26\,\mathrm{m}$. Es ist nach (9.51)

$$h(t) = 0,26\,\mathrm{m} \cdot e^{\left(-\frac{0,0052}{\mathrm{s}}\right)t}\,. \tag{9.52}$$

Die $h(t)$-Funktion Funktion (9.52) stimmt gut mit der $h(t)$-Messreihe überein (Abb. 9.15).

Lösung zu Aufgabe 76: Auslaufendes Gefäß

a) Herleitung der $h(t)$-Funktion

Die Volumenstromstärke durch den Gefäßquerschnitt $A_0 = \pi R^2$ ist wegen der Inkompressibilität von Wasser und nach der Kontinuitätsgleichung gleich der Volumenstromstärke durch den Lochquerschnitt $A = \pi r^2$:

$$A_0 v_0 = A v \quad \Leftrightarrow \quad \pi R^2 v_0 = \pi r^2 v \quad \Leftrightarrow \quad v_0 = \frac{r^2}{R^2} v\,, \tag{9.53}$$

wobei v_0 die Abnahmegeschwindigkeit der Flüssigkeitshöhe h und v die Ausströmungsgeschwindigkeit ist. Nach der Bernoulli-Gleichung gilt mit dem Luftdruck p_0 und der Wasserdichte ρ_W

$$p_0 + \frac{1}{2}\rho_\mathrm{W} v_0^2 + \rho_\mathrm{W} g h = p_0 + \frac{1}{2}\rho_\mathrm{W} v^2\,,$$

$$\frac{1}{2}v_0^2 + g h = \frac{1}{2}v^2\,. \tag{9.54}$$

Einsetzen von (9.53) in (9.54) ergibt mit $r/R \ll 1$ für die Ausströmungsgeschwindigkeit

$$\frac{1}{2}v^2 = \frac{1}{2}\frac{r^2}{R^2}v^2 + gh \quad \Rightarrow \quad v = \sqrt{\frac{2gh}{1 - \frac{r^2}{R^2}}} \approx \sqrt{2gh}\,. \tag{9.55}$$

Da die Flüssigkeitshöhe abnimmt, gilt

$$v_0 = -\dot{h}\,. \tag{9.56}$$

Einsetzen von (9.55) und (9.56) in (9.53) ergibt die Differenzialgleichung

$$\dot{h} = -\left(\frac{r}{R}\right)^2 \sqrt{2gh}\,. \tag{9.57}$$

Separation der Variablen in (9.57) ergibt

$$\frac{\mathrm{d}h}{\mathrm{d}t} = -\left(\frac{r}{R}\right)^2 \sqrt{2gh} \quad \Rightarrow \quad \mathrm{d}t = -\left(\frac{R}{r}\right)^2 \frac{1}{\sqrt{2g}}\frac{\mathrm{d}h}{\sqrt{h}}\,,$$

$$\int_0^t \mathrm{d}t' = -\left(\frac{R}{r}\right)^2 \frac{1}{\sqrt{2g}} \int_{h_0}^h \frac{\mathrm{d}h'}{\sqrt{h'}}\,, \tag{9.58}$$

$$t = -\left(\frac{R}{r}\right) \frac{2}{\sqrt{2g}} \left[\sqrt{h'}\right]_{h_0}^h = \left(\frac{R}{r}\right)^2 \sqrt{\frac{2}{g}}\left(\sqrt{h_0} - \sqrt{h}\right)\,.$$

Auflösen von (9.58) nach h ergibt

$$h(t) = \frac{1}{2}\left(\frac{r}{R}\right)^4 gt^2 - \sqrt{2gh_0}\left(\frac{r}{R}\right)^2 t + h_0\,. \tag{9.59}$$

Bestimmung der Auslaufzeit t_A des Wassers
Einsetzen von $h = 0$ in (9.59) ergibt die Auslaufzeit

$$t_\mathrm{A} = \left(\frac{R}{r}\right)^2 \sqrt{\frac{gh_0}{2}}\,. \tag{9.60}$$

b) Vergleich der $h(t)$-Funktion und $h(t)$-Messreihe
Die gemessene Ausgangshöhe ist $h_0 = 9{,}8$ cm. Einsetzen der Werte in (9.59) ergibt

$$h(t) = \left(2{,}61 \cdot 10^{-4}\,\frac{\mathrm{m}}{\mathrm{s}^2}\right) t^2 - \left(0{,}01\,\frac{\mathrm{m}}{\mathrm{s}}\right) t + 0{,}01\,\mathrm{m}\,. \tag{9.61}$$

Einsetzen der Werte in (9.60) ergibt die Auslaufzeit $t_\mathrm{A} = 17{,}9$ s. Die $h(t)$-Messreihe wird mit Koordinatenursprung am Gefäßboden aufgenommen und zusammen mit (9.61) in Abb. 9.16 dargestellt. Die geringen Abweichungen zwischen $h(t)$-Funktion und $h(t)$-Messreihe sind auf Turbulenzen und eine nicht völlig reibungsfreie Strömung zurückzuführen. Die berechnete und gemessene Auslaufdauer t_A stimmen gut überein (Abb. 9.16).

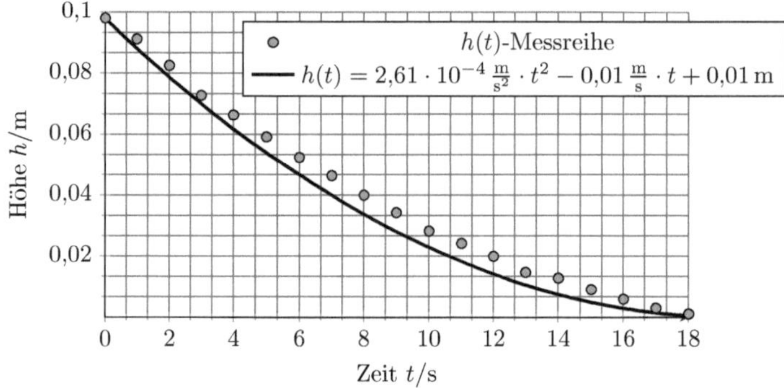

Abb. 9.16 $h(t)$-Diagramm des sinkenden Wasserspiegels

Abb. 9.17 $a(v^2)$-Diagramm
des ausrollenden Autos

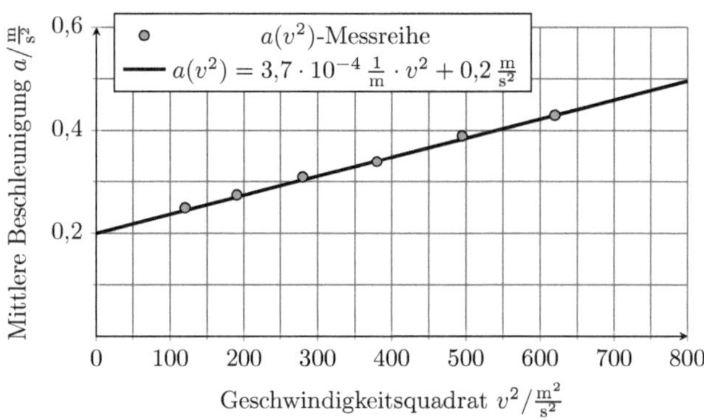

c) Erklärung der nichtlinearen Höhenabnahme

Die Höhenabnahme ist nichtlinear, weil wegen der Höhenabnahme des Flüssigkeitsspiegels der hydrostatische Druck am Loch abnimmt und damit auch die Ausflussgeschwindigkeit v.

Lösung zu Aufgabe 77: Ausrollversuch

a) Erstellen des $a(v^2)$-Diagramms

Nach $\bar{a} = \Delta v/\Delta t$ werden die mittleren Beschleunigungswerte im Zeitintervall Δt aus den gegebenen Messdaten bestimmt. Zwischen mittlerer Beschleunigung und dem Geschwindigkeitsquadrat besteht ein linearer Zusammenhang (Abb. 9.17). Lineare Regression der $a(v^2)$-Messreihe ergibt

$$a(v^2) = bv^2 + c = 3{,}7 \cdot 10^{-4}\,\frac{1}{\mathrm{m}} \cdot v^2 + 0{,}2\,\frac{\mathrm{m}}{\mathrm{s}^2}\,. \tag{9.62}$$

b) Herleitung der $a(v^2)$-Funktion

Anwendung des Newton'schen Grundgesetzes der Mechanik ergibt einen linearen Zusammenhang zwischen Beschleunigung und Geschwindigkeitsquadrat:

$$ma = \frac{1}{2}c_{\mathrm{w}}\rho_{\mathrm{L}}Av^2 + \mu_{\mathrm{R}}mg$$

$$\Leftrightarrow a(v) = \frac{c_{\mathrm{w}}\rho Av^2}{2m} + \mu_{\mathrm{R}}g = bv^2 + c \, . \tag{9.63}$$

Bestimmung des Rollreibungskoeffizienten μ_{R} und des Widerstandsbeiwerts c_{w}

Nach (9.62) gelten $b = 3{,}7 \cdot 10^{-4}\,\mathrm{m}^{-1}$ für die Steigung und $c = 0{,}2\,\frac{\mathrm{m}}{\mathrm{s}^2}$ für den Achsenabschnitt der Regressionsgeraden $a(v^2)$. Dies ergibt mit (9.63) den Rollreibungskoeffizienten $\mu_{\mathrm{R}} = 0{,}02$ und den Widerstandsbeiwert $c_{\mathrm{w}} = 0{,}4$.

Lösung zu Aufgabe 78: Fallen mit Luftreibung

a) $y(t)$-, $v(t)$- und $a(t)$-Messreihe

In Abb. 9.18 sind die Messreihen dargestellt.

Erklärung des $v(t)$-Graphen

Auf die Styroporkugel wirkt während der gesamten Bewegung die nach unten gerichtete, konstante Gewichtskraft und die nach oben, der Bewegung entgegengesetzt gerichtete, geschwindigkeitsabhängige Newton'sche Reibungskraft. Nach Übergang zu skalaren Größen ist die resultierende Kraft

$$F_{\mathrm{res}} = F_{\mathrm{G}} - F_{\mathrm{R}} \, . \tag{9.64}$$

Zu Beginn der Bewegung ist $F_{\mathrm{res}} = F_{\mathrm{G}}$, da F_{R} bei $v_y = 0$ verschwindet. Mit zunehmender Geschwindigkeit wird F_{R} immer größer, die resultierende Kraft F_{res} immer kleiner, bis $F_{\mathrm{res}} = 0$ und nach (9.64)

$$F_{\mathrm{G}} = F_{\mathrm{R}} \tag{9.65}$$

ist und der Körper mit konstanter Endgeschwindigkeit v_{E} fällt. Es ist $a(0) = g$, da $F_{\mathrm{R}}(t = 0) = 0$.

b) Formel für die Endgeschwindigkeit v_{E}

Nach (9.65) ist die Gewichtskraft

$$F_{\mathrm{G}} = mg \tag{9.66}$$

mit der Newton'schen Reibungskraft

$$F_{\mathrm{R}} = \frac{1}{2}c_{\mathrm{w}}\rho Av^2 = \frac{1}{2}c_{\mathrm{w}}\rho\pi r^2 v^2 \tag{9.67}$$

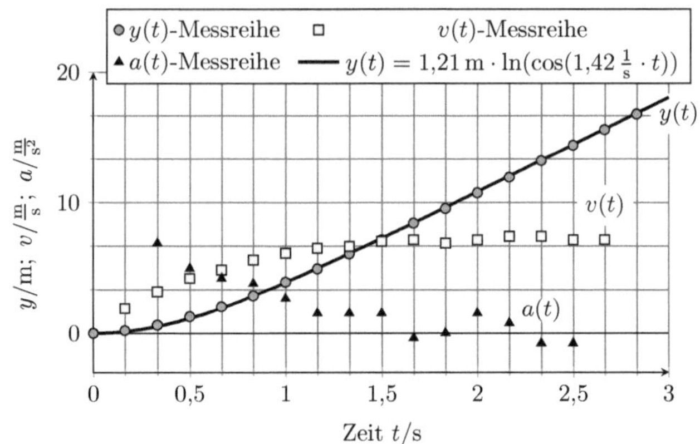

Abb. 9.18 Kinematikdiagramm mit $y(t)$-, $v(t)$- und $a(t)$-Graphen der fallenden Styroporkugel

gleichzusetzen:

$$mg = \frac{1}{2} c_\text{W} \rho \pi r^2 v^2 = k v^2 \quad \Leftrightarrow \quad v_\text{E} = \sqrt{\frac{2mg}{c_\text{W}\rho\pi r^2}} \,. \tag{9.68}$$

Einsetzen der Werte in (9.68) ergibt die Endgeschwindigkeit $v_\text{E} = 7{,}26\,\text{m/s}$.

Aufstellen der Differenzialgleichung

Nach der Newton'schen Grundgleichung der Mechanik

$$ma = m\dot{v} = F_\text{res} \tag{9.69}$$

ist mit (9.64), (9.66) und (9.68) sowie $k = c_\text{W}\rho\pi r^2/2$

$$m\dot{v} = mg - kv^2 \,. \tag{9.70}$$

Prüfung der $v(t)$-Funktion als spezielle Lösung der Differenzialgleichung

Mit

$$x = \frac{g}{v_\text{E}} t \tag{9.71}$$

und der gegebenen Beziehung

$$\tanh(x) = \frac{e^x - e^{-x}}{e^x + e^{-x}} \tag{9.72}$$

ist die gegebene Lösung

$$v(t) = v_\text{E} \tanh\left(\frac{g}{v_\text{E} t}\right) = v_\text{E} \tanh x = v_\text{E} \frac{e^x - e^{-x}}{e^x + e^{-x}} \,. \tag{9.73}$$

Ableiten von (9.73) nach der Quotientenregel ergibt

$$\dot{v}(t) = a(t) = g\,\frac{(e^x + e^{-x})\,(e^x + e^{-x}) - (e^x - e^{-x})\,(e^x - e^{-x})}{(e^x + e^{-x})^2}$$

$$= g\left[1 - \frac{(e^x - e^{-x})^2}{(e^x + e^{-x})^2}\right] \tag{9.74}$$

$$= g\left(1 - \tanh^2 x\right)\,.$$

Einsetzen von (9.73) und (9.74) in die Bewegungsgleichung (9.70) ergibt

$$mg\left(1 - \tanh^2 x\right) = mg - k v_{\mathrm{E}}^2 \tanh^2 x\,. \tag{9.75}$$

Nach (9.68) ist

$$k = \frac{mg}{v_{\mathrm{E}}^2}\,. \tag{9.76}$$

Einsetzen von (9.76) in (9.75) ergibt eine Identität und zeigt, dass (9.73) eine Lösung von (9.70) ist.

Herleitung der $y(t)$-Funktion für die Anfangsbedingung $y(0) = 0$
Unbestimmte Integration von (9.73) ergibt die Funktion

$$y(t) = \int v(t)\,\mathrm{d}t + C = v_{\mathrm{E}} \int \tanh\left(\frac{v_{\mathrm{E}}}{g}t\right)\mathrm{d}t + C$$

$$= \frac{v_{\mathrm{E}}^2}{g}\ln\left[\cosh\left(\frac{g}{v_{\mathrm{E}}}t\right)\right] + C\,. \tag{9.77}$$

Die Konstante C wird aus der Anfangsbedingung $y(0) = 0$ bestimmt:

$$y(0) = \frac{v_{\mathrm{E}}^2}{g}\ln[\cosh(0)] + C = \frac{v_{\mathrm{E}}^2}{g}\ln(1) + C = 0 + C$$

$$\Rightarrow C = 0\,. \tag{9.78}$$

Mit (9.78) ist (9.77)

$$y(t) = \frac{v_{\mathrm{E}}^2}{g}\ln\left[\cosh\left(\frac{g}{v_{\mathrm{E}}}t\right)\right] = \frac{v_{\mathrm{E}}^2}{g}\ln\left(\frac{e^{-\frac{g}{v_{\mathrm{E}}}t} + e^{\frac{g}{v_{\mathrm{E}}}t}}{2}\right)\,. \tag{9.79}$$

c) Formel für die Einstellzeit t_{E}
Anwenden der gegebenen Bedingung

$$v(t_{\mathrm{E}}) = \frac{e^2 - 1}{e^2 + 1}\,v_{\mathrm{E}} \tag{9.80}$$

auf (9.73) ergibt

$$v(t_\mathrm{E}) = v_\mathrm{E}\frac{\mathrm{e}^{\frac{g}{v_\mathrm{E}}t_\mathrm{E}} - \mathrm{e}^{-\frac{g}{v_\mathrm{E}}t_\mathrm{E}}}{\mathrm{e}^{\frac{g}{v_\mathrm{E}}t_\mathrm{E}} + \mathrm{e}^{-\frac{g}{v_\mathrm{E}}t_\mathrm{E}}} = \frac{\mathrm{e}^2 - 1}{\mathrm{e}^2 + 1}v_\mathrm{E} \quad \Rightarrow \quad t_\mathrm{E} = \frac{v_\mathrm{E}}{g}\,. \tag{9.81}$$

Freier Fall für Zeiten $t \ll t_\mathrm{E}$

Umformung von (9.73) in eine näherungsfähige Form ergibt

$$\begin{aligned}
v(t) &= v_\mathrm{E}\frac{\mathrm{e}^{\frac{g}{v_\mathrm{E}}t} - \mathrm{e}^{-\frac{g}{v_\mathrm{E}}t}}{\mathrm{e}^{\frac{g}{v_\mathrm{E}}t} + \mathrm{e}^{-\frac{g}{v_\mathrm{E}}t}} \\
&= v_\mathrm{E}\frac{1 - \mathrm{e}^{-2\frac{g}{v_\mathrm{E}}t}}{1 + \mathrm{e}^{-2\frac{g}{v_\mathrm{E}}t}} \\
&= v_\mathrm{E}\frac{1 - \mathrm{e}^{-2\frac{t}{t_\mathrm{E}}}}{1 + \mathrm{e}^{-2\frac{t}{t_\mathrm{E}}}}\,.
\end{aligned} \tag{9.82}$$

Anwenden der gegebenen Näherung

$$\mathrm{e}^x \approx 1 + x \tag{9.83}$$

für $|x| \ll 1$, also $t \ll t_\mathrm{E}$, in (9.82) ergibt

$$\begin{aligned}
v(t) &\approx v_\mathrm{E}\frac{1 - \left(1 - 2\frac{t}{t_\mathrm{E}}\right)}{1 + \left(1 + 2\frac{t}{t_\mathrm{E}}\right)} = v_\mathrm{E}\frac{\frac{t}{t_\mathrm{E}}}{1 + \frac{t}{t_\mathrm{E}}} \\
&\approx v_\mathrm{E}\frac{\frac{t}{t_\mathrm{E}}}{1} \\
&= v_\mathrm{E}\frac{t}{t_\mathrm{E}} = gt\,.
\end{aligned} \tag{9.84}$$

Das Ergebnis von (9.84) ist das Geschwindigkeits-Zeit-Gesetz des freien Falls.

d) Bestimmung des Widerstandsbeiwerts c_W

Einsetzen der Werte in (9.79) ergibt mit dem Parameter c_W

$$y(t) = \frac{2{,}42\,\mathrm{m}}{c_\mathrm{W}}\ln\left[\cos\left(2{,}01\,\frac{1}{\mathrm{s}}\sqrt{c_\mathrm{W}}\,t\right)\right]\,. \tag{9.85}$$

Bei Variation des c_W-Werts in (9.85) wird für $c_\mathrm{W} = 0{,}45$ die beste Übereinstimmung von (9.85) mit der $y(t)$-Messreihe erzielt (Abb. 9.18). Der c_W-Wert 0,45 stimmt gut mit dem Literaturwert für eine Kugel überein.

Lösung zu Aufgabe 79: Dynamischer Auftrieb am Tragflügel

a) Mindestgeschwindigkeit zum Abheben von der Startbahn

Mit p_L wird der statische atmosphärische Luftdruck in Höhe des Düsenflugzeugs bezeichnet. Zur Anwendung der Bernoulli-Gleichung und Berechnung der statischen Drücke p_o bzw. p_u an der Tragflügeloberseite bzw. -unterseite werden jeweils zwei Stellen, A und B sowie A und C, zweier Stromfäden betrachtet (Abb. 9.19). Für den Stromfaden über der Tragfläche (von A nach B) gilt

$$p_\mathrm{L} + \frac{1}{2}\rho_\mathrm{L} v_\mathrm{L}^2 = p_\mathrm{o} + \frac{1}{2}\rho_\mathrm{L} v_\mathrm{o}^2 . \tag{9.86}$$

Wegen $v_\mathrm{L} = 0$ ist

$$p_\mathrm{o} = p_\mathrm{L} - \frac{1}{2}\rho_\mathrm{L} v_\mathrm{o}^2 . \tag{9.87}$$

Analog gilt für den Stromfaden unter der Tragfläche (von A nach C)

$$p_\mathrm{L} = p_\mathrm{u} + \frac{1}{2}\rho_\mathrm{L} v_\mathrm{u}^2 \quad \Rightarrow \quad p_\mathrm{u} = p_\mathrm{L} - \frac{1}{2}\rho_\mathrm{L} v_\mathrm{u}^2 . \tag{9.88}$$

Aufgrund der größeren Strömungsgeschwindigkeit an der Tragflügeloberseite nach

$$v_\mathrm{o} = \frac{3}{2} v_\mathrm{u} \tag{9.89}$$

ist nach (9.87) und (9.88) $p_\mathrm{u} > p_\mathrm{o}$, und die Druckdifferenz Δp an den Tragflügelflächen ist mit (9.87) und (9.88)

$$
\begin{aligned}
\Delta p = p_\mathrm{u} - p_\mathrm{o} &= p_\mathrm{L} - \frac{1}{2}\rho_\mathrm{L} v_\mathrm{u}^2 - \left(p_\mathrm{L} - \frac{1}{2}\rho_\mathrm{L} v_\mathrm{o}^2 \right) \\
&= \frac{1}{2}\rho_\mathrm{L} \left(v_\mathrm{o}^2 - v_\mathrm{u}^2 \right) = \frac{5}{8}\rho_\mathrm{L} v_\mathrm{u}^2 .
\end{aligned}
\tag{9.90}
$$

Diese Druckdifferenz erzeugt mit (9.90) eine Auftriebskraft F_A:

$$F_\mathrm{A} = \Delta p A = \frac{5}{8}\rho_\mathrm{L} A v_\mathrm{u}^2 . \tag{9.91}$$

Abb. 9.19 Stromlinienbild zur Berechnung der Auftriebskraft am Tragflügel

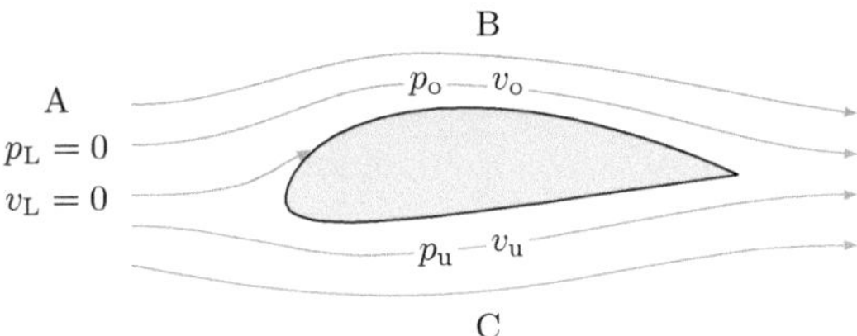

Das Flugzeug hebt ab, wenn die Auftriebskraft F_A mindestens so groß ist wie die Gewichtskraft F_G des Flugzeugs:

$$F_A \geq F_G \Rightarrow \frac{5}{8}\rho_L A v_u^2 \geq mg \quad \Longrightarrow \quad v_u \geq \sqrt{\frac{8mg}{5\rho_L A}} = v_{min}. \tag{9.92}$$

Einsetzen der Werte in (9.92) liefert die Mindestgeschwindigkeit $v_{min} = 50{,}15\,\frac{m}{s} = 180{,}5\,km/h$.

b) Berechnung der statischen Drücke p_o und p_u und der Auftriebskraft F_A bei halber Schallgeschwindigkeit

Einsetzen von $v_u = 344/2\,m/s = 172\,m/s$, $v_o = 285\,m/s$ und $p_L = 1013\,hPa$ in (9.86) bzw. (9.88) liefert $p_o = p_u = 820{,}7\,hPa$ und $p_o = 580{,}3\,hPa$. Einsetzen in (9.91) liefert die Auftriebskraft $F_A = 1{,}15\,MN$.

Bewertung des Ergebnisses

Der unrealistische Wert von F_A bzw. p_o und p_u ist auf die bei höheren Geschwindigkeiten nicht erfüllten Geschwindigkeitsannahmen von $v_u = v$ und $v_o = 1{,}5 v_u$ zurückzuführen.

Lösung zu Aufgabe 80: Fallkegel

Versuchsmaterial

Wie in der Aufgabenstellung vorgeschlagen, können Fallkegel aus Papier ausgeschnitten werden. Alternativ bietet sich die Verwendung von Papierbackförmchen (Muffinförmchen) an. Um möglichst genaue Messwerte zu erhalten muss besonders darauf geachtet werden, dass der Kegel in der Ebene des mitgefilmten Maßstabs fällt. Die Endgeschwindigkeit stellt sich schon nach kurzer Fallstrecke bzw. kurzer Fallzeit ein.

a) Vergleich von gemessener und berechneter Endgeschwindigkeit v_E

Aus dem $v(t)$-Diagramm (Abb. 9.20) wird die Endgeschwindigkeit $v_E = 1{,}50\,m/s$ abgelesen. Im dynamischen Kräftegleichgewicht gilt

$$mg = \frac{1}{2}c_W \rho_L A v_E^2 \quad \Rightarrow \quad v_E = \sqrt{\frac{2mg}{c_W \rho_L A}}. \tag{9.93}$$

Der verwendete Fallkegel hat die Masse $m = 0{,}34\,g$ und die Fläche $A = 44\,cm^2$. Einsetzen der Werte, der Luftdichte $\rho_L = 1{,}3\,kg/m^3$ und des geschätzten Widerstandsbeiwerts $c_W = 0{,}50$ in (9.93) ergibt die Endgeschwindigkeit $v_E = 1{,}53\,m/s$ und stimmt gut mit dem gemessenen Wert überein.

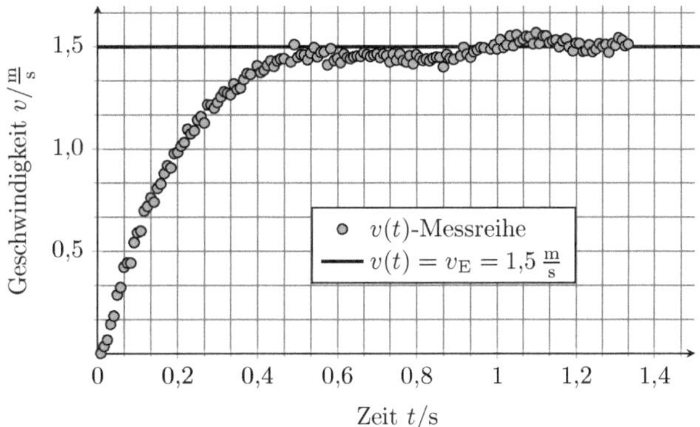

Abb. 9.20 $v(t)$-Diagramm eines Fallkegels, der die Endgeschwindigkeit v_E erreicht

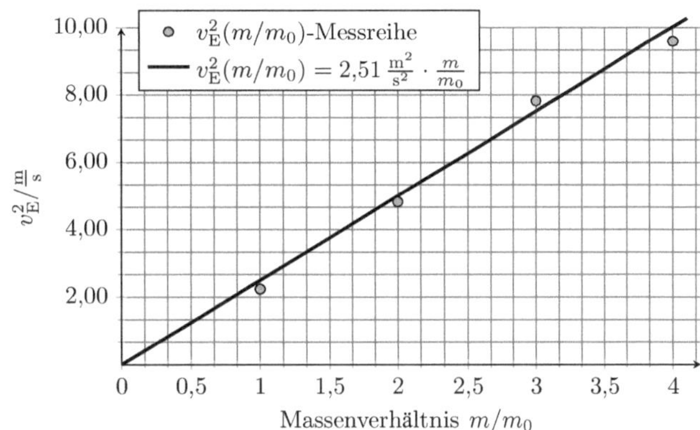

Abb. 9.21 $v_E^2\,(m/m_0)$-Diagramm der Fallkegel unterschiedlicher Masse

b) Bestimmung des Widerstandsbeiwerts c_W

Durch das Aufeinanderlegen n identischer Fallkegel wird die Masse des fallenden Körpers bei gleicher Querschnittsfläche ver-n-facht. Gemäß (9.93) ist

$$v_\mathrm{E}^2 = \frac{2gm_0}{c_\mathrm{W}\rho_\mathrm{L}A} \cdot \frac{m}{m_0} = b \cdot \frac{m}{m_0}, \tag{9.94}$$

weshalb in Abb. 9.21 die quadrierte Endgeschwindigkeit gegen das Massenverhältnis m/m_0 für vier Kegelmassen aufgetragen ist. Aus der Steigung $b = 2{,}51\,\mathrm{m}^2/\mathrm{s}^2$ der Regressionsgeraden berechnet sich ein Widerstandsbeiwert $c_\mathrm{W} = 0{,}5$.

Lösung zu Aufgabe 81: Rotierende Rolle im Flug

a) Bewegungsgleichung der Rolle

Unter der Annahme, dass die Bewegung der Rolle in der x-z-Ebene mit konstanter Winkelgeschwindigkeit $\vec{\omega} = \omega\vec{e}_y$ erfolgt, wirken während des Flugs die Magnus-Kraft $\vec{F}_\mathrm{M}$, die Gewichtskraft $\vec{F}_\mathrm{G}$ sowie die Newton'sche Reibungskraft $\vec{F}_\mathrm{L}$ auf die Rolle (Masse m,

Radius r, Länge ℓ, Luftdichte ρ_L):

$$\vec{F}_M = \rho_L \pi r^2 \ell \left(\vec{v} \times \vec{\omega} \right) = c_1 \begin{pmatrix} -\omega v_z \\ 0 \\ \omega v_x \end{pmatrix}, \tag{9.95}$$

$$\vec{F}_G = -mg\vec{e}_z = -m \begin{pmatrix} 0 \\ 0 \\ g \end{pmatrix}, \tag{9.96}$$

$$\vec{F}_L = -\frac{1}{2} c_W \rho_L 2\ell r v \vec{v} = -c_2 v \begin{pmatrix} v_x \\ 0 \\ v_z \end{pmatrix} \tag{9.97}$$

mit $v = |\vec{v}| = \sqrt{v_x^2 + v_z^2}$, $c_1 = \rho_L \pi r^2 \ell$ und $c_2 = c_W \rho_L \ell r$. Die Bewegungsgleichung lautet mit (9.95), (9.96) und (9.97)

$$m\ddot{\vec{r}} = \vec{F}_M + \vec{F}_G + \vec{F}_L = \begin{pmatrix} -c_1 \omega v_z - c_2 \sqrt{v_x^2 + v_z^2}\, v_x \\ 0 \\ c_1 \omega v_x - mg - c_2 \sqrt{v_x^2 + v_z^2}\, v_z \end{pmatrix}. \tag{9.98}$$

b) Bedingung für Aufwärtsbewegung

Im Experiment kann eine anfängliche Aufwärtsbewegung beobachtet werden, wenn $\ddot{z}(0) > 0$ gilt. Aus (9.98) ergibt sich die Bedingung

$$c_1 \omega v_x(0) - mg - c_2 \sqrt{v_x^2(0) + v_z^2(0)}\, v_z(0) > 0. \tag{9.99}$$

Da die Rolle zu Bewegungsbeginn nur eine Geschwindigkeitskomponente in x-Richtung besitzt, folgt aus (9.99) unter Verwendung von (9.95)

$$\omega v_x(0) > \frac{mg}{c_1} = \frac{mg}{\rho_L \pi r^2 \ell}. \tag{9.100}$$

Zu Bewegungsbeginn sind Winkelgeschwindigkeit der Rolle und Translationsgeschwindigkeit des Schwerpunkts über die Abrollbedingung $v_x(0) = \omega r$ verknüpft. Daraus ergibt sich

$$v_x(0) > \sqrt{\frac{mg}{\rho_L \pi r \ell}}. \tag{9.101}$$

Der Effekt ist folglich einfacher für große, leichte Rollen zu beobachten.

10.1 Freie Schwingungen

Aufgabe 82: Schwimmender schwingender Körper (VA)

Schauen Sie sich das Videoexperiment und Abb. 10.1 an.

a. Erklären Sie qualitativ, warum der Körper eine harmonische Schwingung ausführt.
b. Stellen Sie die Differenzialgleichung der ungedämpften Schwingung auf und leiten Sie damit eine Formel für die Schwingungsdauer T_0 her.
c. Vergleichen Sie die nach Teilaufgabe b berechnete Schwingungsdauer T_0 mit der gemessenen Schwingungsdauer T. Erklären Sie Abweichungen.

Abb. 10.1 Ein zylindrischer Körper schwingt in Wasser

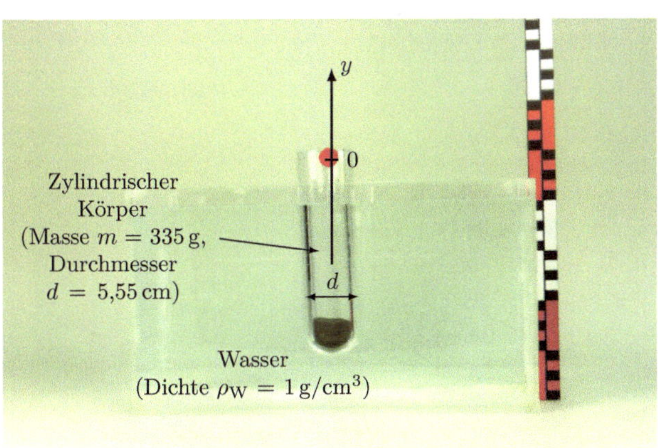

© Springer-Verlag GmbH Deutschland 2017
S. Gröber et al., *Smarte Aufgaben zur Mechanik und Wärme*,
https://doi.org/10.1007/978-3-662-54479-2_10

http://tiny.cc/5mfzly

Aufgabe 83: Ungedämpftes und gedämpftes Federpendel

Ein Federpendel (Federkonstante $D = 10\,\text{N/m}$, Masse $m = 0,1\,\text{kg}$) schwingt unge-dämpft mit der Amplitude $\hat{y} = 0,3\,\text{m}$ und der Schwingungsdauer T_0. Mit Dämpfung verringert sich die Amplitude innerhalb von zehn Schwingungen auf die Hälfte.

a. Stellen Sie die Differenzialgleichung des ungedämpften Federpendels auf. Zeigen Sie, dass $y(t) = \hat{y}\cos(\omega_0 t)$ eine Lösung der Differenzialgleichung ist.
b. Berechnen Sie die Schwingungsdauer T_0, die Geschwindigkeitsamplitude $\hat{v}$ der Masse und die Gesamtenergie E_{ges} des ungedämpften Federpendels.
c. Berechnen Sie die Dämpfungskonstante γ für die Schwingungsdauer $T = T_0$.

Aufgabe 84: Schwingung einer Wassersäule   **(VA)**

Schauen Sie sich das Videoexperiment und Abb. 10.2 an.

a. Erklären Sie, weshalb eine harmonische Schwingung entsteht.
b. Leiten Sie eine Formel für die Schwingungsdauer T_0 einer ungedämpften Schwingung der Wassersäule her. Vergleichen Sie die berechnete und gemessene Schwingungsdau-er.
c. Bestimmen Sie die Dämpfungskonstante γ durch Anpassung einer geeigneten Dämp-fungsfunktion. Zeigen Sie, dass die Dämpfungsverstimmung der Schwingungsdauer kleiner als $1\,\%$ ist.

Abb. 10.2 Die Wassersäule in einem U-Rohr wird durch Unterdruck aus dem Gleichge-wicht gebracht und schwingt nach Aufheben des Unter-drucks gedämpft

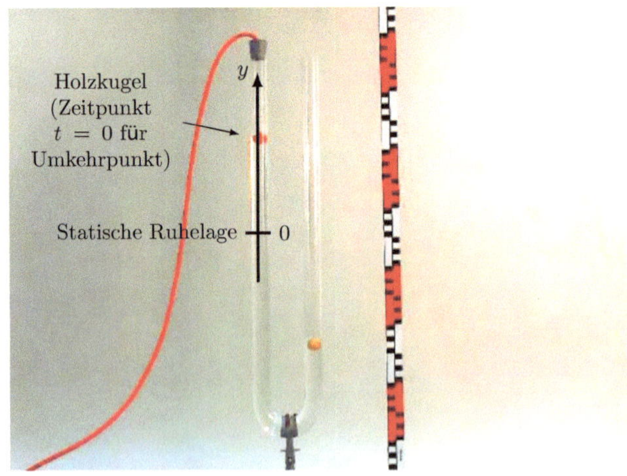

http://tiny.cc/umfzly

10.2 Erzwungene Schwingungen

Aufgabe 85: Zungenfrequenzmesser

Mit Zungenfrequenzmessern wird die Frequenz technischer Wechselströme gemessen und kontrolliert. Dazu erzeugt der Wechselstrom ein magnetisches Wechselfeld gleicher Frequenz, in dem sich mehrere Biegeschwinger unterschiedlicher Resonanzfrequenz befinden (Abb. 10.3). Ein Biegeschwinger besteht modellhaft aus einer Blattfeder (Federkonstante $D = 987\,\mathrm{N/m}$) mit einem daran befestigten magnetisierbaren Material (Masse $m = 10\,\mathrm{g}$).

a. Es fließt kein Wechselstrom. Nach Auslenkung der Masse m halbiert sich die Schwingungsamplitude innerhalb von $10\,\mathrm{s}$. Bestimmen Sie die Dämpfungskonstante γ und die Frequenz f der gedämpften Schwingung.
b. Bei der Resonanzfrequenz f_0 schwingt der Biegeschwinger mit einer Amplitude $\hat{x} = 5\,\mathrm{mm}$. Mit welcher Kraftamplitude $\hat{F}$ wird die Zunge angeregt? Wie groß ist die Phasenverschiebung φ zwischen dem Wechselstrom und der Schwingung? Eilt die Schwingung dem Wechselstrom voraus oder nach?
Hinweis: Für den Amplituden- und Phasengang gelten

$$\hat{x}(\omega) = \frac{\hat{F}}{m\sqrt{\left(\omega_0^2 - \omega^2\right)^2 + 4\gamma^2\omega^2}} \qquad \text{und} \qquad \tan\varphi(\omega) = -\frac{2\gamma\omega}{\omega_0^2 - \omega^2},$$

wobei ω die Kreisfrequenz des Biegeschwingers ist, ω_0 die Kreisfrequenz der ungedämpften Schwingung und γ die Dämpfungskonstante.

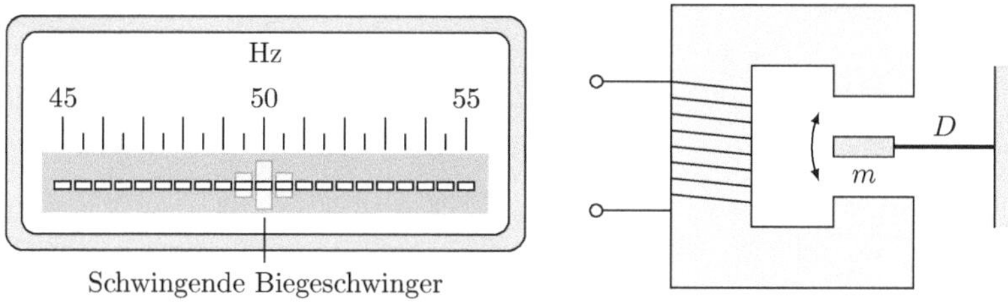

Abb. 10.3 Zungenfrequenzmesser mit Biegeschwinger (*links*) unterschiedlicher Resonanzfrequenzen und Modell eines einzelnen Biegeschwingers (*rechts*)

10.3   Gekoppelte Oszillatoren und Wellenphänomene

Aufgabe 86: Gekoppelte vertikale und horizontale Federpendel

Zwei Federpendel (Massen m_1 und m_2, Federkonstanten D_1 und D_2) werden miteinander verbunden. Die Bewegung der Massen erfolgt reibungsfrei (Abb. 10.4).

a. Erklären Sie, warum für gleiche Anfangsbedingungen, Massen und Federkonstanten die Bewegungen der Massen in den beiden Anordnungen in Abb. 10.4 identisch sind.
b. Ermitteln Sie die Kreisfrequenzen der Normalschwingungen. Machen Sie dazu den komplexen Ansatz

$$x_1(t) = A\mathrm{e}^{i\omega t} \qquad \text{und} \qquad x_2(t) = B\mathrm{e}^{i\omega t}\,.$$

c. Spezialisieren Sie die Ergebnisse aus Teilaufgabe b durch $m_1 = m_2 = m$ und $D_1 = D_2 = D$.

Aufgabe 87: Gekoppelte Federschwinger   (VA)

Schauen Sie sich die drei Videoexperimente und Abb. 10.5 an.

a. Stellen Sie die Differenzialgleichungen für die Massen auf. Entkoppeln Sie durch Übergang zu Normalkoordinaten $z_1 = x_1 + x_2$ und $z_2 = x_1 - x_2$ die Differenzialgleichungen und zeigen Sie, dass die Kreisfrequenzen der Normalschwingung

$$\omega_1 = \sqrt{\frac{D_\mathrm{S}}{m}} \qquad \text{und} \qquad \omega_2 = \sqrt{\frac{D_\mathrm{S}}{m} + 2\frac{D_\mathrm{K}}{m}}$$

sind. Geben Sie die allgemeinen Lösungen $x_1(t)$ und $x_2(t)$ der Differenzialgleichungen an.
b. Zeigen Sie, dass für die Anfangsbedingungen im Videoexperiment 1 die Massen mit der Kreisfrequenz ω_1 und für die Anfangsbedingungen im Videoexperiment 2 mit der Kreisfrequenz ω_2 schwingen. Erklären Sie, weshalb $\omega_2 > \omega_1$ gilt und ω_1 unabhängig von D_K ist. Kontrollieren Sie die Werte der Kreisfrequenzen experimentell.

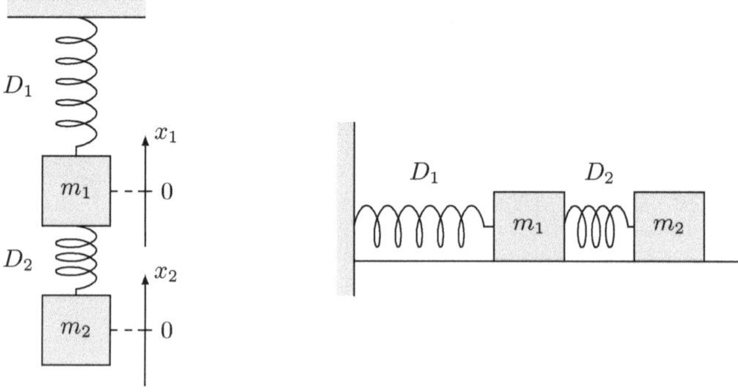

Abb. 10.4 Gekoppelte vertikale Federpendel (*links*) und gekoppelte horizontale Federpendel (*rechts*)

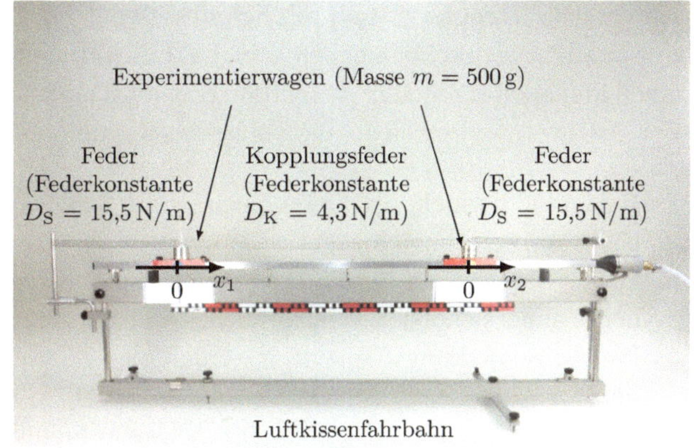

Abb. 10.5 Federschwingungen mit Experimentierwagen als Schwingungsmassen sind durch eine Kopplungsfeder gekoppelt

c. Zeigen Sie, dass für die Anfangsbedingungen im Videoexperiment 3 die Auslenkungen

$$x_1(t) = \hat{x} \cos\left(\frac{\omega_2 - \omega_1}{2}t\right) \cos\left(\frac{\omega_2 + \omega_1}{2}t\right) ,$$

$$\text{und} \quad x_2(t) = \hat{x} \sin\left(\frac{\omega_2 - \omega_1}{2}t\right) \sin\left(\frac{\omega_2 + \omega_1}{2}t\right)$$

sind. Stellen Sie eine $x_1(t)$- und $x_2(t)$-Messreihe in einem gemeinsamen Diagramm dar. Erklären Sie den Verlauf der Graphen in Bezug zu den $x_1(t)$- und $x_2(t)$-Funktionen. Bestimmen Sie rechnerisch und experimentell die Frequenz f_S, mit der die Schwingungsenergie zwischen den Federschwingern ausgetauscht wird.

http://tiny.cc/hnfzly

http://tiny.cc/dnfzly

http://tiny.cc/nnfzly

Aufgabe 88: Doppler-Effekt mit Schallwellen

Ein Zugführer (Geschwindigkeit $u = 130\,\text{km/h}$) sendet vor der Einfahrt in einen Tunnel einen Signalton (Frequenz $f_0 = 1000\,\text{Hz}$) aus. Die Schallwellen (Schallgeschwindigkeit $c = 340\,\text{m/s}$) werden an der die Tunneleinfahrt umgebenden Felswand reflektiert.

a. Geben Sie Formeln für die Frequenzen von Schallwellen an, die den Zugführer erreichen, und berechnen Sie diese.
b. Geben Sie Formeln für die Frequenzen von Schallwellen an, die einen am Gleis vor dem Tunnel stehenden Mann erreichen, den der Zug passiert, und berechnen Sie diese.
c. Welche Schwebungsfrequenzen werden vom Zugführer und vom Mann am Gleis gehört?

Hinweis: Die Schwebungsfrequenz f_S zweier Frequenzen f_1 und f_2 ist

$$f_\text{S} = \frac{|f_1 - f_2|}{2}$$

Aufgabe 89: Stehende Seilwellen (VA)

Schauen Sie sich das Videoexperiment und Abb. 10.6 an.

a. Zeigen Sie durch Herleitung einer Formel, dass stehende eindimensionale Wellen durch Überlagerung einer in x-Richtung und mit Phasenunterschied φ in Gegenrichtung laufenden Welle erzeugt werden. Erklären Sie die Terme in der Formel. Zeigen Sie, dass der minimale Knotenabstand $\lambda/2$ ist.
b. Leiten Sie eine Formel zur Berechnung der Eigenfrequenzen f_n ($n = 0$ Grundschwingung) stehender Seilwellen zwischen festen Enden (Abstand ℓ) her. Vergleichen Sie berechnete und gemessene Eigenfrequenzen.
c. Geben Sie begründet an, welche der Aussagen zu stehenden Wellen richtig oder falsch sind. Korrigieren Sie falsche Aussagen:

Abb. 10.6 Ein zwischen festen Enden eingespanntes Gummiband wird mit einer schwingenden Lautsprechermembran zu stehenden Seilwellen angeregt

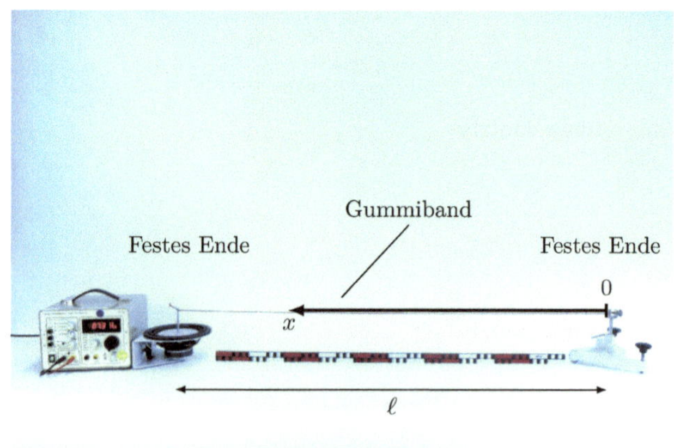

1. Zu keinem Zeitpunkt ist die Auslenkung aller Schwinger null.
2. Es gibt Orte, an denen die Amplitude der Schwinger immer null ist.
3. Die Energie der Welle läuft mit der Phasengeschwindigkeit zwischen den Enden hin und her.
4. Die Phase der Schwinger nimmt mit zunehmendem Ort zu.
5. Die Anzahl der Bäuche der n-ten Oberschwingung bei losen Seilenden ist $n + 2$.
6. Unterhalb einer bestimmten Frequenz kann keine stehende Welle erzeugt werden.

http://tiny.cc/rmfzly

10.4 Lösungen

Lösung zu Aufgabe 82: Schwimmender schwingender Körper

a) Erklärung der harmonischen Schwingung

Wenn der Körper schwimmt, ohne zu schwingen, ist die resultierende Kraft null, weil die Gewichtskraft von der Auftriebskraft kompensiert wird. Eine Auslenkung des Körpers um die Strecke y nach oben bzw. nach unten verkleinert bzw. vergrößert die Auftriebskraft um die Gewichtskraft des geänderten verdrängten Wasservolumens, also um die rücktreibende Kraft

$$F_{\mathrm{R}} = -\rho_{\mathrm{W}} A g y = -D y \tag{10.1}$$

mit der Querschnittsfläche A. Da F_{R} proportional zur Auslenkung y ist und immer in Richtung Ruhelage zeigt, liegt eine harmonische Schwingung vor.

b) Bestimmung der Schwingungsdauer T_0

Nach dem Newton'schen Grundgesetz der Mechanik gilt mit (10.1)

$$F_{\mathrm{res}} = F_{\mathrm{R}} = -\rho_{\mathrm{W}} A g y = -D y = m \ddot{y} \, . \tag{10.2}$$

Eine Lösung von (10.2) ist

$$y(t) = \hat{y} \cos(\omega_0 t) \, . \tag{10.3}$$

Einsetzen von (10.3) und von $\ddot{y}(t)$ in (10.2) ergibt nur dann eine Identität, wenn

$$\omega_0 = \sqrt{\frac{D}{m}} \qquad \Leftrightarrow \qquad T_0 = 2\pi \sqrt{\frac{m}{D}} = 2\pi \sqrt{\frac{m}{\rho_{\mathrm{W}} A g}} \tag{10.4}$$

ist.

c) Vergleich von berechneter Schwingungsdauer T_0 und gemessener Schwingungsdauer T

Einsetzen der Werte in (10.4) ergibt die Schwingungsdauer $T_0 = 0{,}75\,\text{s}$. Für $n = 10$ Schwingungen ist die gemessene Schwingungsdauer $10T = 7{,}0\,\text{s}$, also $T = 0{,}7\,\text{s} < T_0$. Ursache für eine systematische Abweichung kann die Dämpfung der Schwingung und die seitliche Auslenkung des Körpers beim Schwingen sein.

Lösung zu Aufgabe 83: Ungedämpftes und gedämpftes Federpendel

a) Differenzialgleichung des ungedämpften Federpendels
Auf die Masse eines ungedämpften Federpendels wirkt die zur Auslenkung y proportionale und der Auslenkung entgegen wirkende Federkraft F_F. Somit gilt nach dem Newton'schen Grundgesetz für die Federkraft

$$
\begin{aligned}
F_\text{F} &= -Dy \\
\Rightarrow m\ddot{y} &= -Dy\,.
\end{aligned}
\tag{10.5}
$$

Für die angegebene Lösung $y(t) = \hat{y}\cos(\omega_0 t)$ mit $\omega_0 = \sqrt{D/m}$ gilt dann

$$
m\ddot{y}(t) = -m\hat{y}\frac{D}{m}\cos\left(\sqrt{\frac{D}{m}}t\right) = -D\hat{y}\cos\left(\sqrt{\frac{D}{m}}t\right) = -Dy\,.
\tag{10.6}
$$

Daher ist die angegebene Lösung eine Lösung der Differenzialgleichung (10.5).

b) Bestimmung der Schwingungsdauer T_0, der Geschwindigkeitsamplitude $\hat{v}$ und der Gesamtenergie E_ges
Die Schwingungsdauer eines ungedämpften Federpendels ist

$$
T_0 = 2\pi\sqrt{\frac{D}{m}}\,.
\tag{10.7}
$$

Einsetzen der Werte in (10.7) ergibt die Schwingungsdauer $T_0 = 0{,}63\,\text{s}$. Die Auslenkung einer harmonischen Schwingung ist

$$
y(t) = \hat{y}\cos(\omega t)\,.
\tag{10.8}
$$

Differenzieren von (10.8) nach der Zeit ergibt

$$
\begin{aligned}
\dot{y}(t) = v(t) &= -\omega\hat{y}\sin(\omega t) = -\hat{v}\sin(\omega t) \\
\Rightarrow \hat{v} &= \omega\hat{y}\,.
\end{aligned}
\tag{10.9}
$$

Einsetzen der Werte in (10.9) ergibt die Geschwindigkeitsamplitude $\hat{v} = 0{,}3\,\text{m/s}$. Die Gesamtenergie des Federpendels ist

$$E_{\text{ges}} = \frac{1}{2} D \hat{y}^2 \,. \tag{10.10}$$

Einsetzen der Werte in (10.10) ergibt die Gesamtenergie $E_{\text{ges}} = 0{,}45\,\text{J}$.

c) Berechnung der Dämpfungskonstante γ

Für die Auslenkung einer gedämpften Schwingung gilt

$$y(t) = y_0 \mathrm{e}^{-\gamma t} \cos(\omega t) \,. \tag{10.11}$$

Es ist

$$\frac{y(0)}{y(10T)} = \frac{y_0}{y_0 \mathrm{e}^{-\gamma 10T}} = \mathrm{e}^{\gamma 10T} = 2$$
$$\Rightarrow \gamma = \frac{\ln(2)}{10T} \,. \tag{10.12}$$

Einsetzen der Werte in (10.12) ergibt die Dämpfungskonstante $\gamma = 0{,}11\,\text{s}^{-1}$.

Lösung zu Aufgabe 84: Schwingung einer Wassersäule

a) Entstehung einer harmonischen Schwingung

Eine harmonische Schwingung entsteht, wenn auf eine Masse m eine zur Ruhelage gerichtete und zur Auslenkung y proportionale rücktreibende Kraft

$$F_{\text{R}} = -k y \tag{10.13}$$

wirkt. Dies ist hier der Fall: Steht die Wassersäule im linken Schenkel höher als im rechten, drückt das überschüssige Wasser die gesamte Wassersäule im U-Rohr immer zur Ruhelage hin und im umgekehrten Fall genauso. Als rücktreibende Masse wirkt nur die überschüssige Wassermasse. Bei doppelter Auslenkung verdoppelt sich auch die überschüssige Wassermasse und damit die rücktreibende Gewichtskraft der überschüssigen Wassermasse.

b) Formel für die Schwingungsdauer T_0 der ungedämpften Schwingung

Die Kreisfrequenz ω_0 bzw. Schwingungsdauer T_0 eines harmonischen ungedämpften Schwingers ist

$$\omega_0 = \frac{2\pi}{T_0} = \sqrt{\frac{k}{m}} \qquad \Leftrightarrow \qquad T_0 = 2\pi \sqrt{\frac{m}{k}} \,. \tag{10.14}$$

Abb. 10.7 Geometrie der
Schwingung einer Wassersäule
in einem U-Rohr

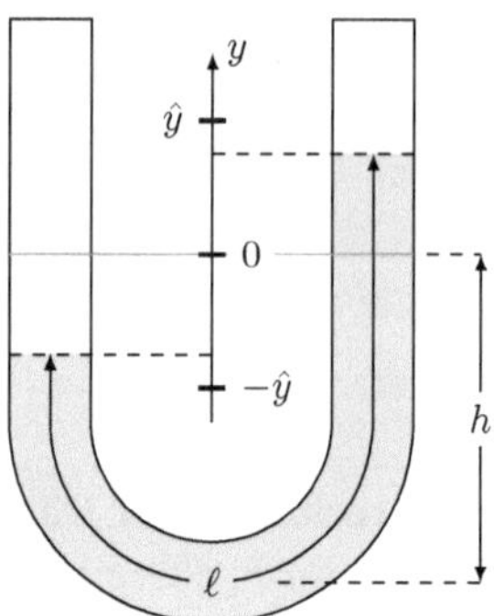

Die rücktreibende Kraft F_R ist die Gewichtskraft der überschüssigen Wassersäule (Koordinate y, Masse m_R, Dichte ρ_W) zwischen den beiden Schenkeln mit Querschnittsfläche A:

$$F_R = -m_R g = -2\rho_W A g y = -k y \qquad \Rightarrow \qquad k = 2\rho_W A g. \tag{10.15}$$

Die schwingende Masse ist die Masse m des Wassers im U-Rohr. Bezeichnet ℓ die Länge der schwingenden Wassersäule (Abb. 10.7), dann ist m gegeben durch

$$m = \rho_W A \ell. \tag{10.16}$$

Einsetzen von (10.15) und (10.16) in (10.14) ergibt die Schwingungsdauer

$$T_0 = 2\pi \sqrt{\frac{m}{k}} = 2\pi \sqrt{\frac{\rho_W A \ell}{2\rho_W A g}} = 2\pi \sqrt{\frac{\ell}{2g}}. \tag{10.17}$$

Vergleich von berechneter Schwingungsdauer T_0 und gemessener Schwingungsdauer T

Zur Bestimmung der Schwingungsdauer T_0 muss die Länge ℓ der Wassersäule aus der gemessenen Füllhöhe $h = 32{,}3\,\text{cm}$ des U-Rohrs (Wasserstand in Bezug auf den untersten Rohrmittelpunkt) und dem gemessenen Abstand $d = 8{,}8\,\text{cm}$ zwischen den Schenkeln bestimmt werden (Abb. 10.7):

$$\ell = 2\left(h - \frac{d}{2}\right) + \pi \frac{d}{2}. \tag{10.18}$$

Einsetzen der Werte in (10.18) ergibt $\ell = 69{,}6\,\text{cm}$. Einsetzen der Werte in (10.17) ergibt die Schwingungsdauer $T_0 = 1{,}18\,\text{s}$.

Die Schwingungsdauer T kann direkt gemessen oder aus dem $y(t)$-Diagramm ermittelt werden (Abb. 10.8). Für die Zeiten t mit lokalen Maxima erhält man für $t = 0$ beim 2. Maximum $t = 0\,\text{s}, 1{,}17\,\text{s}, 2{,}33\,\text{s}, 3{,}51\,\text{s}, 4{,}69\,\text{s}$ und damit eine von t unabhängige Schwingungsdauer $T = 1{,}18\,\text{s}$, die wegen der geringen Dämpfung im Rahmen der Messgenauigkeit mit der Schwingungsdauer T_0 übereinstimmt.

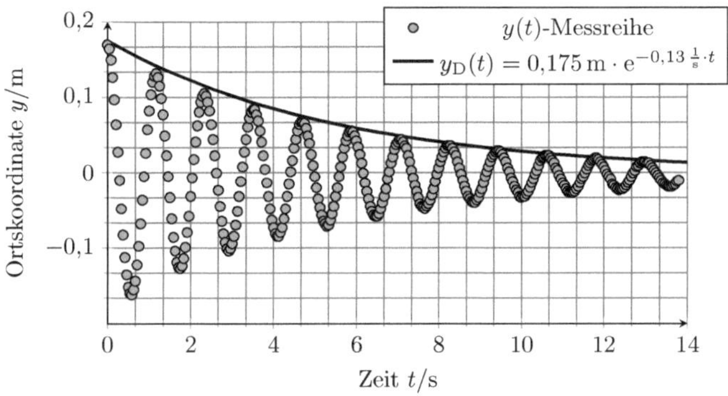

Abb. 10.8 $y(t)$-Diagramm der gedämpften Schwingung einer Wassersäule

c) Bestimmung der Dämpfungskonstante γ und der Dämpfungsverstimmung

Das $y(t)$-Diagramm zeigt (Abb. 10.8), dass die Schwingung gedämpft ist und eine Dämpfungsverstimmung vorliegt. Die Anpassung von y_0 und der Dämpfungskonstante γ in der Dämpfungsfunktion

$$y_\mathrm{D}(t) = y_0\mathrm{e}^{-\gamma t} \tag{10.19}$$

an die Messwerte ergibt $y_0 = 0{,}175\,\mathrm{m}$ und die Dämpfungskonstante $\gamma = 0{,}18\,\mathrm{s}^{-1}$. Die Änderung der Schwingungsdauer zwischen ungedämpfter und gedämpfter Schwingung ist gegeben durch

$$\omega = \sqrt{\omega_0^2 - \gamma^2} \Leftrightarrow \frac{2\pi}{T} = \sqrt{\frac{4\pi^2}{T_0^2} - \gamma^2} \quad \Leftrightarrow \quad T = \frac{2\pi}{\sqrt{\frac{4\pi^2}{T_0^2} - \gamma^2}}. \tag{10.20}$$

Mit $T_0 = 1{,}18\,\mathrm{s}$ und die Dämpfungskonstante $\gamma = 0{,}18\,\mathrm{s}^{-1}$ erhält man $T = 1{,}1806\,\mathrm{s}^{-1}$. Die Dämpfungsverstimmung $(T - T_0)/T_0$ liegt damit unterhalb von 1 %.

Lösung zu Aufgabe 85: Zungenfrequenzmesser

a) Bestimmung der Dämpfungskonstante γ

Die Einhüllende der gedämpften Schwingung ist eine Funktion

$$y_\mathrm{D}(t) = y_0\mathrm{e}^{-\gamma t}. \tag{10.21}$$

Zu zwei Zeitpunkten $t_2 > t_1$ ist

$$y_\mathrm{D}(t_1) = y_0\mathrm{e}^{-\gamma t_1} \qquad \text{und} \qquad y_\mathrm{D}(t_2) = y_0\mathrm{e}^{-\gamma t_2}. \tag{10.22}$$

Also ist

$$\frac{y_D(t_2)}{y_D(t_1)} = \frac{y_0 e^{-\gamma t_2}}{y_0 e^{-\gamma t_1}} = e^{-\gamma(t_2 - t_1)}$$

$$\Rightarrow \ln\left(\frac{y_D(t_2)}{y_D(t_1)}\right) = -\gamma(t_2 - t_1) \tag{10.23}$$

$$\Rightarrow \gamma = -\frac{\ln\left(\frac{y_D(t_2)}{y_D(t_1)}\right)}{t_2 - t_1} .$$

Einsetzen von $y_D(t_2)/y_D(t_1) = 0{,}5$ und $t_2 - t_1 = 10\,\text{s}$ in (10.23) ergibt die Dämpfungskonstante $\gamma = 0{,}07\,\text{s}^{-1}$.

Bestimmung der Frequenz f der gedämpften Schwingung

Die Frequenz f_0 der ungedämpften Schwingung ist

$$f_0 = \frac{1}{2\pi} \sqrt{\frac{D}{m}} . \tag{10.24}$$

Einsetzen der Werte in (10.24) ergibt $f = 50{,}00100205\,\text{Hz}$. Die Frequenz f der gedämpften Schwingung ist

$$f = \frac{1}{2\pi} \sqrt{\omega_0^2 - \gamma^2} = \frac{1}{2\pi} \sqrt{4\pi^2 f_0^2 - \gamma^2} . \tag{10.25}$$

Einsetzen der Werte in (10.25) ergibt die Frequenz $f = 50{,}001000812\,\text{Hz}$.

b) Bestimmung der Kraftamplitude $\hat{F}$ der erzwungenen Schwingung

Die Resonanzfrequenz der erzwungenen Schwingung ist

$$f_R = \frac{1}{2\pi} \sqrt{4\pi^2 f_0^2 - 2\gamma^2} . \tag{10.26}$$

Einsetzen der Werte in (10.26) ergibt $f_R = 50{,}001000808\,\text{Hz}$. Zur allgemeinen Berechnung der Amplitude bei der Resonanzfrequenz wird (10.26) bzw. $\omega_R = 2\pi f_R$ in die gegebene Formel für den Amplitudengang $\hat{x}(\omega)$ eingesetzt:

$$\begin{aligned}
\hat{x}(\omega_R) &= \frac{\hat{F}}{m\sqrt{\left(\omega_0^2 - \omega_0^2 + 2\gamma^2\right)^2 + 4\gamma^2\left(\omega_0^2 - 2\gamma^2\right)}} \\[2mm]
&= \frac{\hat{F}}{m\sqrt{4\gamma^4 - 8\gamma^4 + 4\gamma^2\omega_0^2}} \\[2mm]
&= \frac{\hat{F}}{2m\gamma\sqrt{\omega_0^2 - \gamma^2}} .
\end{aligned} \tag{10.27}$$

Auflösen von (10.27) nach $\hat{F}$ ergibt

$$\hat{F} = 2\gamma m \hat{x}(\omega_R)\sqrt{\omega_0^2 - \gamma^2}\,. \tag{10.28}$$

Einsetzen der Werte in (10.28) ergibt die Kraftamplitude $\hat{F} = 2{,}2\,\text{mN}$.

Bestimmung der Phasenverschiebung φ zwischen erregender Kraft $F(t)$ und Schwingung $y(t)$ bei der Resonanzfrequenz f_0

Einsetzen von (10.26) in die gegebene Formel für den Phasengang $\tan\varphi(\omega)$ ergibt

$$\tan\varphi(\omega_R) = -\frac{2\gamma\sqrt{\omega_0^2 - 2\gamma^2}}{\omega_0^2 - \omega_0^2 + 2\gamma^2} = -\frac{\sqrt{\omega_0^2 - 2\gamma^2}}{\gamma} = -\sqrt{\left(\frac{\omega_0}{\gamma}\right)^2 - 2}$$

$$\Rightarrow \varphi(\omega_R) = -\arctan\sqrt{\left(\frac{\omega_0}{\gamma}\right)^2 - 2} \approx -\arctan\left(\frac{\omega_0}{\gamma}\right)\,. \tag{10.29}$$

Die Näherung in (10.29) ist gültig für die hier erfüllte Bedingung $\omega_0 \gg \gamma$. Einsetzen der Werte in (10.29) ergibt die Phasenverschiebung $\varphi(\omega_R) = -89°$. Die Schwingungsbewegung hinkt der antreibenden Kraft um fast eine viertel Schwingung hinterher. Ist die antreibende Kraft maximal, dann tritt die maximale Auslenkung des Schwingers eine viertel Schwingung später auf.

Lösung zu Aufgabe 86: Gekoppelte vertikale und horizontale Federpendel

a) Gleiche Bewegung der Massen in beiden Anordnungen

In der linken Anordnung wird die Gewichtskraft der beiden Massen durch Verlängerung der beiden Federn und damit durch Federkräfte kompensiert. Für die Beschleunigung der beiden Massen sind dann nur Längenänderungen der Federn bezüglich der Ruhelagen relevant, was der Anordnung rechts entspricht.

b) Formel für die Kreisfrequenzen der Normalschwingungen

Auf die Masse m_1 wirken zwei Federkräfte, auf die Masse m_2 wirkt eine Federkraft. Unter Beachtung des Newton'schen Grundgesetzes, der Richtungen der Federkräfte, der Federdehnungen sowie der Nullpunktlagen und Orientierungen der Koordinatenachsen ist

$$\begin{aligned}
m_1\ddot{x}_1 &= -D_1 x_1 + D_2(x_2 - x_1)\,, \\
m_2\ddot{x}_2 &= -D_2(x_2 - x_1)\,.
\end{aligned} \tag{10.30}$$

Es ist

$$\begin{aligned}
\dot{x}_1(t) &= i\omega A\mathrm{e}^{i\omega t}\,, & \dot{x}_2(t) &= i\omega B\mathrm{e}^{i\omega t}\,, \\
\ddot{x}_1(t) &= -\omega^2 A\mathrm{e}^{i\omega t}\,, & \ddot{x}_2(t) &= -\omega^2 B\mathrm{e}^{i\omega t}\,.
\end{aligned} \tag{10.31}$$

Einsetzen von (10.31) in (10.30) ergibt

$$
\begin{aligned}
-m_1\omega^2 A e^{i\omega t} &= -D_1 A e^{i\omega t} + D_2\left(B e^{i\omega t} - A e^{i\omega t}\right), \\
-m_2\omega^2 B e^{i\omega t} &= -D_2\left(B e^{i\omega t} - A e^{i\omega t}\right).
\end{aligned}
\tag{10.32}
$$

Da (10.32) für alle Zeiten t gelten muss, ist

$$
\begin{aligned}
-m_1\omega^2 A &= -D_1 A + D_2(B - A), \\
-m_2\omega^2 B &= -D_2(B - A),
\end{aligned}
\tag{10.33}
$$

d. h.

$$
\begin{aligned}
(D_1 + D_2 - m_1\omega^2)A - D_2 B &= 0, \\
-D_2 A + (D_2 - m_2\omega^2)B &= 0.
\end{aligned}
\tag{10.34}
$$

In Matrixschreibweise ist (10.34)

$$
\begin{pmatrix} D_1 + D_2 - m_1\omega^2 & -D_2 \\ -D_2 & D_2 - m_2\omega^2 \end{pmatrix}
\begin{pmatrix} A \\ B \end{pmatrix} = \begin{pmatrix} 0 \\ 0 \end{pmatrix}.
\tag{10.35}
$$

Es existieren nur nichttriviale Lösungen dieses homogenen Gleichungssystems für ω-Werte, bei denen die Determinante der Matrix null wird:

$$
\begin{aligned}
&(D_1 + D_2 - m_1\omega^2)(D_2 - m_2\omega^2) - D_2^2 = 0 \\
\Leftrightarrow\ & m_1 m_2 \omega^4 - \left(m_1 D_2 + m_2(D_1 + D_2)\right)\omega^2 + D_1 D_2 = 0 \\
\Leftrightarrow\ & \omega^4 - \frac{m_1 D_2 + m_2 D_1 + m_2 D_2}{m_1 m_2}\omega^2 + \frac{D_1 D_2}{m_1 m_2} = 0.
\end{aligned}
\tag{10.36}
$$

Dies ist eine quadratische Gleichung für ω^2 mit den Lösungen

$$
\omega_{1,2}^2 = \frac{m_1 D_2 + m_2 D_1 + m_2 D_2}{2m_1 m_2} \pm \sqrt{\left(\frac{m_1 D_2 + m_2 D_1 + m_2 D_2}{2m_1 m_2}\right)^2 - \frac{D_1 D_2}{m_1 m_2}}.
\tag{10.37}
$$

c) Spezialisierung von (10.37)

Für $m_1 = m_2 = m$ und $D_1 = D_2 = D$ ist (10.37)

$$
\omega_{1,2}^2 = \frac{3D}{2m} \pm \sqrt{\frac{9D^2}{4m^2} - \frac{D^2}{m^2}} = \frac{3D}{2m} \pm \sqrt{\frac{5D^2}{4m^2}} = \frac{(3 \pm \sqrt{5})D}{2m}.
\tag{10.38}
$$

Mit $\omega > 0$ folgt aus (10.38)

$$
\omega_{1,2}^2 = \sqrt{\frac{(3 \pm \sqrt{5})D}{2m}},
\tag{10.39}
$$

$$
\omega_1 = 0{,}62\sqrt{\frac{D}{m}} \quad \text{und} \quad \omega_2 = 1{,}62\sqrt{\frac{D}{m}}.
$$

Lösung zu Aufgabe 87: Gekoppelte Federschwinger

a) Differenzialgleichungen der gekoppelten Massen

Auf die Masse m_1 und die Masse m_2 wirken jeweils zwei Federkräfte. Unter Beachtung des Newton'schen Grundgesetzes, der Richtung der Federkräfte, der Federdehnungen sowie der Nullpunktlage und Orientierung der Koordinatenachsen ist

$$
\begin{aligned}
m\ddot{x}_1 &= -D_\mathrm{S}x_1 + D_\mathrm{K}(x_2 - x_1)\,, \\
m\ddot{x}_2 &= -D_\mathrm{S}x_2 - D_\mathrm{K}(x_2 - x_1)\,.
\end{aligned}
\tag{10.40}
$$

Aus den angegebenen Normalkoordinaten erhält man durch Addition und Subtraktion die Gleichungen

$$
x_1 = \frac{1}{2}(z_1 + z_2), \qquad x_2 = \frac{1}{2}(z_1 - z_2)\,.
\tag{10.41}
$$

Einsetzen in (10.40) ergibt

$$
\begin{aligned}
\frac{1}{2}m(\ddot{z}_1 + \ddot{z}_2) &= -\frac{1}{2}D_\mathrm{S}(z_1 + z_2) - D_\mathrm{K}z\,, \\
\frac{1}{2}m(\ddot{z}_1 - \ddot{z}_2) &= -\frac{1}{2}D_\mathrm{S}(z_1 - z_2) - D_\mathrm{K}z\,.
\end{aligned}
\tag{10.42}
$$

Addition und Subtraktion der Gln. (10.42) ergibt

$$
\begin{aligned}
\ddot{z}_1 &= -\frac{D_\mathrm{S}}{m}z_1 \;\Leftrightarrow\; \ddot{z}_1 + \frac{D_\mathrm{S}}{m}z_1 = 0\,, \\
\ddot{z}_2 &= -\frac{D_\mathrm{S}}{m}z_2 - 2\frac{D_\mathrm{K}}{m}z_2 \;\Leftrightarrow\; \ddot{z}_2 + \left(\frac{D_\mathrm{S}}{m} + 2\frac{D_\mathrm{K}}{m}\right)z_2 = 0\,.
\end{aligned}
\tag{10.43}
$$

Die allgemeinen Lösungen dieser beiden Differenzialgleichungen sind bekannt:

$$
z_1(t) = \hat{z}_1 \cos(\omega_1 t + \varphi_1), \qquad z_2(t) = \hat{z}_2 \cos(\omega_2 t + \varphi_2)
\tag{10.44}
$$

mit

$$
\omega_1 = \sqrt{\frac{D_\mathrm{S}}{m}}, \qquad \omega_2 = \sqrt{\frac{D_\mathrm{S}}{m} + 2\frac{D_\mathrm{K}}{m}}\,.
\tag{10.45}
$$

Rücktransformation unter Verwendung von (10.41) ergibt

$$
\begin{aligned}
x_1(t) &= \frac{1}{2}\hat{z}_1 \cos(\omega_1 t + \varphi_1) + \frac{1}{2}\hat{z}_2 \cos(\omega_2 t + \varphi_2)\,, \\
x_2(t) &= \frac{1}{2}\hat{z}_1 \cos(\omega_1 t + \varphi_1) - \frac{1}{2}\hat{z}_2 \cos(\omega_2 t + \varphi_2)\,.
\end{aligned}
\tag{10.46}
$$

b) Normalschwingungen

Ableiten von (10.46) ergibt

$$\dot{x}_1(t) = -\frac{1}{2}\hat{z}_1\omega_1\sin(\omega_1 t + \varphi_1) - \frac{1}{2}\hat{z}_2\omega_2\sin(\omega_2 t + \varphi_2)$$
$$\dot{x}_2(t) = -\frac{1}{2}\hat{z}_1\omega_1\sin(\omega_1 t + \varphi_1) + \frac{1}{2}\frac{1}{2}\hat{z}_2\omega_2\cos(\omega_2 t + \varphi_2)\,. \tag{10.47}$$

Normalschwingung 1

Im Videoexperiment 1 ist $x_1(0) = x_2(0) = \hat{x}, \dot{x}_1(0) = \dot{x}_2(0) = 0$. Mit (10.46) und (10.47) erhält man aus diesen Anfangsbedingungen ein Gleichungssystem mit vier Gleichungen:

$$\frac{1}{2}\hat{z}_1\cos\varphi_1 + \frac{1}{2}\hat{z}_2\cos\varphi_2 = \hat{x}\,, \tag{10.48}$$

$$\frac{1}{2}\hat{z}_1\cos\varphi_1 - \frac{1}{2}\hat{z}_2\cos\varphi_2 = \hat{x}\,, \tag{10.49}$$

$$-\frac{1}{2}\hat{z}_1\omega_1\sin\varphi_1 - \frac{1}{2}\hat{z}_2\omega_2\sin\varphi_2 = 0\,, \tag{10.50}$$

$$-\frac{1}{2}\hat{z}_1\omega_1\sin\varphi_1 + \frac{1}{2}\hat{z}_2\omega_2\sin\varphi_2 = 0\,. \tag{10.51}$$

Gln. (10.48) und (10.49) sind zusammen nur dann lösbar, wenn $\frac{1}{2}\hat{z}_2\cos\varphi_2 = 0 \Rightarrow \hat{z}_2 = 0$ oder $\varphi_2 = 90°$. Einsetzen in (10.50) und (10.51) ergibt $\hat{z}_2 = 0$. Einsetzen dieses Ergebnisses in (10.48) oder (10.49) ergibt mit $\hat{z}_1 \neq 0$, dass $\varphi_1 = 0$ und $\hat{z}_1 = 2\hat{x}$. Damit sind

$$x_1(t) = x_2(t) = \hat{x}\cos(\omega_1 t) \tag{10.52}$$

harmonische Schwingungen mit der Kreisfrequenz ω_1.

Normalschwingung 2

Im Videoexperiment 2 ist $x_1(0) = -\hat{x}, x_2(0) = \hat{x}, \dot{x}_1(0) = \dot{x}_2(0) = 0$. Gleichung (10.48) lautet jetzt

$$\frac{1}{2}\hat{z}_1\cos\varphi_1 + \frac{1}{2}\hat{z}_2\cos\varphi_2 = -\hat{x} \quad \Leftrightarrow \quad -\frac{1}{2}\hat{z}_1\cos\varphi_1 - \frac{1}{2}\hat{z}_2\cos\varphi_2 = \hat{x}\,. \tag{10.53}$$

In gleicher Argumentation wie bei Normalschwingung 1 ist $\hat{z}_2 = -2\hat{x}$. Damit sind

$$x_1(t) = -\hat{x}\cos(\omega_2 t) \quad \text{und} \quad x_2(t) = \hat{x}\cos(\omega_2 t) \tag{10.54}$$

harmonische Schwingungen der Kreisfrequenz ω_2.

Erklärung des Unterschieds zwischen den Kreisfrequenzen ω_1 und ω_2

Bei der Normalschwingung 1 ändert sich die Dehnung der Kopplungsfeder nicht, und die Feder hat daher keinen Einfluss auf die Schwingungsbewegung der Massen. Die beiden Schwinger schwingen in Phase und wie einzelne Federschwinger. Daher ist ω_1 unabhängig von D_K. Bei der Normalschwingung 2 übt die Kopplungsfeder gleich große Kräfte in gleicher Richtung wie die beiden anderen Federn auf die beiden Massen aus. Durch diese zusätzliche Kraft hängt ω_2 auch von D_K ab, und es ist $\omega_2 > \omega_1$.

Vergleich berechneter und gemessener Kreisfrequenzen

Einsetzen der Werte in (10.45) ergibt die Kreisfrequenzen $\omega_1 = 5{,}56\,\text{s}^{-1}$ und $\omega_2 = 6{,}94\,\text{s}^{-1}$. Die Messung zweier Schwingungen ergibt die Schwingungsdauern $T_1 = 1{,}129\,\text{s}$ und $T_2 = 0{,}907\,\text{s}$ bzw. die Kreisfrequenzen $\omega_1 = 2\pi/T_1 = 5{,}56\,\text{s}^{-1}$ und $\omega_2 = 2\pi/T_2 = 6{,}93\,\text{s}^{-1}$.

c) Schwebung

Im Videoexperiment 3 ist $x_1(0) = \hat{x}, x_2(0) = 0, \dot{x}_1(0) = \dot{x}_2(0) = 0$. Mit (10.46) und (10.47) erhält man aus diesen Anfangsbedingungen ein Gleichungssystem mit vier Gleichungen:

$$\frac{1}{2}\hat{z}_1 \cos \varphi_1 + \frac{1}{2}\hat{z}_2 \cos \varphi_2 = \hat{x}\,, \tag{10.55}$$

$$\frac{1}{2}\hat{z}_1 \cos \varphi_1 - \frac{1}{2}\hat{z}_2 \cos \varphi_2 = 0\,, \tag{10.56}$$

$$-\frac{1}{2}\hat{z}_1\omega_1 \sin \varphi_1 - \frac{1}{2}\hat{z}_2\omega_2 \sin \varphi_2 = 0\,, \tag{10.57}$$

$$-\frac{1}{2}\hat{z}_1\omega_1 \sin \varphi_1 + \frac{1}{2}\hat{z}_2\omega_2 \sin \varphi_2 = 0\,. \tag{10.58}$$

Addition uns Subtraktion von (10.55) und (10.56) ergibt

$$\hat{z}_1 \cos \varphi_1 = \hat{x}\,, \qquad \hat{z}_2 \cos \varphi_2 = \hat{x}\,. \tag{10.59}$$

Einsetzen von (10.59) in (10.58) ergibt

$$\frac{1}{2}\frac{\hat{x}}{\cos \varphi_1}\omega_1 \sin \varphi_1 - \frac{1}{2}\omega_2\frac{\hat{x}}{\cos \varphi_2} = 0 \quad \Rightarrow \quad \hat{x}\omega_1 \tan \varphi_1 = \hat{x}\omega_2 \tan \varphi_2\,. \tag{10.60}$$

Wegen $\hat{x} \neq 0, \omega_1 \neq 0$ und $\omega_2 \neq 0$ ist $\varphi_1 = \varphi_2 = 0$. Einsetzen in (10.56) und (10.55) ergibt $\hat{z}_1 = \hat{z}_2 = \hat{x}$ und liefert zusammen mit (10.46)

$$\begin{aligned}
x_1(t) &= \frac{1}{2}\hat{x} \cos(\omega_1 t) + \frac{1}{2}\hat{x} \cos(\omega_2 t) = \frac{1}{2}\hat{x} \left[\cos(\omega_1 t) + \cos(\omega_2 t)\right] \\
&= \frac{1}{2}\hat{x} \left[2 \cos \left(\frac{\omega_1 + \omega_2}{2}t\right) \cos \left(\frac{\omega_1 - \omega_2}{2}t\right)\right] \\
&= \hat{x} \cos \left(\frac{\omega_1 + \omega_2}{2}t\right) \cos \left(\frac{\omega_1 - \omega_2}{2}t\right)\,,
\end{aligned} \tag{10.61}$$

$$\begin{aligned}
x_2(t) &= \frac{1}{2}\hat{x} \cos(\omega_1 t) - \frac{1}{2}\hat{x} \cos(\omega_2 t) = \frac{1}{2}\hat{x} \left[\cos(\omega_1 t) - \cos(\omega_2 t)\right] \\
&= \frac{1}{2}\hat{x} \left[-2 \sin \left(\frac{\omega_1 + \omega_2}{2}t\right) \sin \left(\frac{\omega_1 - \omega_2}{2}t\right)\right] \\
&= \hat{x} \sin \left(\frac{\omega_2 + \omega_1}{2}t\right) \sin \left(\frac{\omega_2 - \omega_1}{2}t\right)\,.
\end{aligned} \tag{10.62}$$

Beim letzten Schritt in (10.62) wurde $-\sin(x) = \sin(-x)$ verwendet.

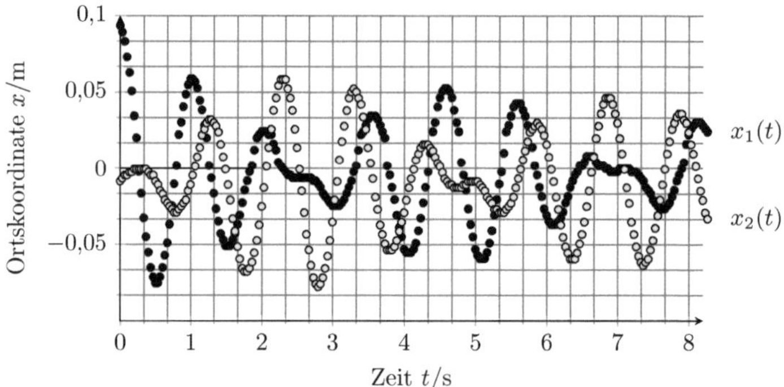

Abb. 10.9 $x(t)$-Diagramm der Schwingungen beider gekoppelter Federschwinger

Erklärung der Schwebung

In Abb. 10.9 sind die $x_1(t)$- und die $x_2(t)$-Messreihen aus Videoexperiment 3 dargestellt.

- In (10.61) und (10.62) variieren die Argumente mit der Differenz der Kreisfrequenzen langsamer als die Argumente mit der Summe der Kreisfrequenzen.
- Die Amplitude der höherfrequenten Schwingung mit Kreisfrequenz, Schwingungsdauer und Frequenz

$$\omega = \omega_1 + \omega_2, \qquad T = \frac{2\pi}{\omega} = \frac{2\pi}{\omega_1 + \omega_2}, \qquad f = \frac{1}{T} = \frac{\omega_1 + \omega_2}{2\pi} \qquad (10.63)$$

wird harmonisch durch die niederfrequente Schwingung mit

$$\omega_S = \omega_2 - \omega_1, \qquad T_S = \frac{2\pi}{\omega_S} = \frac{2\pi}{\omega_2 - \omega_1}, \qquad f_S = \frac{1}{T_S} = \frac{\omega_2 - \omega_1}{2\pi} \qquad (10.64)$$

moduliert. Beide Schwinger führen eine Schwebung aus.

- Die Amplitude der Schwebung $x_1(t)$ wird null für

$$\cos\left(\frac{\omega_S}{2}t\right) = 0 \Rightarrow \frac{\omega_S}{2}t = \frac{2\pi}{2T_S}t = \left(k + \frac{1}{2}\right)\pi \qquad \Rightarrow \qquad t = \left(k + \frac{1}{2}\right)T_S. \qquad (10.65)$$

Die Zeit T_S ist die Schwebungsdauer bzw. der zeitliche Abstand zweier aufeinanderfolgender „Stillstände" der Massen. Die Amplitude der Schwebung $x_2(t)$ wird null für

$$\sin\left(\frac{\omega_S}{2}t\right) = 0 \Rightarrow \frac{\omega_S}{2}t = \frac{2\pi}{2T_S}t = k\pi \qquad \Rightarrow \qquad t = kT_S. \qquad (10.66)$$

- Wegen der Kosinusterme in (10.61) und der Sinusterme in (10.62) sind $x_1(t)$ und $x_2(t)$ zeitlich um $T_S/2$ versetzt.
- In der Zeit T_S wird die Schwingungsenergie von einem Federschwinger durch Kopplung an den anderen Federschwinger abgegeben und umgekehrt. Die Schwingungsenergie des Systems pendelt also mit der Frequenz $f_S = 1/T_S$ zwischen den beiden Federschwingern.

Vergleich von berechneter und gemessener Schwebungsfrequenz f_S

Einsetzen der Kreisfrequenzen in (10.64) ergibt die Schwebungsdauer $T_S = 4{,}55\,\mathrm{s}$ und die Schwebungsfrequenz $f_S = 0{,}22\,\mathrm{Hz}$. Die gemessenen Werte sind $T_S = 4{,}7\,\mathrm{s}$ und $f_S = 0{,}21\,\mathrm{Hz}$.

Lösung zu Aufgabe 88: Doppler-Effekt mit Schallwellen

Bei einem bewegten Schallsender (Frequenz f_0, Geschwindigkeit $v > 0$) und ruhendem Schallempfänger (Frequenz f) ist

$$\frac{f}{f_0} = \frac{1}{1 \pm \frac{v}{c}}, \tag{10.67}$$

wobei das Pluszeichen für eine Vergrößerung und das Minuszeichen für eine Verkleinerung des Abstands Schallsender–Schallempfänger steht. Bei ruhendem Schallsender (Frequenz f_0) und bewegtem Schallempfänger (Frequenz f, Geschwindigkeit $v > 0$) ist

$$\frac{f}{f_0} = 1 \pm \frac{v}{c}, \tag{10.68}$$

wobei das Pluszeichen für eine Verkleinerung und das Minuszeichen für eine Vergrößerung des Abstands Schallsender–Schallempfänger steht.

a) Bestimmung der Schallfrequenzen, die der Zugführer hört

Der Zugführer hört die Frequenz $f_0 = 1000\,\mathrm{Hz}$, da er die gleiche Geschwindigkeit v und Geschwindigkeitsrichtung wie die Schallquelle hat. Er hört den an der Felswand reflektierten Signalton. Da der Signalton von einem bewegten Schallsender ausgeht, erreicht die Schallwelle die Felswand nach (10.67) mit der Frequenz

$$f_F = f_0 \frac{1}{1 - \frac{v}{c}}. \tag{10.69}$$

Einsetzen der Werte in (10.69) ergibt $f_F = 1119\,\mathrm{Hz}$. Da die Schallreflexion an der Felswand die Frequenz der Schallwelle nicht verändert, läuft eine von einem virtuellen ruhenden Schallsender ausgesandte Schallwelle der Frequenz f_F auf den sich mit der Geschwindigkeit v nähernden Zugführer zu. Nach (10.68) ist mit $f_0 = f_F$ die vom Zugführer gehörte zweite Frequenz

$$f = f_F \left(1 + \frac{v}{c}\right) = f_0 \frac{1}{1 - \frac{v}{c}} \left(1 + \frac{v}{c}\right) = f_0 \frac{1 + \frac{v}{c}}{1 - \frac{v}{c}}. \tag{10.70}$$

Einsetzen der Werte in (10.70) ergibt die Frequenz $f = 1237\,\mathrm{Hz}$.

b) Bestimmung der Schallfrequenzen, die der Mann am Gleis hört
Der Mann am Gleis hört, da er im Gegensatz zum Zugführer ruht, nach (10.69) sowohl die
von der Felswand reflektierte als auch die bei Zugannäherung unreflektierte Schallwelle
der gleichen Frequenz $f_F = 1119\,\text{Hz}$ aus Teilaufgabe a. Weiterhin hört er nach (10.67)
als ruhender Schallempfänger die Frequenz $f = 904\,\text{Hz}$ bei Zugentfernung.

c) Bestimmung der Schwebungsfrequenzen
Nach Teilaufgabe a hört der Zugführer die Frequenzen $f_0 = 1000\,\text{Hz}$ und $f = 1237\,\text{Hz}$,
also die Schwebungsfrequenz $f_S = (f_0 - f)/2 = 118{,}5\,\text{Hz}$. Nach Teilaufgabe b hört der
Mann die Schwebungsfrequenz $f_S = (1119\,\text{Hz} - 904\,\text{Hz})/2 = 108\,\text{Hz}$.

Lösung zu Aufgabe 89: Stehende Seilwellen

a) Gleichung für eine stehende eindimensionale Welle
Eine mit Elongation y_1, Kreisfrequenz ω, Wellenzahl k und Amplitude $\hat{y}$ in x-Richtung
laufende Welle ist gegeben durch

$$y_1(x,t) = \hat{y}\sin(\omega t - kx)\,. \tag{10.71}$$

Eine mit Elongation y_2 und Phasenwinkel φ sowie gleicher Kreisfrequenz ω, Wellenzahl k
und Amplitude $\hat{y}$ entgegen die x-Richtung laufende Welle ist gegeben durch

$$y_2(x,t) = \hat{y}\sin(\omega t + kx + \varphi)\,. \tag{10.72}$$

Die Überlagerung beider Wellen ist Voraussetzung für die Entstehung einer stehenden
Welle:

$$y(x,t) = y_1(x,t) + y_2(x,t) = \hat{y}\left[\sin(\omega t - kx) + \sin(\omega t + kx + \varphi)\right]\,. \tag{10.73}$$

Anwendung des Additionstheorems

$$\sin\alpha + \sin\beta = 2\sin\left(\frac{\alpha+\beta}{2}\right)\cos\left(\frac{\alpha-\beta}{2}\right) \tag{10.74}$$

auf (10.73) ergibt

$$
\begin{aligned}
y(x,t) &= 2\hat{y}\sin\left(\frac{\omega t - kx + \omega t + kx + \varphi}{2}\right)\cos\left(\frac{\omega t - kx - \omega t - kx - \varphi}{2}\right) \\
&= 2\hat{y}\cos\left(kx + \frac{\varphi}{2}\right)\sin\left(\omega t + \frac{\varphi}{2}\right),
\end{aligned}
\tag{10.75}
$$

wobei $\cos(x) = \cos(-x)$ verwendet wurde.

Erklärung der Terme in (10.75) und des minimalen Knotenabstands $\lambda/2$

Der Sinusterm beschreibt eine harmonische Schwingung an einem beliebigen Ort x. Der Kosinusterm beschreibt die kosinusförmige Modulation der Schwingungsamplituden. Wegen der Separation von x und t liegt eine stehende Welle vor.

Die Knoten liegen bei den Ortskoordinaten x, bei denen die Auslenkung y für alle Zeiten t gleich null ist. Diese sind die Nullstellen von $\cos(kx + \varphi/2)$ in (10.75):

$$kx + \frac{\varphi}{2} = \frac{2\pi}{\lambda}x + \frac{\varphi}{2} = \frac{\pi}{2}(2n + 1) \qquad \text{mit } n \in \mathbb{Z}$$
$$\Leftrightarrow x = \frac{\lambda}{4}(2n + 1) - \frac{\lambda\varphi}{4\pi}\,. \tag{10.76}$$

Nach (10.76) gilt für den Abstand aufeinanderfolgender Knoten

$$x_{n+1} - x_n = \frac{\lambda}{4}(2n + 3) - \frac{\lambda\varphi}{4\pi} - \frac{\lambda}{4}(2n + 1) + \frac{\lambda\varphi}{4\pi} = \frac{\lambda}{2}\,. \tag{10.77}$$

Die mittig zwischen den Knoten liegenden Bäuche haben ebenfalls den Abstand $\lambda/2$.

b) Formel für die Eigenfrequenzen f_n

Einsetzen des Phasensprungs von $180°$, d.h. $\varphi = \pi$, in (10.75) ergibt

$$y(x,t) = 2\hat{y}\sin\left(\omega t + \frac{\pi}{2}\right)\cos\left(kx + \frac{\pi}{2}\right) = -2\hat{y}\cos(\omega t)\sin(kx)\,. \tag{10.78}$$

Damit ein Knoten bei $x = \ell$ liegt (festes Ende), muss gelten:

$$y(\ell,t) = -2\hat{y}\cos(\omega t)\sin(k\ell) = 0. \tag{10.79}$$

Der Kosinusterm ist nicht für alle t gleich null, also muss der Sinusterm null werden, um Gl. (10.79) zu erfüllen:

$$\sin(k\ell) = 0 \Leftrightarrow \frac{2\pi}{\lambda}\ell = (n + 1)\pi \qquad \text{mit } n \in \mathbb{N}_0,$$
$$\lambda_n = \frac{2\ell}{n + 1} = \frac{\lambda_0}{n + 1} \Leftrightarrow f_n = \frac{n}{\lambda_n} = (n + 1)\frac{c}{\lambda_0} = (n + 1)f_0\,. \tag{10.80}$$

Vergleich der berechneten und gemessenen Eigenfrequenzen f_n

Die gemessenen Eigenfrequenzen hängen wie in (10.80) berechnet linear von n ab (Tab. 10.1) (Abb. 10.10). Mit jeder Zunahme der Ordnung n um 1 nimmt die Frequenz f um ungefähr f_0 zu.

Tab. 10.1 Messung der Eigenfrequenzen f_n

Stehende Welle der Ordnung n	$n = 0$	$n = 1$	$n = 2$	$n = 3$
Schwingungsdauer T_n / s	0,69	0,32	0,20	0,16
Eigenfrequenz $f_n = \frac{1}{T_n}$ / Hz	1,45	3,13	5,00	6,25
Knotenabstand $\frac{\lambda_n}{2}$ / m	1,89	0,95	0,62	0,49
Ausbreitungsgeschwindigkeit $c = \lambda f$ / $\frac{m}{s}$	5,48	5,95	6,20	6,13

Abb. 10.10 $f(n)$-Diagramm der Eigenfrequenzen

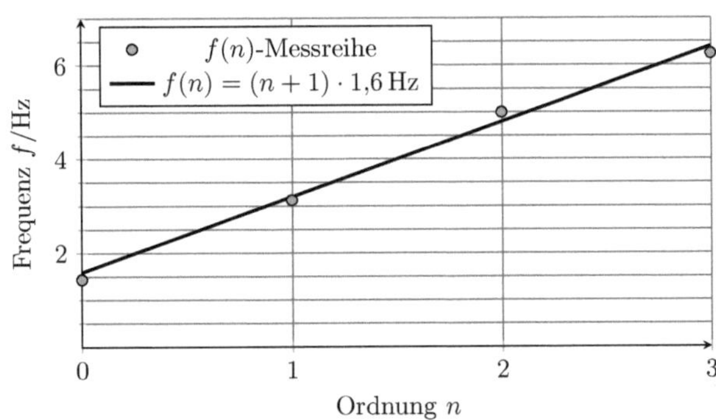

c) Prüfung von Aussagen zu stehenden Wellen

1. Falsch, da zu Zeitpunkten t mit Sinusterm gleich null in (10.75) die Elongation unabhängig von x null wird.
2. Richtig, das sind die Knoten nach (10.76) und (10.77).
3. Falsch, da die Phasengeschwindigkeit einer stehenden Welle null ist.
4. Falsch, weil alle Schwinger zwischen zwei Knoten gleichphasig schwingen. An den Knoten findet jeweils ein Phasensprung um π statt, sodass die Schwinger zwischen Knoten 1 und 2 gegenphasig zu Schwingern zwischen Knoten 2 und 3 schwingen, usw.
5. Richtig, man darf die Bäuche an den Seilenden nicht vergessen.
6. Richtig, unterhalb der Grundfrequenz f_0 kann nach (10.77) keine stehende Welle entstehen.